土木工程图算法

刘东椿 夏远斌 编著

中国建材工业出版社

图书在版编目(CIP)数据

土木工程图算法/刘东椿,夏远斌编著.—北京:中国建材工业出版社,2010.3
ISBN 978-7-80227-684-0

Ⅰ.①土… Ⅱ.①刘…②夏… Ⅲ.①土木工程—算图法 Ⅳ.①TU

中国版本图书馆 CIP 数据核字(2010)第 018858 号

内 容 简 介

本书用图算法简化了土木工程中的建筑、给排水、水力学、路桥等专业书籍的几十种计算,详述了算图绘制方法,其中三种高次方程图算法具有通用性。

本书内容简洁易懂,可与参考文献对照,适合土木工程技术人员和师生参考。附录6计算人的体重指数图算法易被广大读者所运用。

土木工程图算法

刘东椿 夏远斌 编著

出版发行:中国建材工业出版社
地　　址:北京市西城区车公庄大街6号
邮　　编:100044
经　　销:全国各地新华书店
印　　刷:北京鑫正大印刷有限公司
开　　本:787mm×1092mm　1/16
印　　张:14.25
字　　数:363 千字
版　　次:2010 年 3 月第 1 版
印　　次:2010 年 3 月第 1 次
书　　号:ISBN 978-7-80227-684-0
定　　价:35.00 元

本社网址:www.jccbs.com.cn
本书如出现印装质量问题,由我社发行部负责调换。联系电话:(010)88386906

前　言

本书对土木工程书籍的几十个计算问题提出简化的图算法。

方程的数值解法大致可分为消元法和迭代法两种,有些书中称迭代法为试算法。本书为改进这两种解法提供了一些图算法。这些算图可供应用,其思路和绘制方法对读者将有所启迪。

图算知识不深,具有中学文化水平的读者就可研读。图算误差通常不超过1%,还可以继续提高答案精度。本书力求以理论衔接、主体创新和例题验证的论述方式体现科技论文特点。

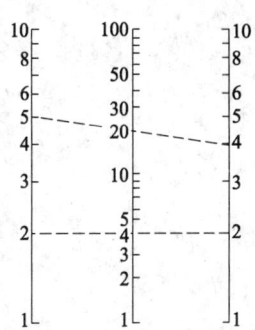

算图以往称为诺模图。图算学研究把公式、方程及表格数据绘成有标尺的图形,在图上画线求解。它可以使一些复杂计算变成容易掌握的图上作业,从而节省时间。图算学创始人——法国奥根氏于1884年首先提出用三条平行的有对数分度的直线表示乘法:两边直线为乘数,在两乘数之间任意画一直线,交中间直线的一点就是积,见左图。由此发展成为一种几何门类的应用数学——图算学。图算的独特优点使其具有持久的生命力,在许多科技领域发挥作用。电算能促进算图绘制和应用,但不能完全取代图算,正如汽车不能淘汰自行车一样。

世界上许多科技发达的国家都重视图算,我国的图算和电算一样都在不断发展。早在20世纪30年代,水利专家李仪祉率先翻译诺模学时,苦于得不到合适译名,乃以译音代之。建国前,茅以升、罗河、赵仿熊、孙克定等学者都曾在各校讲授诺模学。罗河教授1953年出版《图算原理》一书,系统而详尽地阐述算图的绘制原理与方法,并首次仿照珠算的名称取名图算,得到公认。

党的十一届三中全会带来了科学的春天。1982年春天在广州召开首届图尺算大会,茅以升作了"图算如下棋,可以启发智慧"的精辟报告,给图算研究工作以极大的倡导与推动。同年秋天,在天津图算学研讨会上,全国100多位代表欢聚一堂,罗河教授在开幕词中号召志同道合者把我国图算科技推向新阶段。1984年10月在青岛召开图算学一百周年全国纪念会,茅老在报告中提出了殷切希望。会议商定在青岛筹建全国图算学培训中心。随后上海、大庆、北京也成立了图算学研究会。

1991年10月,在青岛召开第4次全国图算学术研讨会,全体代表首先向已故著名科学家茅以升和罗河致哀,表达了同仁的深切怀念。接着,1994年在上海,1997年在大庆,2000年在北京,相继召开了图算学术研讨会。

编者有幸聆听了老前辈的教导,在学术交流中获益匪浅。罗老遗信鼓励着编者,希望把在本专业的图算收获写出来交流,起到抛砖引玉的作用。本书在编写出版过程中,承蒙郭华良、夏健健、蒋靖、刘光启、浦浩中、陈亚东、陈春平、李明明、王健、姚立杰、刘兴平、姚树镇、周虎臣、刘广慧和黄一波等同志帮助,编者在此一并致谢。

图算学研究会名誉会长孙克定研究员见到本书初稿时即发来贺电:信息时代,各显其能,图算优势,实不可轻。

孙克定先生其人可书。他年轻时从无锡到上海交大求学后,在抗战时期奔赴苏北参加新四军,1945年任苏北公学政治处副主任。1953年他任南京紫金山天文台副台长时,曾为前来视察的毛主席和老首长陈毅作现场介绍。后来他从中科院系统科学研究所副所长任上离休,一直致力于计算数学的研究与推广工作,91岁时他躬着腰还到会作学术报告。笔者2006年10月在京拜望97岁高龄的孙老,他侧卧在床用放大镜看字,执意下床颤巍巍地送笔者到电梯口,深情地说:"图算是有用的。"半年后他辞世,笔者在此表示深切的怀念。

本书编写中得到盐城市阳光建筑安装工程有限公司大力支持,在此深表谢意。

由于编者水平所限,书中存在缺点和不足之处,恳请读者提出意见。

刘东椿

于江苏大丰市育红西路2号井

目 录

1 建筑结构图算法 ·· 1
  1.1 圆形截面受弯构件承载力图算法 ·· 1
    附:图1.1的绘制方法 ·· 2
  1.2 环形截面受弯构件承载力图算法 ·· 4
  1.3 矩形截面对称配筋小偏心受压构件承载力图算法 ·································· 6
  1.4 圆形截面偏心受压构件正截面受压承载力图算法 ································· 10
  1.5 环形截面偏心受压构件正截面受压承载力图算法 ································· 38

2 给水排水图算法 ··· 50
  2.1 常用资料 ·· 50
    2.1.1 钢管和铸铁管水力计算的图算法 ·· 50
    2.1.2 钢管(水煤气管)水力计算的图算法 ·· 53
    附:图2.1.2的绘制方法 ·· 53
    2.1.3 钢筋混凝土给水圆管(满流,$n=0.013$)水力计算的图算法 ············ 55
    2.1.4 排水圆管(非满流)水力计算的图算法 ···································· 55
    2.1.5 矩形断面暗沟水力计算 ·· 61
    2.1.6 梯形断面明渠水力计算 ·· 66
    2.1.7 防露层厚度图算法 ·· 69
  2.2 建筑给水排水 ·· 71
    2.2.1 二氧化碳灭火系统管道压力图算法 ··· 71
    附:图2.2.1的绘制方法 ·· 71
    2.2.2 平均对数温度差图算法 ·· 73
    2.2.3 减压孔板直径图算法 ··· 75
    附:图2.2.3的绘制方法 ·· 75
    2.2.4 缓冲水容积计算法 ·· 77
  2.3 城镇给水 ·· 78
    2.3.1 集中流量折算系数图算法 ··· 78
    2.3.2 管井出水量和滤水管长度图算法 ·· 78
  2.4 工业给水处理 ·· 81
    2.4.1 容积散质系数的简化计算 ··· 81
    2.4.2 水的总含盐量图算法 ··· 81
    2.4.3 空气含热量图算法 ·· 83
  2.5 城镇排水 ·· 85

  2.5.1 消力槛深度图算法 ·· 85
  2.5.2 临界时间图算法 ·· 87
  2.5.3 侧堰水力计算的图算法 ·· 89
  2.5.4 计量槽流量图算法 ·· 90
  附：图 2.5.4 的绘制方法 ·· 90
 2.6 工业排水 ·· 94
  2.6.1 尾矿压力输送水力计算的图算法 ······························ 94
  2.6.2 尾矿自流输送水力计算的图算法 ······························ 97
  附：图 2.6.2 的绘制方法 ·· 97
 2.7 城镇防洪 ·· 99
  2.7.1 小流域暴雨汇流时间图算法 ···································· 99
  2.7.2 最大壅水高度图算法 ·· 103
 2.8 对《城市供水行业 2000 年技术进步发展规划》的一点改进 ······ 105
  附：图 2.8 的绘制方法 ·· 105

3 水力学图算法 ·· 108
 3.1 管流 ·· 108
  3.1.1 简单管路流量图算法 ·· 108
  3.1.2 简单管路直径图算法 ·· 110
  3.1.3 三叉管的计算方法 ·· 113
  3.1.4 三项方程算图在管流计算中的应用 ···························· 115
 3.2 明渠均匀流 ·· 118
  3.2.1 梯(矩)形明渠：已知 Q, i, m, n 和 β 时，求 b 和 h_0 的代数解法 ······ 118
  3.2.2 梯(矩)形明渠：已知 Q, i, m, n 和 h_0 时，求 b 的图算法 ············ 119
  3.2.3 梯形明渠：已知 Q, i, m, n 和 b 时，求 h_0 的图算法 ················ 121
  3.2.4 矩形明渠：已知 Q, i, n 和 b 时，求 h_0 的图算法 ·················· 123
 3.3 明渠非均匀流 ·· 125
  3.3.1 梯形明渠临界水深图算法 ······································ 125
  3.3.2 平底梯形明渠跃后水深图算法 ································ 127
  附：三元表值算图及图 3.3.2 的绘制方法 ···························· 127
  3.3.3 矩形明渠水跃共轭水深图算法 ································ 133
 3.4 消能流 ·· 135
  3.4.1 消力池深度图算法 ·· 135
  3.4.2 消力槛淹没系数公式 ·· 138
  3.4.3 消力槛高度图算法 ·· 139
 3.5 渗流 ·· 143
  3.5.1 地下水缓变渗流正常水深图算法 ······························ 143
  3.5.2 土坝渗流溢出高度的两种图算法 ······························ 146
  附：图 3.5.2-2 的绘制方法 ·· 153

3.6 本书在文献[41]水力学的应用 …… 154
3.7 本书在文献[42]水力学的应用 …… 156

4 路桥工程图算法 …… 158

4.1 图算法在《路桥施工计算手册》的应用 …… 158
4.2 桥梁设计:圆形及环形截面偏心受压的半中心角图算法 …… 159
　附:图4.2 绘制方法简介 …… 160
4.3 三次方程图算法在《桥梁混凝土结构设计原理计算示例》一书的应用 …… 163
4.4 三次方程图算法在《悬索结构设计》一书的应用 …… 166
4.5 《桥梁工程下部结构设计》一书的图算法 …… 168
　附:图4.5-b的绘制方法 …… 168
4.6 公路设计:路面有效模量图算法 …… 172
　附:图4.6的绘制方法 …… 174
4.7 三次方程图算法在《公路钢筋混凝土及预应力混凝土桥涵设计规范》条文应用算例一书的应用 …… 176

5 其他土木工程图算法 …… 177

5.1 材料力学:工字钢型号图算法 …… 177
5.2 风荷载计算:风压脉动系数图算法 …… 180
　附:图5.2的绘制方法
5.3 《型钢、钢管混凝土高楼计算和构造》一书图算法 …… 182
　附:图5.3的绘制方法 …… 182
5.4 三次方程图算法在《建筑地基基础设计计算实例》一书的应用 …… 185
5.5 冬期施工:混凝土蓄热养护时间图算法 …… 186
　附:图5.5(上)及图5.5(下)的绘制方法 …… 192
5.6 三次方程图算法在《大跨空间结构》一书的应用 …… 194
5.7 《建筑施工简易计算》图算法之一:
　桩顶设支撑拉结的计算——求ω图算法 …… 195
　附:图5.7的绘制方法 …… 195
5.8 《建筑施工简易计算》图算法之二:布鲁姆计算曲线绘制方法 …… 197
　附:图5.8的绘制方法 …… 197
5.9 《建筑施工简易计算》图算法之三:算例三则 …… 197
5.10 《泥砂输送理论与实践》一书图算两例 …… 200

6 高次方程图算法 …… 201

6.1 三次方程图算法 …… 201
　附:三次方程算图的绘制方法 …… 202
6.2 四次方程图算法 …… 204

3

6.3 三项方程图算法 ·· 206
　　附:三项方程算图的绘制方法 ··· 206
6.4 扩大图尺使用范围的一个方法 ·· 209

附　　录 ·· 210

附录1　算图的基本知识 ··· 210
附录2　提高图算精度的方法——弦位法 ··· 211
附录3　圆形明渠最大流量和流速问题 ··· 212
附录4　计算逼近根值的一个公式 ··· 213
附录5　计算近似根的又一公式 ··· 214
附录6　体重指数(BMI)图算法 ·· 215
附图 ··· 216
参考文献 ··· 219

1 建筑结构图算法

本章主要介绍建筑结构承载力计算中的钢筋截面面积 A_S 的图算法。当混凝土强度等级不超过 C50 时,公式中的系数 α_1 值取 1,本书未注明处皆视 α_1 为 1。

1.1 圆形截面受弯构件承载力图算法

圆形截面的钢筋混凝土受弯构件在工程中经常应用,例如深基坑挖孔灌注的护壁桩。其正截面抗弯承载力的计算要解超越方程,比较烦琐,本节用图算法简化计算。

图算依据 规范给出下列两式

$$N = \alpha\alpha_1 f_c A\left(1 - \frac{\sin 2\pi\alpha}{2\pi\alpha}\right) + (\alpha - \alpha_t)f_y A_S \tag{1.1-1}$$

$$N\eta e_i = M = \frac{2}{3}\alpha_1 f_c Ar \frac{\sin^3 \pi\alpha}{\pi} + f_y A_S r_S \frac{\sin\pi\alpha + \sin\pi\alpha_t}{\pi} \tag{1.1-2}$$

式中 A 是构件截面面积,圆形 $A = \pi r^2$。受弯构件的轴向力 $N = 0$,故令式(1.1-1)为 0。将 $\alpha_1 = 1$、$A = \pi r^2$ 及 $\alpha_t = 1.25 - 2\alpha$,代入上两式得

$$\alpha f_c r^2 \pi\left(1 - \frac{\sin 2\pi\alpha}{2\pi\alpha}\right) + (3\alpha - 1.25)f_y A_S = 0 \tag{1.1-3}$$

$$M = \frac{2}{3}f_c r^3 \sin^3 \pi\alpha + f_y A_S r_S \frac{\sin\pi\alpha + \sin\pi(1.25 - 2\alpha)}{\pi} \tag{1.1-4}$$

由式(1.1-3)得

$$A_S = \frac{-\alpha f_c \pi r^2\left(1 - \frac{\sin 2\pi\alpha}{2\pi\alpha}\right)}{f_y(3\alpha - 1.25)} \tag{1.1-5}$$

将式(1.1-5)代入式(1.1-4):

$$M = \frac{2}{3}f_c r^3 \sin^3 \pi\alpha - \frac{f_c r_S r^2 \alpha}{3\alpha - 1.25}\left(1 - \frac{\sin 2\pi\alpha}{2\pi\alpha}\right)[\sin\pi\alpha + \sin\pi(1.25 - 2\alpha)]$$

设

$$\left.\begin{array}{l} K_1 = M/r^3 f_c \\ K_2 = r_S/r \end{array}\right\} \tag{1.1-6}$$

代入上式得

$$\underbrace{K_1}_{\downarrow} = \frac{2}{3}\sin^3 \pi\alpha + \underbrace{K_2}_{\downarrow} \cdot \underbrace{\frac{-\alpha\left(1 - \frac{\sin 2\pi\alpha}{2\pi\alpha}\right)[\sin\pi\alpha + \sin\pi(1.25 - 2\alpha)]}{3\alpha - 1.25}}_{F_1(u)} \tag{1.1-7}$$

$$F(t) = F_2(u) + F(v) \cdot$$

式(1.1-7)符合式(附 1-3)的形式,如箭头所示的对应关系,所以可绘成算图,见图 1.1。

【**例 1.1**】 圆形截面受弯构件:圆形截面半径 $r = 200\text{mm}$,纵向钢筋重心所在圆周的半径 $r_S = 175\text{mm}$;混凝土强度等级 C30,$f_c = 16.5\text{N/mm}^2$;用 Ⅱ 级钢筋,$f_y = 310\text{N/mm}^2$。已知弯矩设计值 $M = 150\text{kN}\cdot\text{m}$。求纵向钢筋面积 A_S。

【解】 将已知数代入式(1.1-6)计算：

$$K_1 = \frac{150000000}{200^3 \times 16.5} = 1.136, \quad K_2 = \frac{175}{200} = 0.875$$

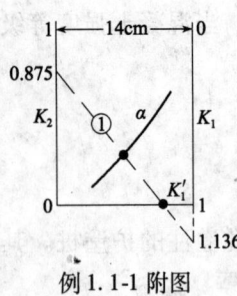

例 1.1-1 附图

在图 1.1-1 中，可视为 K_1 图尺延长线上有一点 1.136，由此点与 $K_2 = 0.875$ 画直线①，交 K_1' 图尺的一点由下式计算：

$$\frac{K_1'}{0.875} = \frac{14 - K_1'}{1.136 - 1}, \quad K_1' = 12.117$$

在图 1.1-1 中直线①交 α 曲线得 $\alpha = 0.3095$，用此值在图 1.4-19 画水平线⑩，得 $\alpha_0 = 0.507, \alpha_2 = 0.376, \alpha_3 = 1.803$，代入由式(1.1-5)及式(1.1-2)简化的两式计算：

$$A_{S1} = \frac{-f_c r^2 \alpha_0}{f_y(3\alpha - 1.25)} = \frac{-16.5 \times 200^2 \times 0.507}{310(3 \times 0.3095 - 1.25)} = 3357 \text{mm}^2$$

$$A_{S2} = \frac{(M - f_c r^3 \alpha_2)\alpha_3}{f_y r_S} = \frac{(1.5 \times 10^8 - 16.5 \times 200^3 \times 0.376) 1.803}{310 \times 175} = 3336 \text{mm}^2$$

附：图 1.1 的绘制方法

取图宽 $a = 14$cm，高 20cm。取 $K_1 = 0 \sim 1, K_2 = 0 \sim 1$。

α 曲线图尺 x 坐标依式(附 1-4)为 $\quad x = \dfrac{a}{1 - \dfrac{b}{c}F_1}$

欲使 $x < a$，即使曲线图尺在两平行图尺之间，必须 bF_1/c 为负值，但从表 1.1 看出，F_1 为正值，故选 b 为负，c 为正。负号表示 K_1 图尺方向与 Y 轴相反。

故得 $\quad y_{K1} = b(0-1) = 20$cm，$b = -20$；$y_{K2} = c(1-0) = 20$cm，$c = 20$

$$x = \frac{a}{1 - \dfrac{b}{c}F_1} = \frac{14}{1 + F_1}, \quad y = \frac{bF_2}{1 - \dfrac{b}{c}F_1} = \frac{-20F_2}{1 + F_1}$$

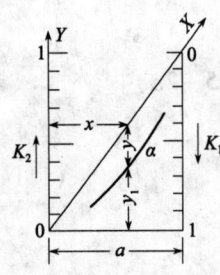

例 1.1-2 计算示意图

在毫米方格计算纸上绘图 1.1 时，须先算出表 1.1，其中 y_1 值用以从图下边线向上数方格定出 α 点，比从斜坐标轴 X 往下量 y 值方便。由图 1.1-2 的几何关系（不计负值）得

$$(|y| + y_1)/x = 20/14, \therefore y_1 = 10x/7 - |y|$$

然后将各 α 点连成曲线，用附图 1 或附图 3 绘出细分点。

x 值和 y_1 值计算表　　　　　　　　　表 1.1

① α	②= $\sin 180°\alpha$	$F_2=$ $\dfrac{2}{3}$②^3	④= $\sin 360°\alpha$	⑤= $1-\dfrac{④}{2\pi\alpha}$	⑥=$\sin 180°$ $(1.25-2\alpha)$	⑦= ⑥+②	$F_1=$ $\dfrac{-⑦⑤\alpha}{3\alpha-1.25}$	$x=$ $\dfrac{14}{1+F_1}$	$y=$ $\dfrac{-20F_2}{1+F_1}$	$y_1=$ $\dfrac{10x}{7}-|y|$
0.2	0.5878	0.1354	0.9511	0.2431	0.4540	1.0418	0.0779	12.988	-2.512	16.042
⋮	⋮	⋮	⋮	⋮	⋮	⋮	⋮	⋮	⋮	⋮

1 建筑结构图算法

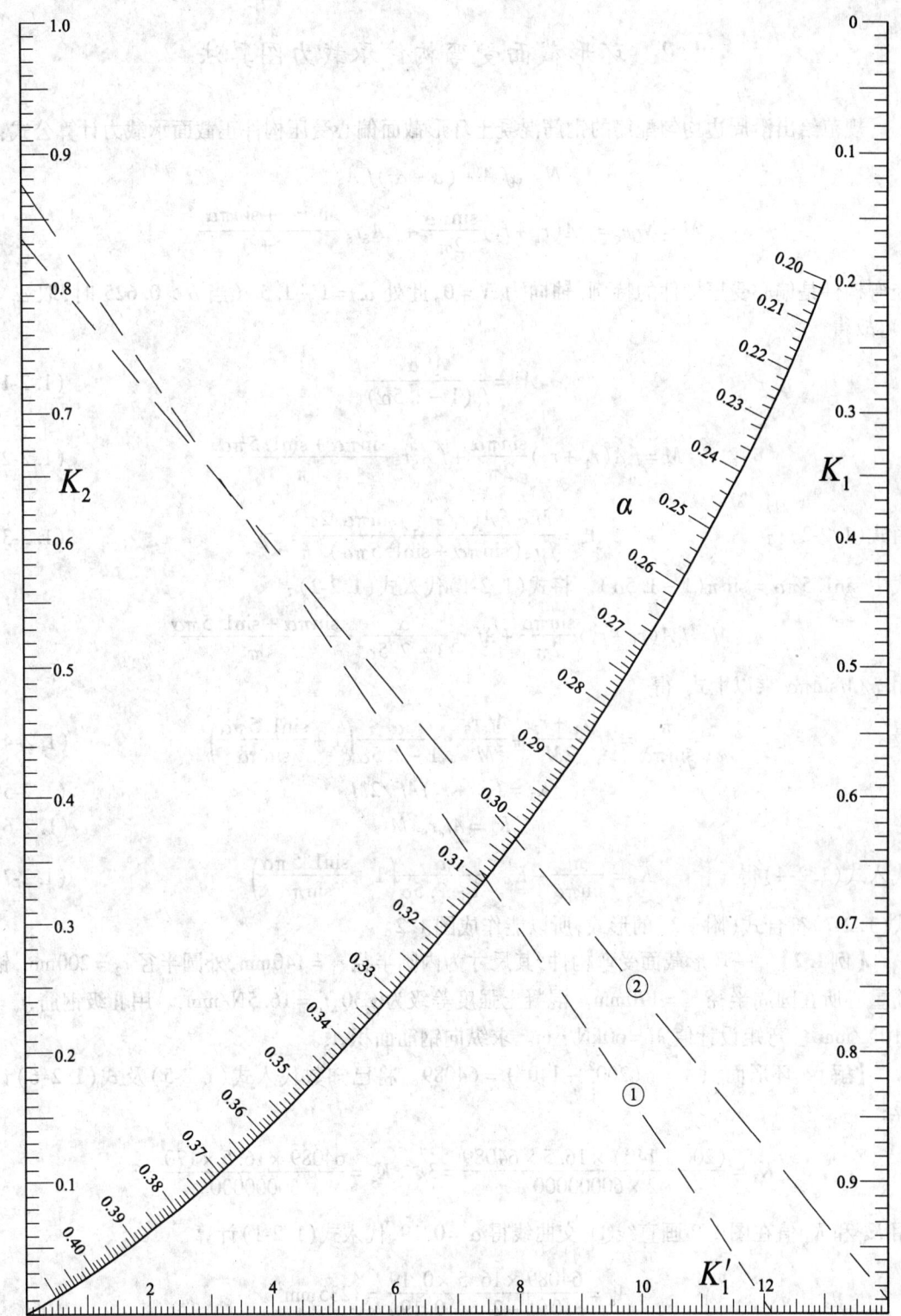

图 1.1 圆形截面受弯算图

1.2 环形截面受弯构件承载力图算法

规范给出沿周边均匀配筋的钢筋混凝土环形截面偏心受压构件正截面承载力计算公式：

$$N = \alpha f_c A + (\alpha - \alpha_t) f_y A_S$$

$$M = N\eta e_i = f_c A(r_1 + r_2)\frac{\sin\pi\alpha}{2\pi} + f_y A_S r_S \frac{\sin\pi\alpha + \sin\pi\alpha_t}{\pi}$$

受弯构件是偏心受压构件的特例，轴向力 $N = 0$，此处 $\alpha_t = 1 - 1.5\alpha$（当 $\alpha > 0.625$ 时，取 $\alpha_t = 0$），故得

$$A_S = \frac{Af_c\alpha}{f_y(1 - 2.5\alpha)} \tag{1.2-1}$$

$$M = f_c A(r_1 + r_2)\frac{\sin\pi\alpha}{2\pi} + f_y A_S r_S \frac{\sin\pi\alpha + \sin1.5\pi\alpha}{\pi} \tag{1.2-2}$$

由式(1.2-2)得

$$A_S = \frac{M - f_c A(r_1 + r_2)\sin\pi\alpha/2\pi}{f_y r_S (\sin\pi\alpha + \sin1.5\pi\alpha)/\pi} \tag{1.2-3}$$

式中 $\sin1.5\pi\alpha = \sin\pi(1 - 1.5\alpha)$。将式(1.2-1)代入式(1.2-2)：

$$M = f_c A(r_1 + r_2)\frac{\sin\pi\alpha}{2\pi} + A f_c r_S \frac{\alpha}{1 - 2.5\alpha} \cdot \frac{\sin\pi\alpha + \sin1.5\pi\alpha}{\pi}$$

用 $\pi/M\sin\pi\alpha$ 乘以上式，得

设

$$\frac{\pi}{\sin\pi\alpha} = Af_c \frac{r_1 + r_2}{2M} + \frac{Af_c r_S}{M} \cdot \frac{\alpha}{1 - 2.5\alpha}\left(1 + \frac{\sin1.5\pi\alpha}{\sin\pi\alpha}\right) \tag{1.2-4}$$

$$K_3 = (r_1 + r_2)Af_c/2M \tag{1.2-5}$$

$$K_4 = Af_c r_S/M \tag{1.2-6}$$

代入式(1.2-4)得

$$K_3 = \frac{\pi}{\sin\pi\alpha} - K_4 \cdot \frac{\alpha}{1 - 2.5\alpha}\left(1 + \frac{\sin1.5\pi\alpha}{\sin\pi\alpha}\right) \tag{1.2-7}$$

式(1.2-7)符合式(附1-3)的形式，所以能作成图1.2。

【例1.2】 一环形截面受弯构件，其尺寸为内圆半径 $r_1 = 140$mm，外圆半径 $r_2 = 200$mm，钢筋重心所在圆周半径 $r_S = 170$mm。混凝土强度等级为 C30，$f_c = 16.5$N/mm^2。用Ⅱ级钢筋，$f_y = 310$N/mm^2。弯矩设计值 $M = 60$kN·m。求纵向钢筋面积 A_S。

【解】 环形面积 $A = \pi(200^2 - 140^2) = 64089$。将已知数代入式(1.2-5)及式(1.2-6)计算：

$$K_3 = \frac{(200 + 140) \times 16.5 \times 64089}{2 \times 60000000} = 3, \quad K_4 = \frac{64089 \times 16.5 \times 170}{60000000} = 3$$

用 K_3 和 K_4 值在图1.2画直线①，交曲线得 $\alpha = 0.19$，代入式(1.2-1)计算

$$A_S = \frac{64089 \times 16.5 \times 0.19}{310(1 - 2.5 \times 0.19)} = 1235 \text{mm}^2$$

用式(1.2-3)验算：

$$A_S = \frac{60000000 - 16.5 \times 64089(140 + 200)\sin(180° \times 0.19)/2 \times 3.1416}{310 \times 170(\sin180° \times 0.19 + \sin180° \times 1.5 \times 0.19)/3.1416} = 1236 \text{mm}^2$$

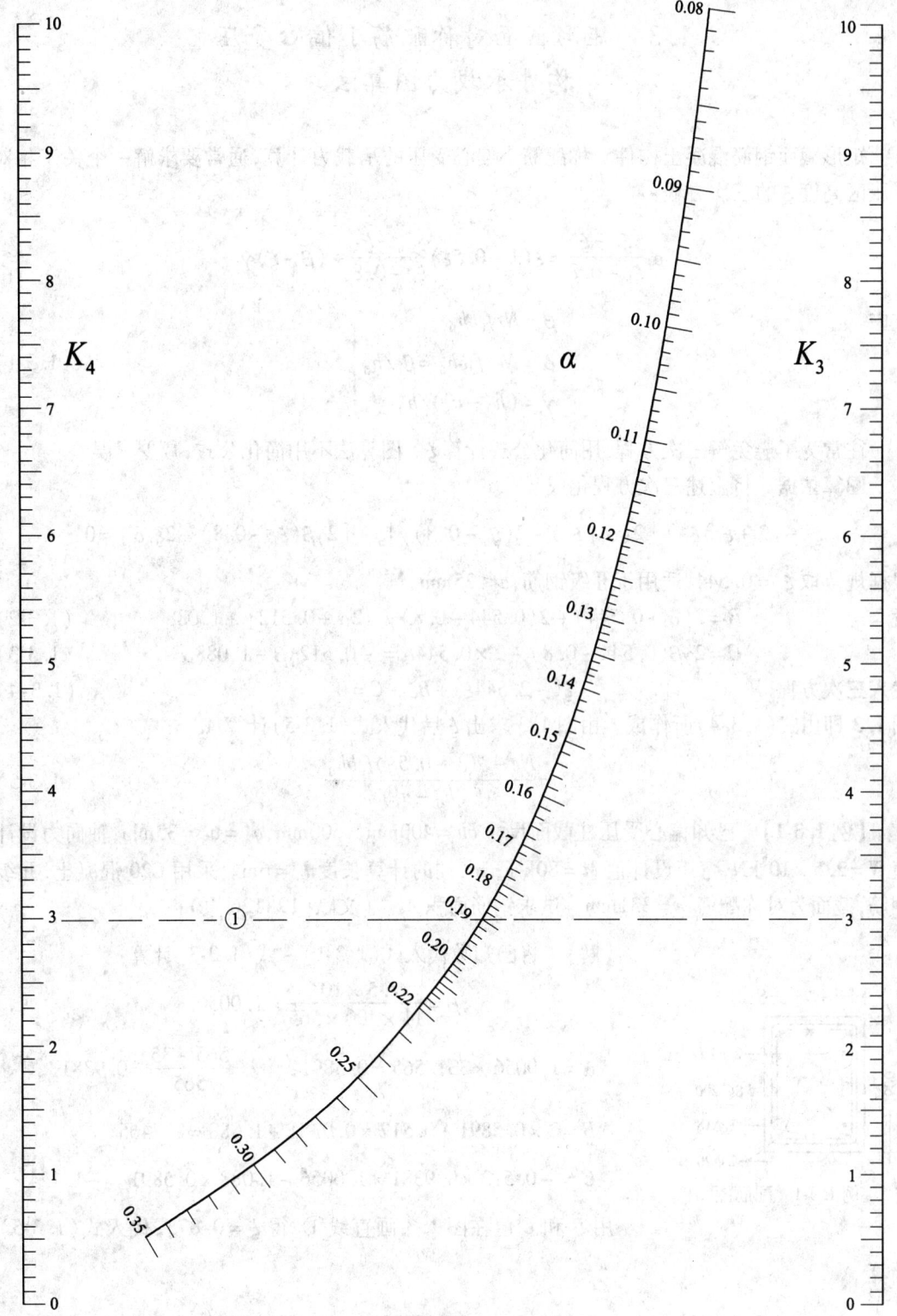

图1.2 环形截面受弯算图

1.3 矩形截面对称配筋小偏心受压构件承载力图算法

矩形截面钢筋混凝土构件对称配筋小偏心受压的承载力计算,通常要求解一个关于相对受压区高度 ξ 的三次方程:

$$\alpha \frac{\xi_b - \xi}{\xi_b - 0.8} = \xi(1 - 0.5\xi)\frac{\xi_b - \xi}{\xi_b - 0.8} + (\beta - \xi)\gamma$$

式中
$$\left.\begin{array}{l}\beta = N/f_c bh_0 \\ \alpha = Ne/f_c bh_0^2 = \beta e/h_0 \\ \gamma = (h_0 - a_s')/h_0\end{array}\right\} \quad (1.3\text{-}1)$$

往常为了避免解三次方程,用简化公式计算 ξ。图算法不用简化公式,减少了误差。

图算依据 将上述三次方程化成

$$\xi^3 - (2 + \xi_b)\xi^2 + [2(\alpha + \xi_b) - 2(\xi_b - 0.8)\gamma]\xi + [2\gamma\beta(\xi_b - 0.8) - 2\xi_b\alpha] = 0$$

根据规范取 $\xi_b = 0.544$,适用于Ⅱ级钢筋,$d \leqslant 25\text{mm}$。

设
$$B = 2(\alpha + 0.544) - 2(0.544 - 0.8)\gamma = 2\alpha + 0.512\gamma + 1.088 \quad (1.3\text{-}2)$$
$$C = 2\gamma\beta(0.544 - 0.8) - 2 \times 0.544\alpha = -0.512\gamma\beta - 1.088\alpha \quad (1.3\text{-}3)$$

代入三次方程得
$$\xi^3 - 2.544\xi^2 + B\xi + C = 0 \quad (1.3\text{-}4)$$

图 1.3 即由式(1.3-4)所作成。由图 1.3 求出 ξ 后代入式(1.3-5)计算 A_S。

$$A_S = \frac{Ne - \xi(1 - 0.5\xi)f_c bh_0^2}{f_y(h_0 - a_s')} \quad (1.3\text{-}5)$$

【例 1.3-1】 已知偏心受压柱截面尺寸 $bh = 400\text{mm} \times 600\text{mm}$,$a_s' = a_s = 35\text{mm}$,轴向力设计值 $N = 2.5 \times 10^3 \text{kN}$,弯矩设计值 $M = 80 \text{kN} \cdot \text{m}$,柱的计算长度 $l_0 = 6\text{m}$。采用 C20 混凝土,Ⅱ级钢筋,截面为对称配筋,$e = 331\text{mm}$。试求钢筋面积 A_S。(文献[19]126 页)

【解】 将已知数代入式(1.3-1)~式(1.3-3)计算:

$$\beta = \frac{2.5 \times 10^6}{11 \times 400 \times 565} = 1.0056$$

$$\alpha = 1.0056 \times 331/565 = 0.5891, \quad \gamma = \frac{565 - 35}{565} = 0.9381$$

$$B = 2 \times 0.5891 + 0.512 \times 0.9381 + 1.088 = 2.7465$$

$$C = -0.512 \times 0.9381 \times 1.0056 - 1.088 \times 0.5891 = -1.124$$

用 B 和 C 值在图 1.3 画直线①,得 $\xi = 0.873$,代入式(1.3-5)

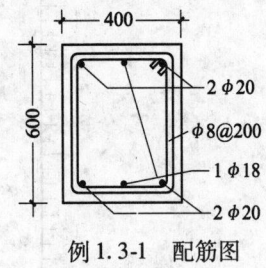

例 1.3-1 配筋图

计算

$$A_S = \frac{2.5 \times 10^6 \times 331 - 0.873(1 - 0.5 \times 0.873) \times 11 \times 400 \times 565^2}{310(565 - 35)} = 831\text{mm}^2$$

选择钢筋:截面上下两边各配 $2\phi20 + 1\phi18 (A_S = A_S' = 882.7\text{mm}^2)$。

【例 1.3-2】 已知柱截面尺寸 $bh=300\text{mm}\times500\text{mm}$,柱的计算长度 $l_0=6\text{m}$,轴向力设计值 $N=1250\text{kN}$,弯矩设计值 $M=250\text{kN}\cdot\text{m}$。采用 C25 级混凝土,Ⅱ级钢筋。求对称配筋 $A'_S=A_S$。(文献[18]156 页)

【解】 文献[18]已算出 $e=\eta e_i+h/2-a=450.9\text{mm}$。

将已知数代入式(1.3-1)~式(1.3-3)计算:

$$\beta=\frac{1.25\times10^6}{13.5\times300\times465}=0.6637,\quad \alpha=0.6637\times450.9/465=0.6436,\quad \gamma=\frac{465-35}{465}=0.9247$$

$$B=2\times0.6436+0.512\times0.9247+1.088=2.8486$$

$$C=-0.512\times0.6637\times0.9247-1.088\times0.6436=-1.0144$$

用 B 和 C 值在图 1.3 画直线②,交曲线得 $\xi=0.605$。将 B 和 ξ 值代入式(1.3-4)验算:
$0.605^2(2.544-0.605)-2.8514\times0.605=-1.0137\approx C$。用式(1.3-5)计算:

$$A_S=\frac{1.25\times10^6\times450.9-0.605(1-0.5\times0.605)\times13.5\times300\times465^2}{310(465-35)}=1456\text{mm}^2$$

【例 1.3-3】 矩形截面柱小偏心受压承载力计算(抗震设计)。已知某矩形截面中柱,截面尺寸为 $bh=400\text{mm}\times600\text{mm}$,计算长度 $l_0=5\text{m}$,混凝土强度等级 C40,保护层厚 30mm,采用 HRB335 钢筋,考虑地震作用效应的组合轴向压力设计值 $N=4000\text{kN}$,弯矩设计值 $M=400\text{kN}\cdot\text{m}$,柱子抗震等级二级,求所需钢筋面积(采用对称配筋)。(文献[43]112 页)

【解】 文献[43]求得轴向压力作用点至纵向受拉钢筋的合力点的距离。

$$e=\eta e_i+h/2-a_S=1.133\times120+600/2-40=395.96\text{mm}$$

假设采用直径 20mm 的钢筋,故上式 $a_S=a'_S=30+20/2=40\text{mm}$。$h_0=600-40=560\text{mm}$。
正截面有效抗震调整系数 $\gamma_{RE}=0.8$,$f_c=19.1\text{N/mm}^2$,$f_y=f'_y=300\text{N/mm}^2$,$\xi_b=0.55$。

将已知数代入式(1.3-1)~式(1.3-3)计算:

$$\beta=\frac{0.8\times4\times10^6}{19.1\times400\times560}=0.7479,\quad \alpha=0.7479\times395.96/560=0.5288,$$

$$\gamma=\frac{560-40}{560}=0.9286$$

$$B=2\times0.5288+0.512\times0.9286+1.088=2.6210$$

$$C=-0.512\times0.7479\times0.9286-1.088\times0.5288=-0.9309$$

B 值小于图尺的下限,须算出直线③与下横尺的交点 B_1 值。由例 1.3-3 附图得

$$\frac{B_1}{14-B_1}=\frac{2.67-2.6210}{-0.9309-(-1.13)}=0.2461$$

例 1.3-3 附图

$$B_1=\frac{14\times0.2461}{1+0.2461}=2.7650$$

用 B_1 和 C 值在图 1.3 画直线③,得 $\xi=0.70$,代入式(1.3-5)计算:

$$A_S=\frac{0.8\times4\times10^6\times395.96-0.7(1-0.5\times0.7)\times19.1\times400\times560^2}{300(560-40)}=1134\text{mm}^2$$

【例 1.3-4】 已知：偏心受压柱 $bh = 300\text{mm} \times 500\text{mm}$，$a_s = a_s' = 40\text{mm}$，平面内外计算长度均为 $l_0 = 7750\text{mm}$，混凝土强度等级 C25，轴力设计值 1280kN（已乘重要性系数 γ_0），对截面重心的偏心距为 $e_0 = 100\text{mm}$（沿截面长方向），采用 HRB400 级钢筋对称配筋，求：纵向钢筋 A_s。（文献[44]868 页）

【解】 文献[44]已算出 $e = \eta e_i + h/2 - a = 175.2 + 500/2 - 40 = 385.2\text{mm}$。

将已知数代入式(1.3-1)~式(1.3-3)计算：

$$\beta = \frac{1280 \times 10^3}{11.9 \times 300 \times 460} = 0.7794, \quad \alpha = 0.7794 \times 385.2/460 = 0.6527, \quad \gamma = \frac{460 - 40}{460} = 0.9130$$

$$B = 2 \times 0.6527 + 0.512 \times 0.9130 + 1.088 = 2.8609$$

$$C = -0.512 \times 0.9130 \times 0.7794 - 1.088 \times 0.6527 = -1.0744$$

用 B 和 C 值在图 1.3 画直线④，交曲线得 $\xi = 0.669$。将 B 和 ξ 值代入式(1.3-4)验算：

$$0.669^2(2.544 - 0.669) - 2.8609 \times 0.669 = -1.0747 \approx C$$

用式(1.3-5)计算：

$$A_s = \frac{1280 \times 10^3 \times 385.2 - 0.669(1 - 0.5 \times 0.669) \times 11.9 \times 300 \times 460^2}{360 \times (460 - 40)} = 1037\text{mm}^2$$

【例 1.3-5】 已知偏心受压钢筋混凝土柱，截面尺寸为 $bh = 300\text{mm} \times 550\text{mm}$，承受轴向压力设计值 $N = 1230\text{kN}$，弯矩设计值 $M = 305\text{kN} \cdot \text{m}$，柱计算长度 $l_0 = 5\text{m}$，混凝土强度等级为 C30，钢筋 HRB335 级，用对称配筋。试求受力钢筋面积 A_s。（文献[45]466 页）

【解】 文献[45]已算出 $e = 533\text{mm}$。将已知数代入式(1.3-1)~式(1.3-3)计算：

$$\beta = \frac{1230 \times 10^3}{14.3 \times 300 \times 510} = 0.5622, \quad \alpha = 0.5622 \times 533/510 = 0.5875, \quad \gamma = \frac{510 - 40}{510} = 0.9216$$

$$B = 2 \times 0.5875 + 0.512 \times 0.9216 + 1.088 = 2.7349$$

$$C = -0.512 \times 0.5622 \times 0.9216 - 1.088 \times 0.5875 = -0.9043$$

C 值大于图尺的上限 -0.93，须算出直线⑤与上横尺的交点 C_1 值。

由例 1.3-5 附图得

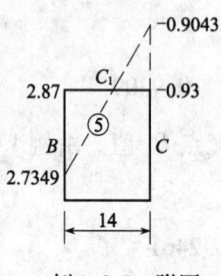

例 1.3-5 附图

$$\frac{C_1}{14 - C_1} = \frac{2.87 - 2.7349}{-0.9043 - (-0.93)} = 5.2568$$

$$C_1 = \frac{14 \times 5.2568}{1 + 5.2568} = 11.7625$$

用 B 和 C_1 值在图 1.3 画直线⑤，交曲线得 $\xi = 0.554$。将 B 和 ξ 值代入式(1.3-4)验算：

$$0.554^2(2.544 - 0.554) - 2.7349 \times 0.554 = -0.9044 \approx C$$

用式(1.3-5)计算：

$$A_s = \frac{1230 \times 10^3 \times 533 - 0.554(1 - 0.5 \times 0.554) \times 14.3 \times 300 \times 510^2}{300 \times (510 - 40)} = 1480\text{mm}^2$$

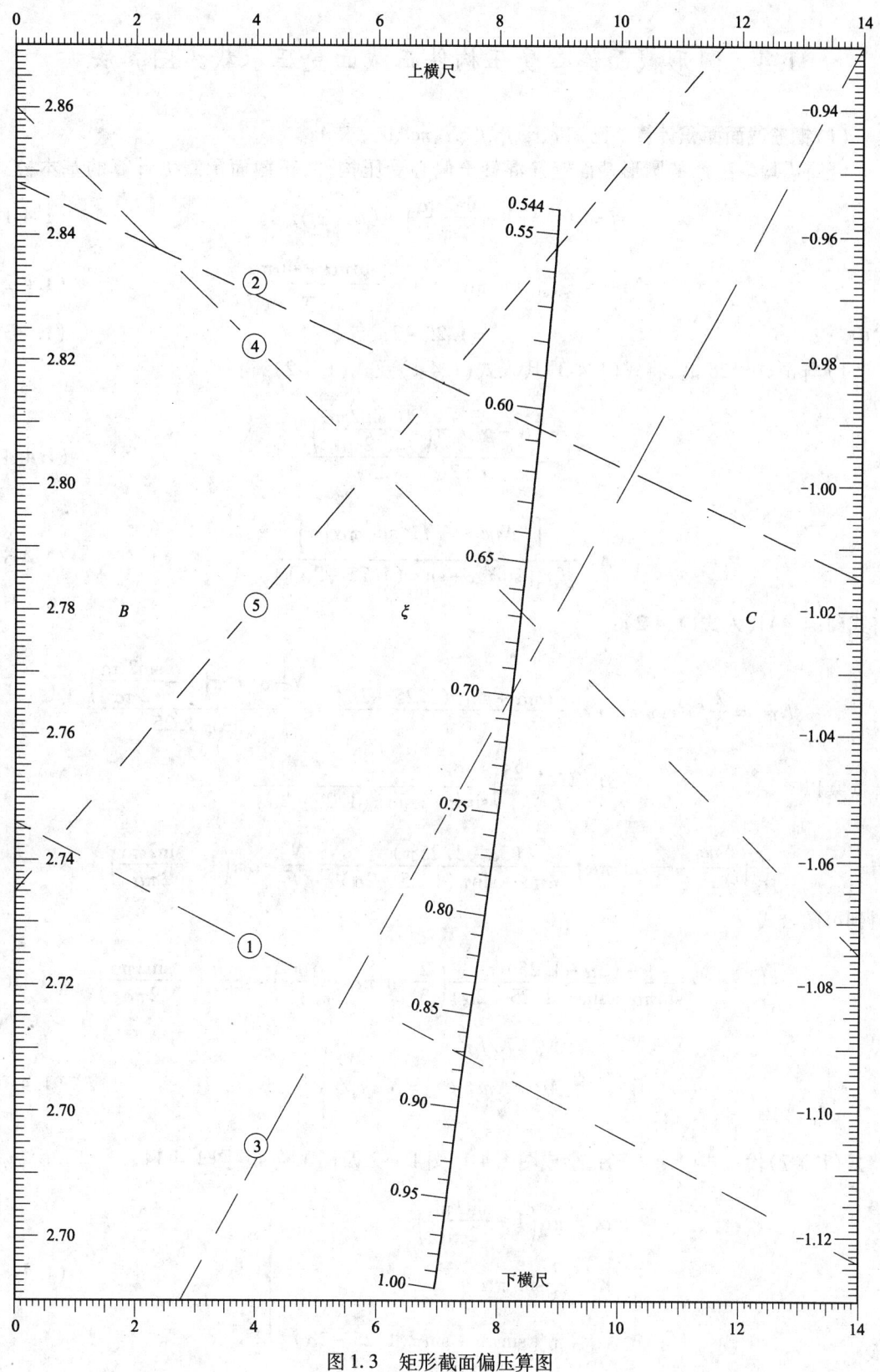

图1.3 矩形截面偏压算图

1.4 圆形截面偏心受压构件正截面受压承载力图算法

(1) 钢筋截面面积计算 已知 r、r_S、f_c、f_y、N、ηe_i、α_1,求 A_S

沿周边均匀配筋的圆形截面钢筋混凝土偏心受压构件,正截面承载力计算的基本公式为

$$N = \alpha f_c r^2 \pi \left(1 - \frac{\sin 2\pi\alpha}{2\pi\alpha}\right) + (\alpha - \alpha_t) f_y A_S \tag{1.4-1}$$

$$N\eta e_i = \frac{2}{3} f_c r^3 \sin^3 \pi\alpha + f_y A_S r_S \frac{\sin\pi\alpha + \sin\pi\alpha_t}{\pi} \tag{1.4-2}$$

式中
$$\alpha_t = 1.25 - 2\alpha \tag{1.4-3}$$

1) 当 $\alpha < 0.625$ 时,将式(1.4-3)代入式(1.4-1)及式(1.4-2),得

$$A_S = \frac{N - \alpha f_c r^2 \pi \left(1 - \frac{\sin 2\pi\alpha}{2\pi\alpha}\right)}{f_y (3\alpha - 1.25)} \tag{1.4-4}$$

$$A_S = \frac{\left[\left(N\eta e_i - \frac{2}{3} f_c r^3 \sin^3 \pi\alpha\right)\pi\right]}{f_y r_S [\sin\pi\alpha + \sin\pi(1.25 - 2\alpha)]} \tag{1.4-5}$$

将式(1.4-4)代入式(1.4-2):

$$N\eta e_i = \frac{2}{3} f_c r^3 \sin^3 \pi\alpha + r_S \frac{\sin\pi\alpha + \sin\pi(1.25 - 2\alpha)}{\pi} \cdot \frac{N - \alpha f_c r^2 \pi \left(1 - \frac{\sin 2\pi\alpha}{2\pi\alpha}\right)}{3\alpha - 1.25}$$

上式乘以 $\dfrac{r}{r_S}\left(\dfrac{3\alpha - 1.25}{f_c r^3}\right)\dfrac{\pi}{\sin\pi\alpha + \sin\pi(1.25 - 2\alpha)}$

得
$$\frac{r}{r_S}\left(\frac{N\eta e_i}{f_c r^3} - \frac{2}{3}\sin^2\pi\alpha\right)\frac{(3\alpha - 1.25\pi)}{\sin\pi\alpha + \sin\pi(1.25 - 2\alpha)} = \frac{N}{f_c r^2} - \alpha\pi\left(1 - \frac{\sin 2\pi\alpha}{2\pi\alpha}\right)$$

得到可图公式

$$\frac{N}{f_c r^2} = \frac{r}{r_S} \cdot \frac{-(3\alpha - 1.25)\pi}{\sin\pi\alpha + \sin\pi(1.25 - 2\alpha)}\left(\frac{2}{3}\sin^3\pi\alpha - \frac{N\eta e_i}{f_c r^3}\right) + \alpha\pi\left(1 - \frac{\sin 2\pi\alpha}{2\pi\alpha}\right) \tag{1.4-6}$$

设
$$\left.\begin{array}{l} N_1 = N/f_c r^2 \\ M_1 = N\eta e_i / f_c r^3 = N_1 \eta e_i / r \\ r_3 = r/r_S \end{array}\right\} \tag{1.4-7}$$

将式(1.4-7)代入式(1.4-6)后,绘成图1.4-1,图1.4-2及图1.4-4~图1.4-14。

设
$$\left.\begin{array}{l} \alpha_0 = \pi\alpha\left(1 - \dfrac{\sin 2\pi\alpha}{2\pi\alpha}\right) \\[2mm] \alpha_2 = \dfrac{2}{3}\sin^3\pi\alpha \\[2mm] \alpha_3 = \pi/[\sin\pi\alpha + \sin\pi(1.25 - 2\alpha)] \end{array}\right\} \tag{1.4-8}$$

由式(1.4-8)绘成图1.4-19及图1.4-20。

将式(1.4-8)代入(1.4-4)及式(1.4-5)后得

$$\left.\begin{aligned} A_{S1} &= \frac{N - f_c r^2 \alpha_0}{f_y (3\alpha - 1.25)} \\ A_{S2} &= \frac{(N\eta e_i - f_c r^3 \alpha_2)\alpha_3}{f_y r_S} \end{aligned}\right\} \quad (1.4\text{-}9)$$

2) 当 $\alpha \geqslant 0.625$ 时, $\alpha_t = 1.25 - 2\alpha = 0$, 式(1.4-1)及式(1.4-2)成为:

$$N = \alpha f_c r^2 \pi \left(1 - \frac{\sin 2\pi\alpha}{2\pi\alpha}\right) + \alpha f_y A_S \quad (1.4\text{-}10)$$

$$N\eta e_i = \frac{2}{3} f_c r^3 \sin^3 \pi\alpha + f_y A_S r_S \frac{\sin \pi\alpha}{\pi} \quad (1.4\text{-}11)$$

由上两式得

$$\left.\begin{aligned} A_{S1} &= \frac{N - \alpha f_c r^2 \pi \left(1 - \frac{\sin \pi\alpha}{2\pi\alpha}\right)}{f_y \alpha} = \frac{N - f_c r^2 \alpha_0}{f_y \alpha} \\ A_{S2} &= \frac{\left(N\eta r_i - \frac{2}{3} f_c r^3 \sin^3 \pi\alpha\right)\pi}{f_y r_S \sin \pi\alpha} = \frac{(N\eta e_i - f_c r^3 \alpha_2)\alpha_3}{f_y r_S} \end{aligned}\right\} \quad (1.4\text{-}12)$$

式中 $\alpha_3 = \pi / \sin \pi\alpha$ \quad (1.4-13)

式(1.4-12)的 $A_{S1} = A_{S2}$,得到可图公式,绘成图 1.4-3 及图 1.4-15 ~ 图 1.4-18。

用图算的 α 值在图 1.4-19 或图 1.4-20 画水平线,得 α_2 和 α_3 值代入公式算得 A_{S2},通常就近于 A_S 值。α 值微小误差对 A_{S2} 影响不大。若验算,就用图算的 α_0 计算 A_{S1},见例1.4-1 ~ 例 1.4-3。

【例1.4-1】 某一钢筋混凝土钻孔灌注桩,直径 $D = 800\text{mm}$,其自由长度 $l_0 = 5.0\text{m}$,承受纵向力 $N = 1080\text{kN}$,弯矩设计值 $M = 360\text{kN}\cdot\text{m}$,拟采用 C20 级混凝土($f_c = 9.6\text{N/mm}^2$)和 Ⅰ 级钢筋($f_y = 210\text{N/mm}^2$), $\xi_b = 0.614$,试为此桩配筋。$\eta e_i = 353\text{mm}$。(文献[21]100页)

【解】 由式(1.4-7), $N_1 = N/f_c r^2 = 1080000/(9.6 \times 400^2) = 0.703$

$$M_1 = 0.703 \times 353/400 = 0.62, \quad r_3 = 400/360 = 1.111$$

用 N_1 和 M_1 值在图 1.4-1 画直线①,得知用图 1.4-7 详解。

用 N_1 和 M_1 值在图 1.4-7 画直线①,交曲线 $r_3 = 1.111$,得 $\alpha = 0.3595$。在图 1.4-19 画水平线①,得 $\alpha_0 = 0.743$, $\alpha_2 = 0.493$, $\alpha_3 = 1.654$,代入式(1.4-9)计算:

$$A_{S1} = \frac{1080000 - 9.6 \times 400^2 \times 0.743}{210(3 \times 0.3595 - 1.25)} = 1700\text{mm}^2$$

$$A_{S2} = \frac{(1080000 \times 353 - 9.6 \times 400^3 \times 0.493) \times 1.654}{210 \times 360} = 1714\text{mm}^2$$

采用钢筋 $8\phi20$, $A_S = 2513\text{mm}^2$。

【例 1.4-2】 已知圆形截面柱 $d=400\text{mm}$,计算长度 $l_0=4\text{m}$,混凝土强度等级 C30,纵筋保护层厚度 30mm,承受轴力设计值 $N=500\text{kN}$(已乘重要性系数 γ_0),轴向力对截面重心的偏心距 $\eta e_i=445.2\text{mm}$,试求 α 及 A_S。(参文献[44]878 页)

【解】 1)已知 $r_3=200/(200-30-10)=1.25$,式中 10mm 为钢筋半径。
用式(1.4-7), $\qquad N_1=N/f_c r^2=500\times 10^3/(14.3\times 200^2)=0.8741$
$$M_1=N_1\eta e_i/r=0.8741\times 445.2/200=1.9458$$

用 N_1 及 M_1 值在图 1.4-1 画直线②,得知用图 1.4-8 详解。

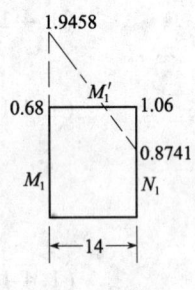

例 1.4-2 附图

2)M_1 值大于图 1.4-8 的上限 0.68,须按附图算出 M_1' 值:
$$\frac{M_1'}{14-M_1'}=\frac{1.9458-0.68}{1.06-0.8741}=6.809,\quad M_1'=\frac{14\times 6.809}{1+6.809}=12.2073\text{cm}$$

在图 1.4-8,用 N_1 和 M_1' 值画直线②,交曲线 $r_3=1.25$,得 $\alpha=0.4036$。

3)在图 1.4-19 画水平线②,得 $\alpha_0=0.983$,$\alpha_2=0.5796$,$\alpha_3=1.62073$,代入式(1.4-9)计算:
$$A_{S1}=\frac{500\times 10^3-14.3\times 200^2\times 0.983}{360(3\times 0.4036-1.25)}=4413\text{mm}^2$$
$$A_{S2}=\frac{(500\times 10^3\times 445.2-14.3\times 200^3\times 0.5796)\times 1.62073}{360\times 160}=4398\text{mm}^2$$

【例 1.4-3】 已知圆形截面柱 $r=200\text{mm}$,$r_S=165\text{mm}$,$l_0=3.2\text{m}$。混凝土为 C25 级,纵筋为Ⅱ级钢筋。设荷载产生的内力设计值 $N=1696.5\text{kN}$,$M=83.06\text{kN}\cdot\text{m}$。求柱的纵向钢筋面积 A_S。已算出 $\eta e_i=56.2\text{mm}$。(文献[18]162 页)

【解】 1)用式(1.4-7),$N_1=1696.5\times 10^3/(13.5\times 200^2)=3.1417$
$$M_1=3.1417\times 56.2/200=0.8828,\quad r_3=r/r_S=200/165=1.212$$

用 N_1 和 M_1 值在图 1.4-2 画直线③,得知用图 1.4-14 详解。

2)N_1 及 M_1 值超过图 1.4-14 的图尺上下限,须由本题附图求出上下横尺的 M_1' 及 N_1' 值。
$$\frac{M_1'}{14-M_1'}=\frac{0.8828-0.65}{3.1417-2.12}=0.22786,\quad M_1'=\frac{14\times 0.22786}{1+0.22786}=2.598\text{cm}$$
$$\frac{N_1'}{14-N_1'}=\frac{0.8828-0.45}{3.1417-2.32}=0.52671,\quad N_1'=\frac{14\times 0.52671}{1+0.52671}=4.830\text{cm}$$

例 1.4-3 附图

用 N_1' 及 M_1' 值在图 1.4-14 画直线③,交曲线 $r_3=1.212$,得 $\alpha=0.621$

3)用 α 值在图 1.4-20 画水平线③,得 $\alpha_0=2.295$,$\alpha_2=0.534$,$\alpha_3=3.290$,代入式(1.4-9)计算:
$$A_{S1}=\frac{1696.5\times 10^3-13.5\times 200^2\times 2.295}{310(3\times 0.621-1.25)}=2406\text{mm}^2$$
$$A_{S2}=\frac{(1696.5\times 10^3\times 56.2-13.5\times 200^3\times 0.534)\times 3.29}{310\times 165}=2423\text{mm}^2$$

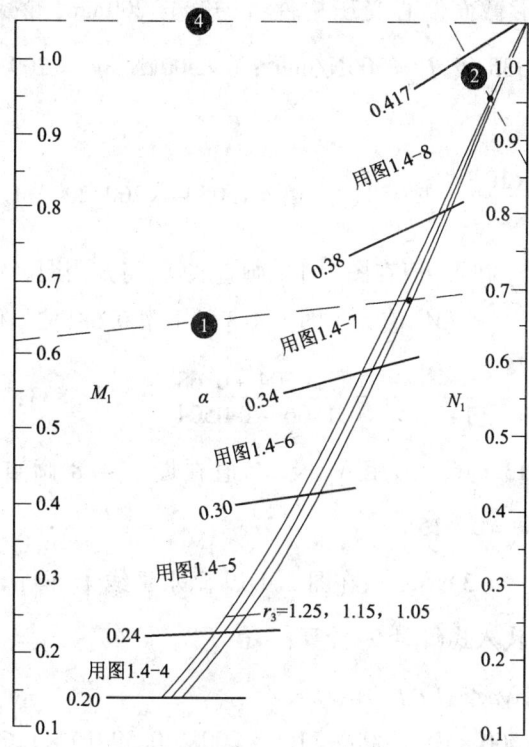

图1.4-1 圆形截面偏压算图(导图1)

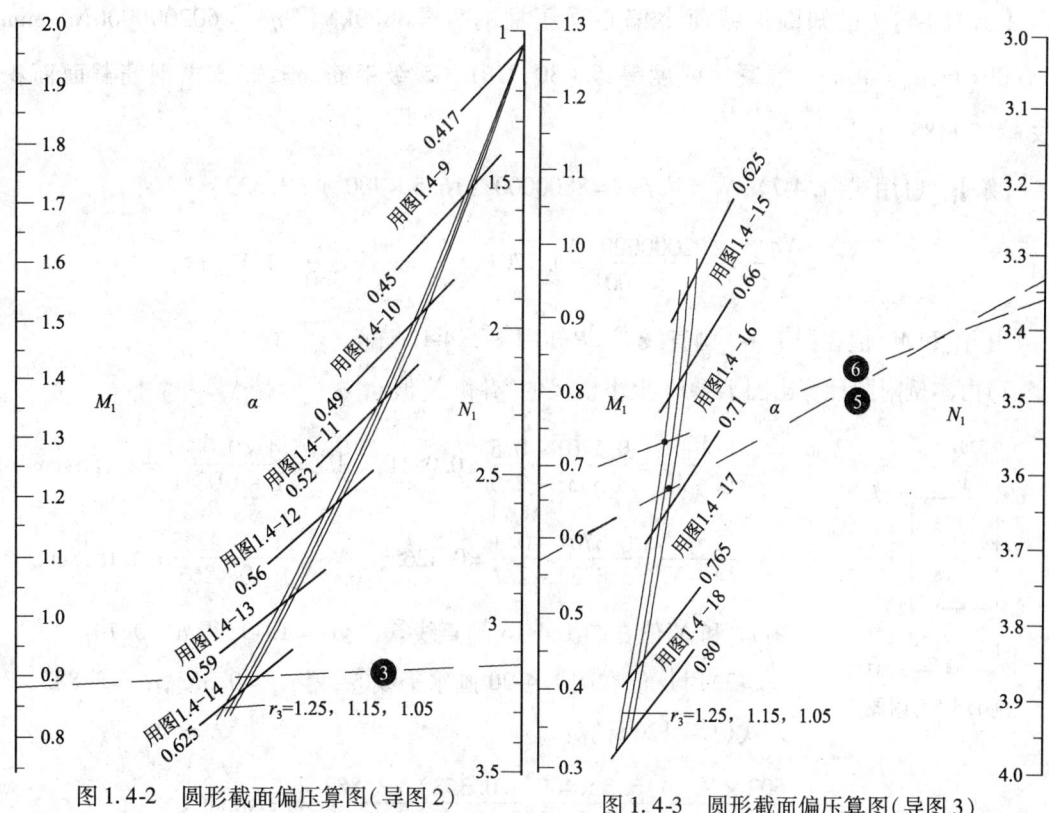

图1.4-2 圆形截面偏压算图(导图2)　　图1.4-3 圆形截面偏压算图(导图3)

【例 1.4-4】 一圆形截面偏心受压构件,已知 $r = 200\text{mm}$,混凝土强度等级 C25,$f_c = 11.9\text{N/mm}^2$;钢筋为 HRB335 级,$f_y = 300\text{N/mm}^2$;$N = 500\text{kN}$,$\eta e_i = 200\text{mm}$,求 A_S。(文献[45] 479 页)

【解】 1) $N_1 = \dfrac{500 \times 10^3}{11.9 \times 200^2} = 1.0504$, $M_1 = 1.0504 \times 200/200 = 1.0504$

$r_3 = 200/160 = 1.25$。用 N_1 和 M_1 值在图 1.4-1 画直线④,得知用图 1.4-8 详解。

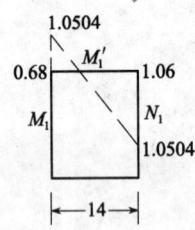

例 1.4-4 附图

2) M_1 值大于图 1.4-8 的上限 0.68,按本例附图算出 M'_1 值:

$$\dfrac{M'_1}{14 - M'_1} = \dfrac{1.0504 - 0.68}{1.06 - 1.0504} = 38.5833, \quad M'_1 = \dfrac{14 \times 38.5833}{1 + 38.5833} = 13.6463\text{cm}$$

用 N_1 及 M'_1 值在图 1.4-8 画直线④,交 $r_3 = 1.25$,得 $\alpha = 0.4156$。

3) 用 α 值在图 1.4-19 画水平线④,得 $\alpha_2 = 0.5991$,$\alpha_3 = 1.6255$,代入式(1.4-9)计算:

$$A_{S2} = (N\eta e_i - f_c r^3 \alpha_2)\alpha_3 / f_y r_S$$
$$= \dfrac{(500 \times 10^3 \times 200 - 11.9 \times 200^3 \times 0.5991) \times 1.6255}{300 \times 160} = 1452\text{mm}^2$$

【例 1.4-5】 已知圆形截面小偏心受压柱的 $N = 8800\text{kN}$,$N\eta e_i = 602000000\text{N·mm}$,$D = 800\text{mm}$,$\alpha_S = 40\text{mm}$,混凝土强度等级 C30,HRB335 级钢筋,$d \leq 25$。求钢筋截面面积。(文献[20]837 页)

【解】 1) 用式(1.4-7),$N_1 = N/f_c r^2 = 8800000/(16.5 \times 400^2) = 3.3333$

$$M_1 = \dfrac{N\eta e_i}{f_c r^3} = \dfrac{602000000}{16.5 \times 400^3} = 0.5701, \quad r_3 = \dfrac{r}{r_S} = \dfrac{400}{360} = 1.1111$$

用 N_1 和 M_1 值在图 1.4-3 画直线⑤,得知用图 1.4-16 详解。

2) 由本例附图计算出图 1.4-16 上下横尺的 M'_1 和 N'_1 值:

$$\dfrac{M'_1}{14 - M'_1} = \dfrac{0.5701 - 0.5}{3.3333 - 2.5} = 0.0841, \quad M'_1 = \dfrac{14 \times 0.0841}{1 + 0.0841} = 1.0861\text{cm}$$

$$\dfrac{N'_1}{14 - N'_1} = \dfrac{0.5701 - 0.3}{3.3333 - 2.7} = 0.4265, \quad N'_1 = \dfrac{14 \times 0.4265}{1 + 0.4265} = 4.1858\text{cm}$$

用 M'_1 和 N'_1 值在图 1.4-16 画直线⑤,交 $r_3 = 1.11$,得 $\alpha = 0.70$。

例 1.4-5 附图

3) 用 α 值在图 1.4-20 画水平线⑤,得 $\alpha_2 = 0.353$,$\alpha_3 = 3.883$。代入式(1.4-12)计算:

$$A_{S2} = \dfrac{(602 \times 10^6 - 16.5 \times 400^3 \times 0.353) \times 3.883}{310 \times 360} = 7976\text{mm}^2$$

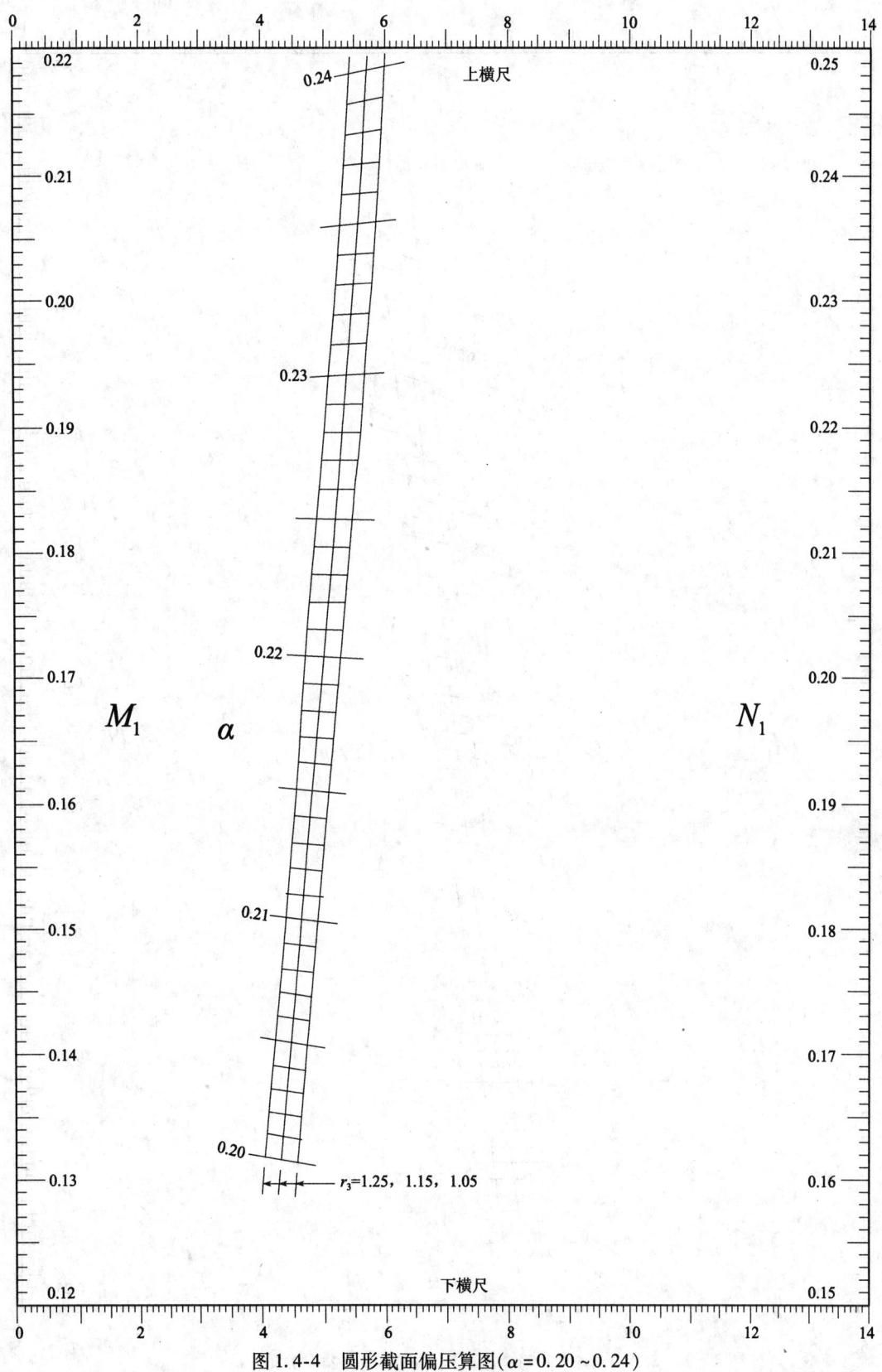

图 1.4-4 圆形截面偏压算图（$\alpha = 0.20 \sim 0.24$）

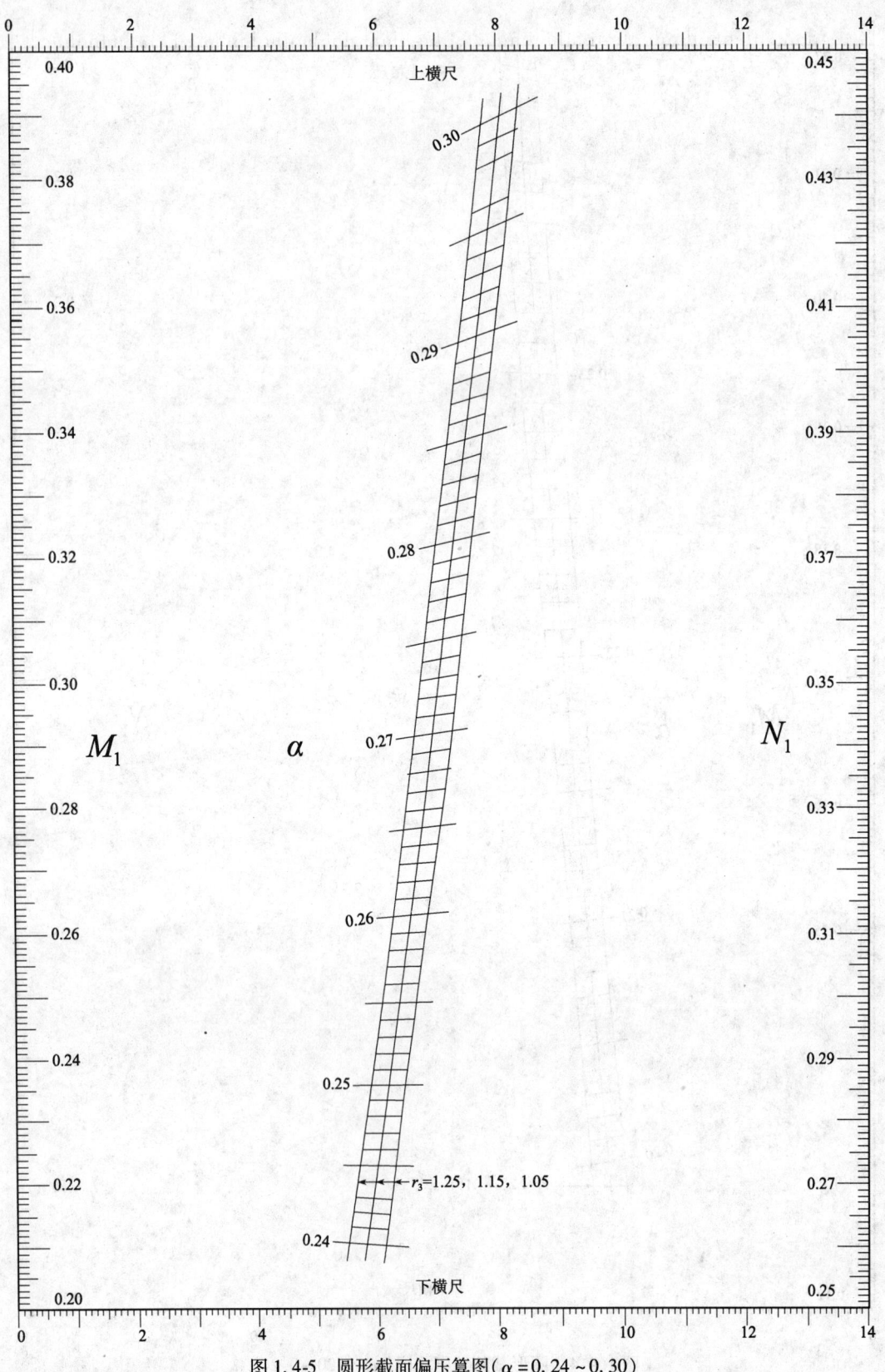

图 1.4-5 圆形截面偏压算图（$\alpha = 0.24 \sim 0.30$）

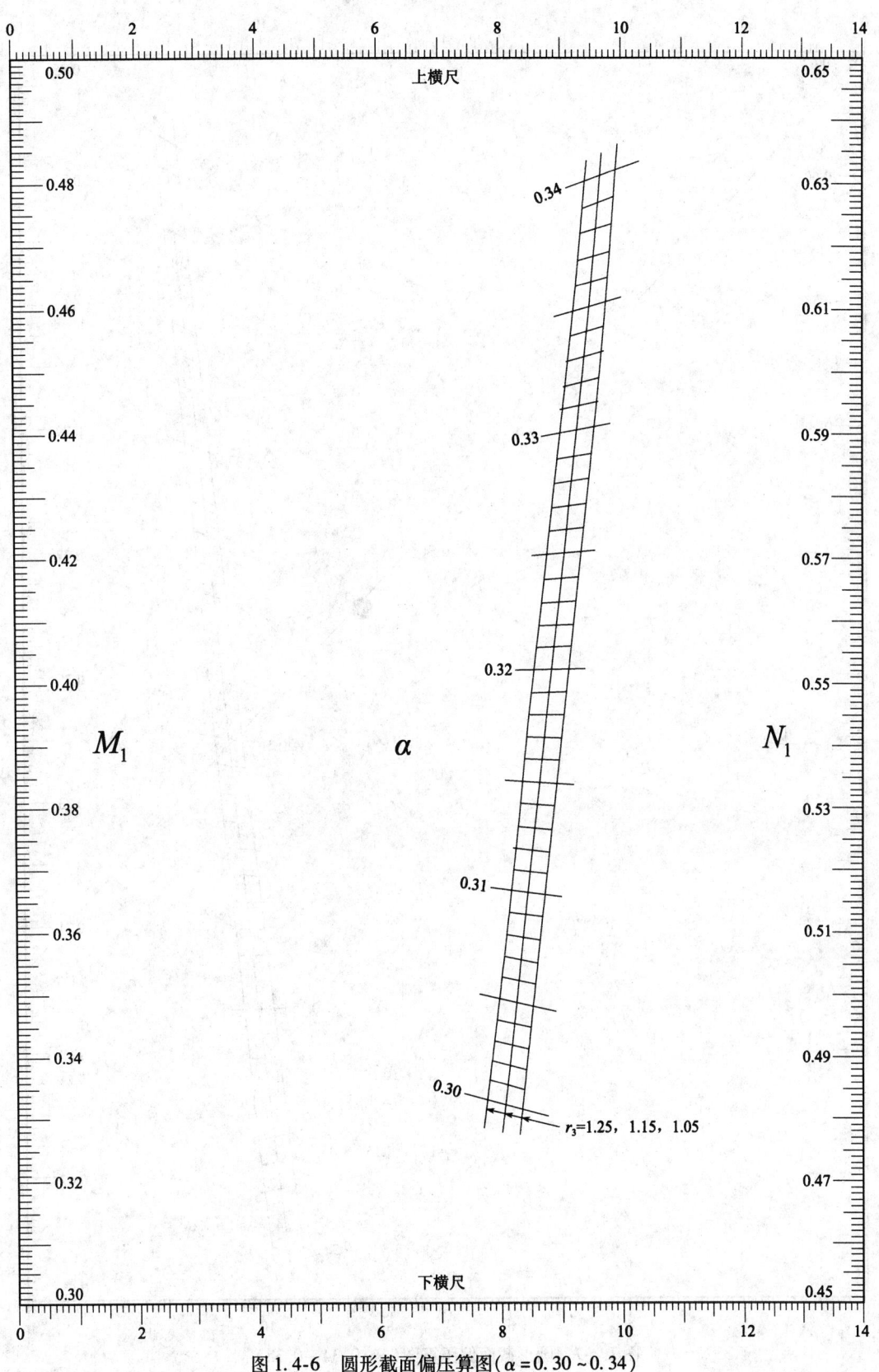

图 1.4-6 圆形截面偏压算图($\alpha = 0.30 \sim 0.34$)

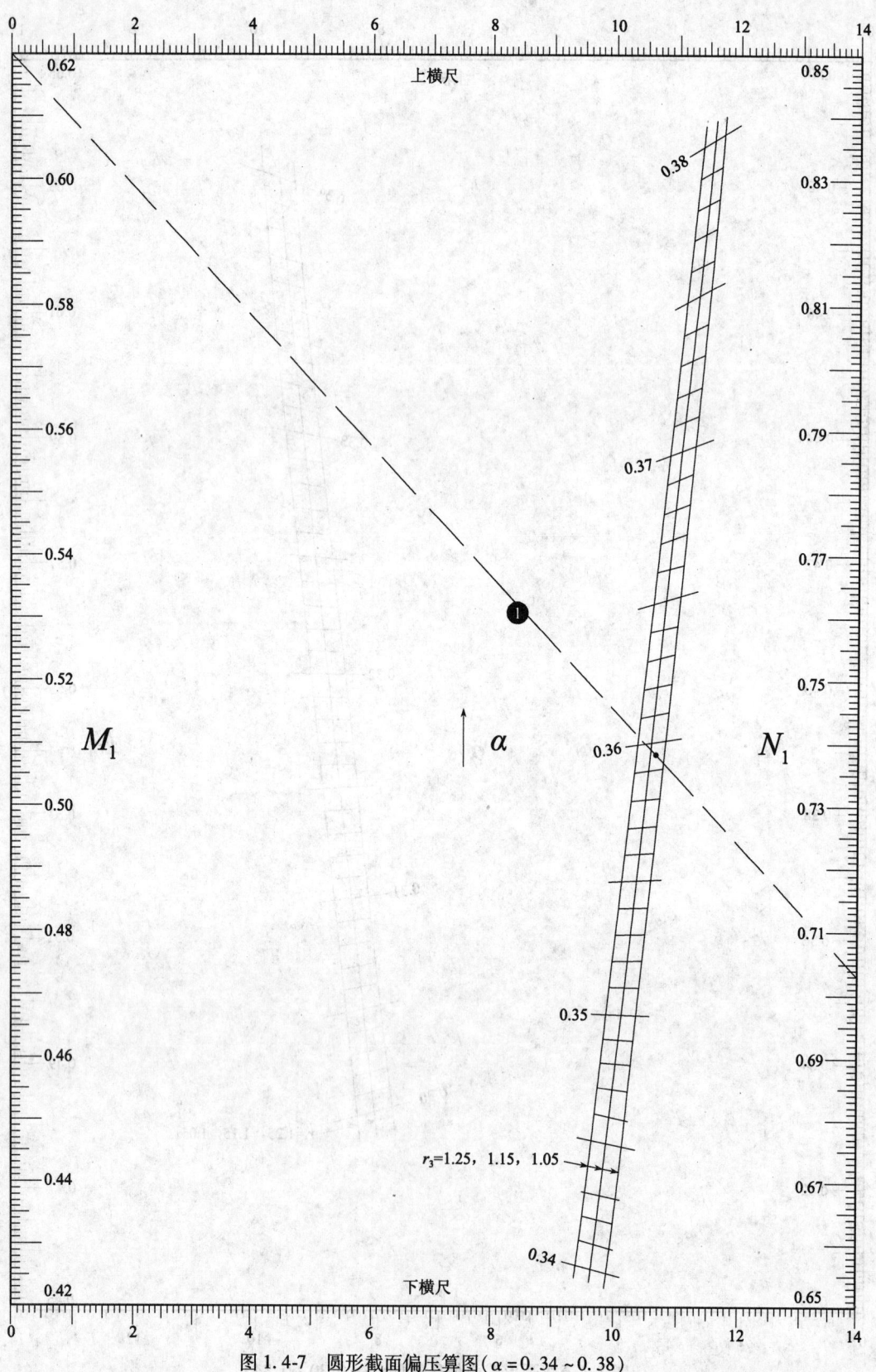

图 1.4-7 圆形截面偏压算图($\alpha = 0.34 \sim 0.38$)

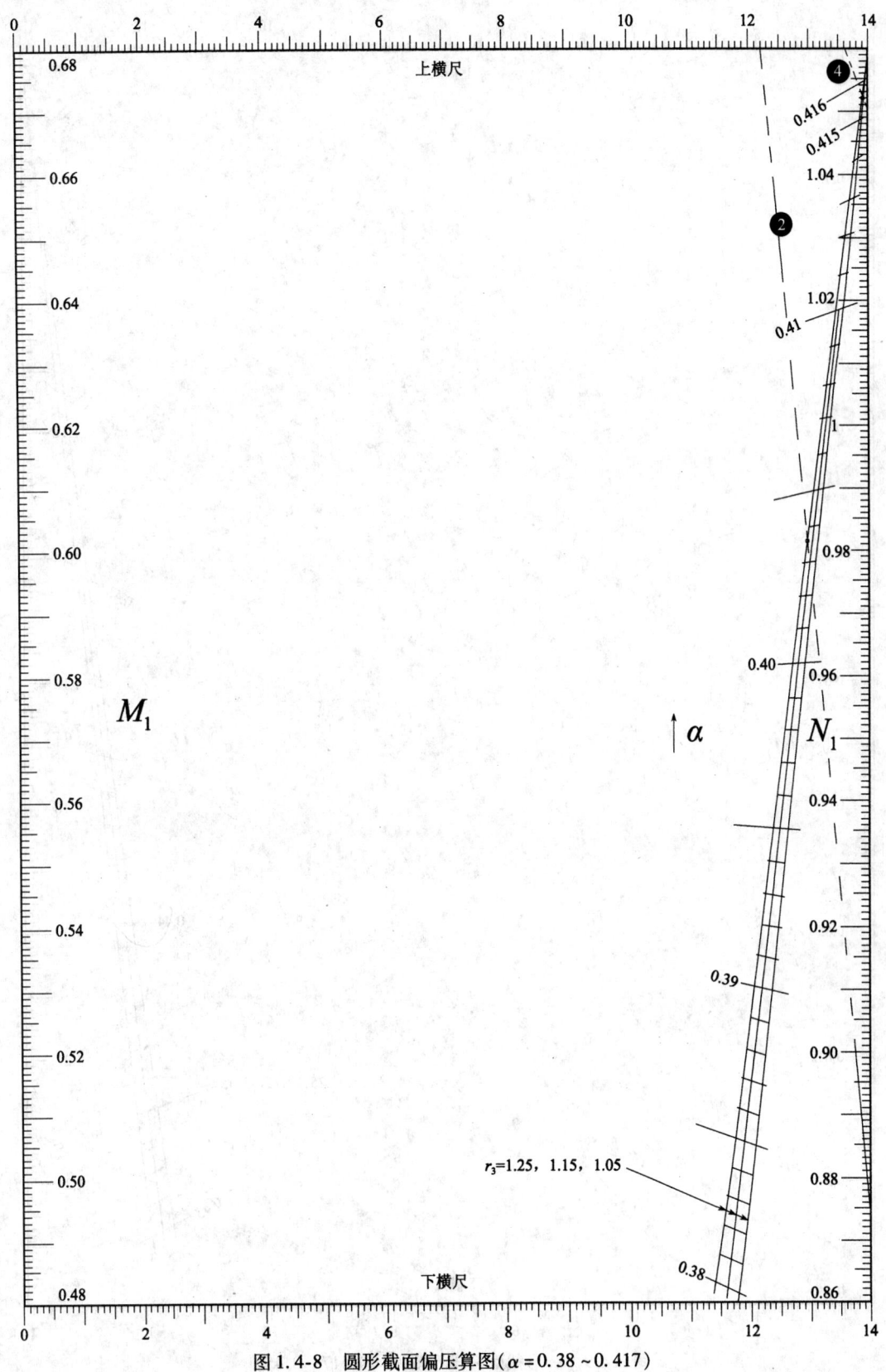

图 1.4-8 圆形截面偏压算图($\alpha = 0.38 \sim 0.417$)

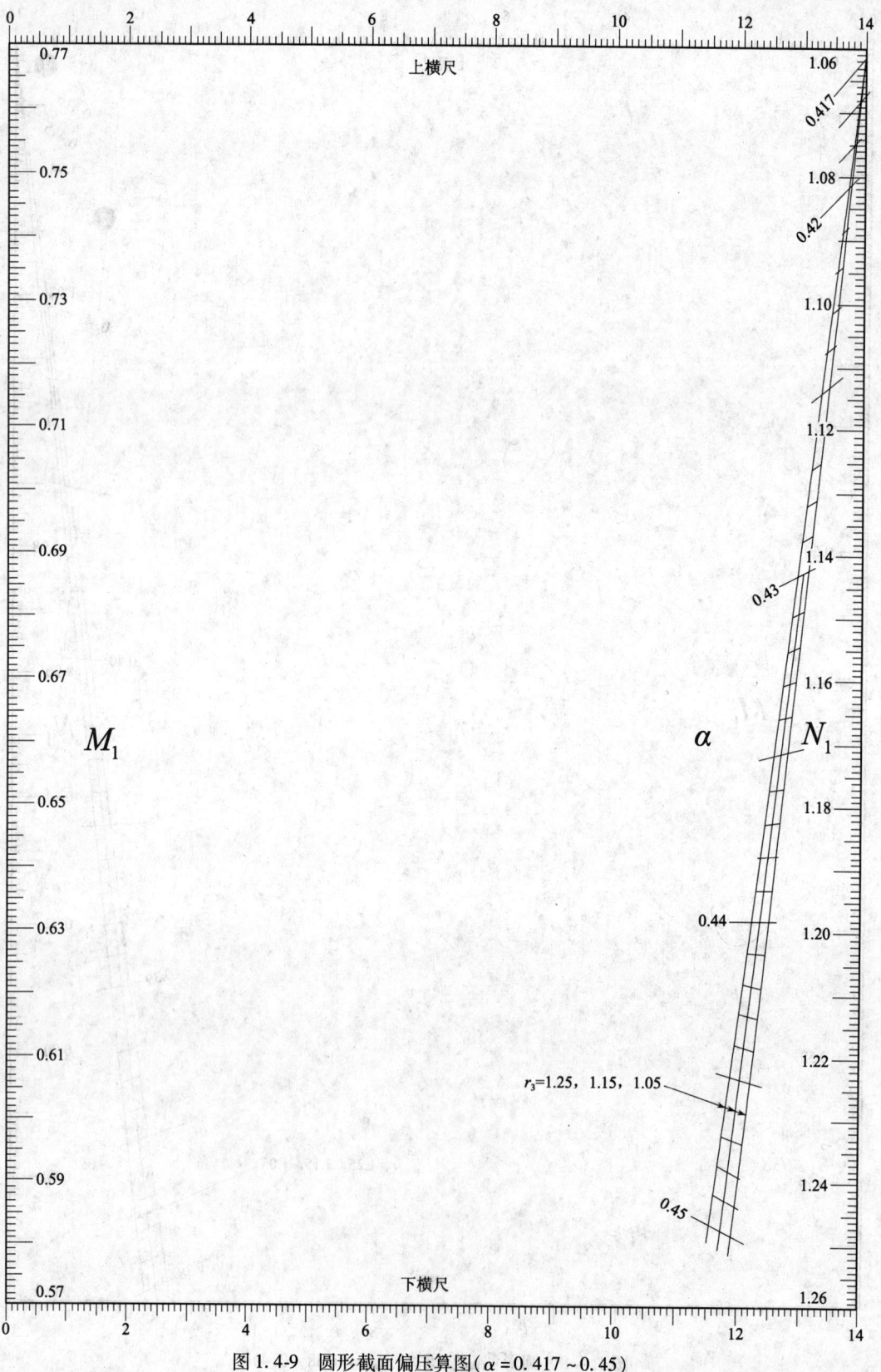

图 1.4-9 圆形截面偏压算图（$\alpha = 0.417 \sim 0.45$）

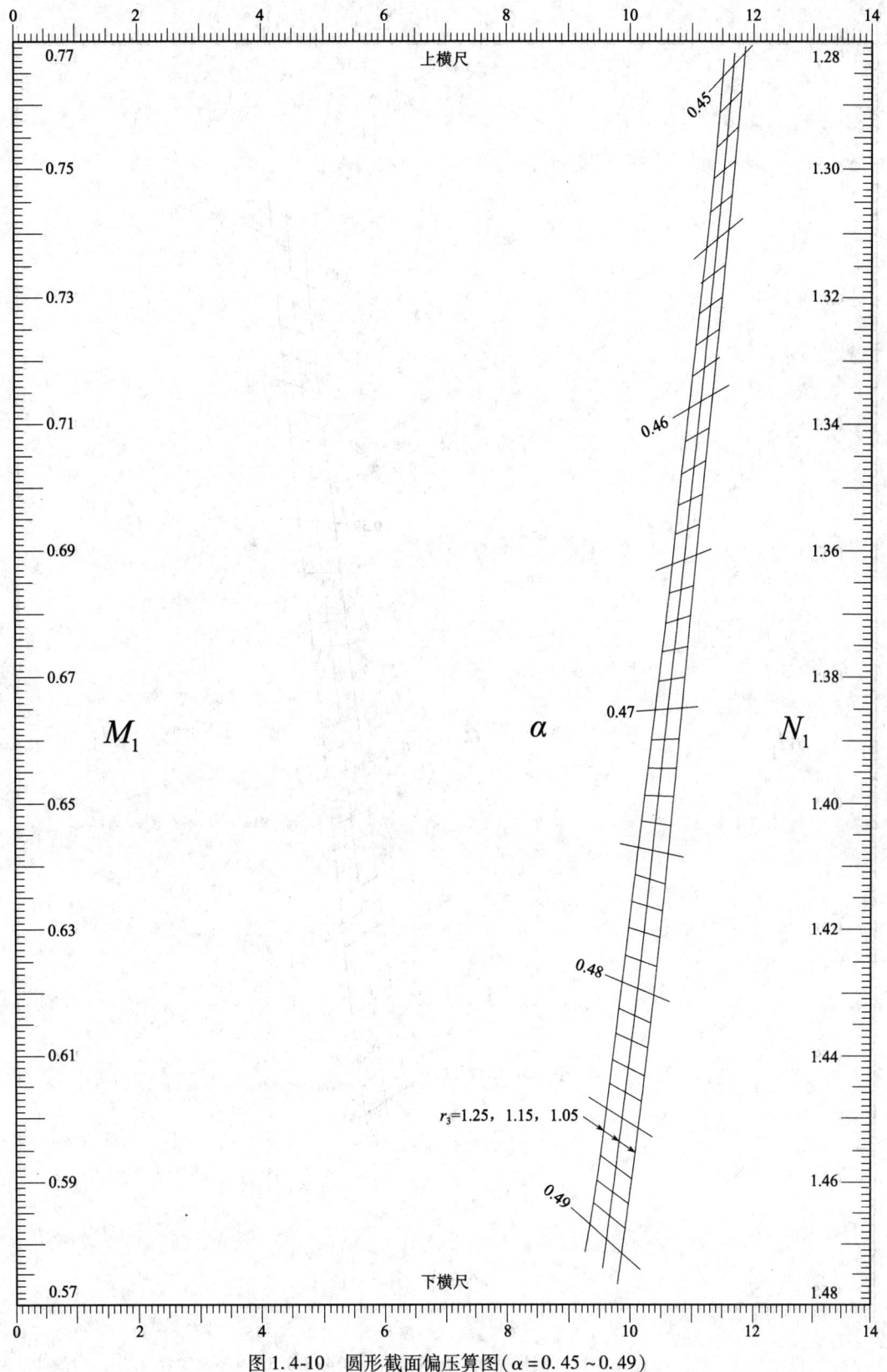

图 1.4-10 圆形截面偏压算图($\alpha = 0.45 \sim 0.49$)

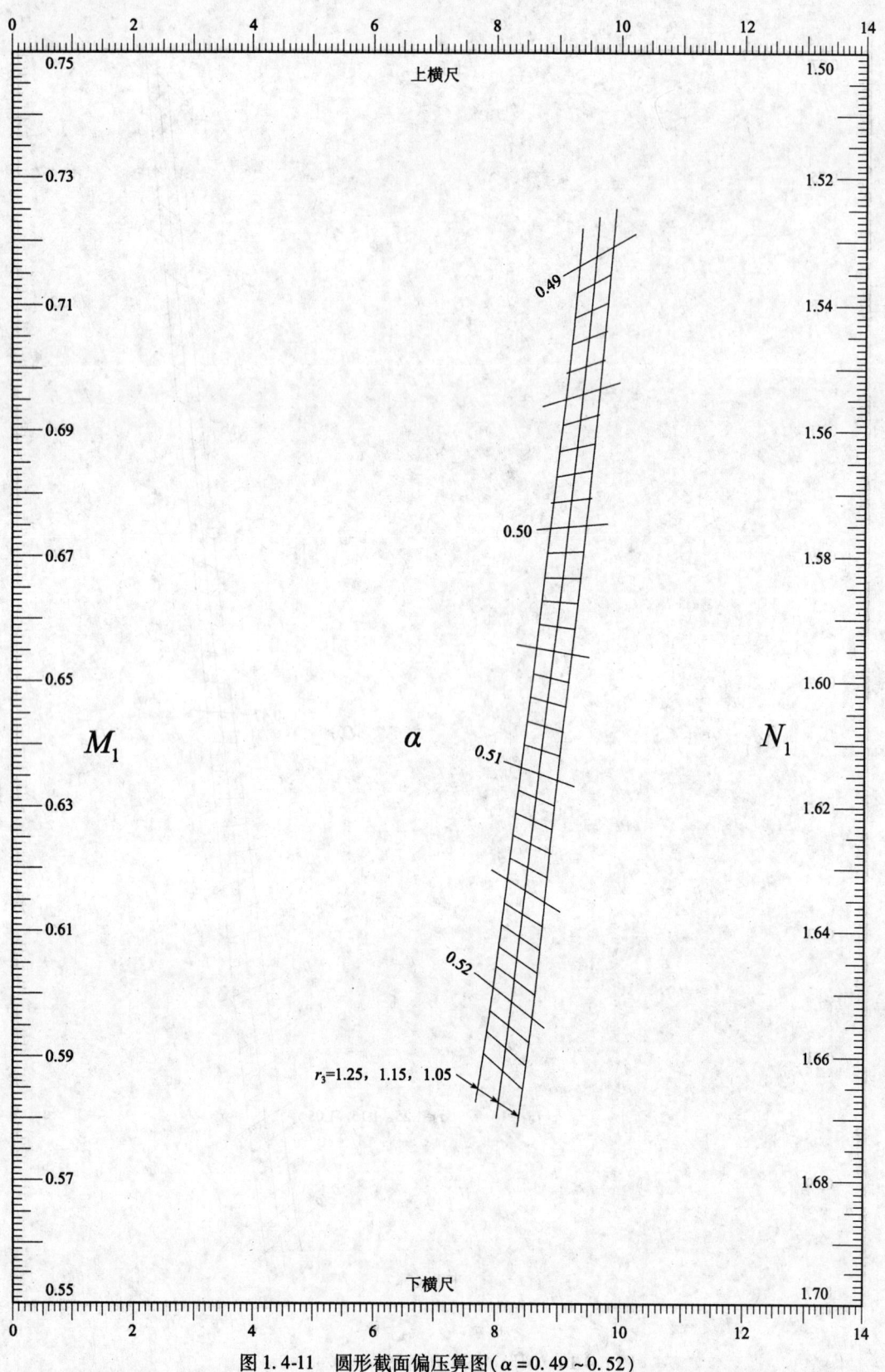

图 1.4-11　圆形截面偏压算图（$\alpha = 0.49 \sim 0.52$）

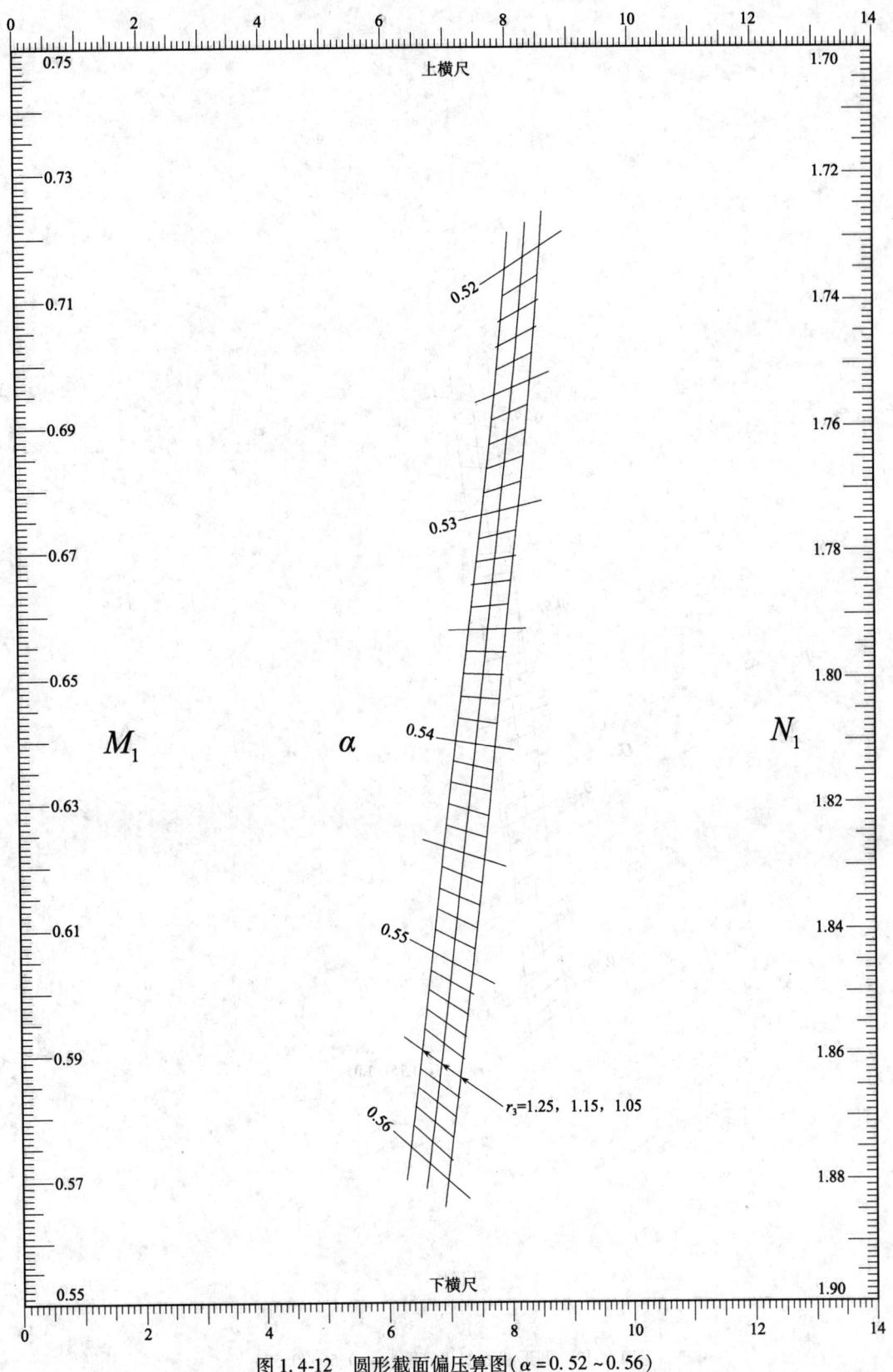

图 1.4-12 圆形截面偏压算图（$\alpha = 0.52 \sim 0.56$）

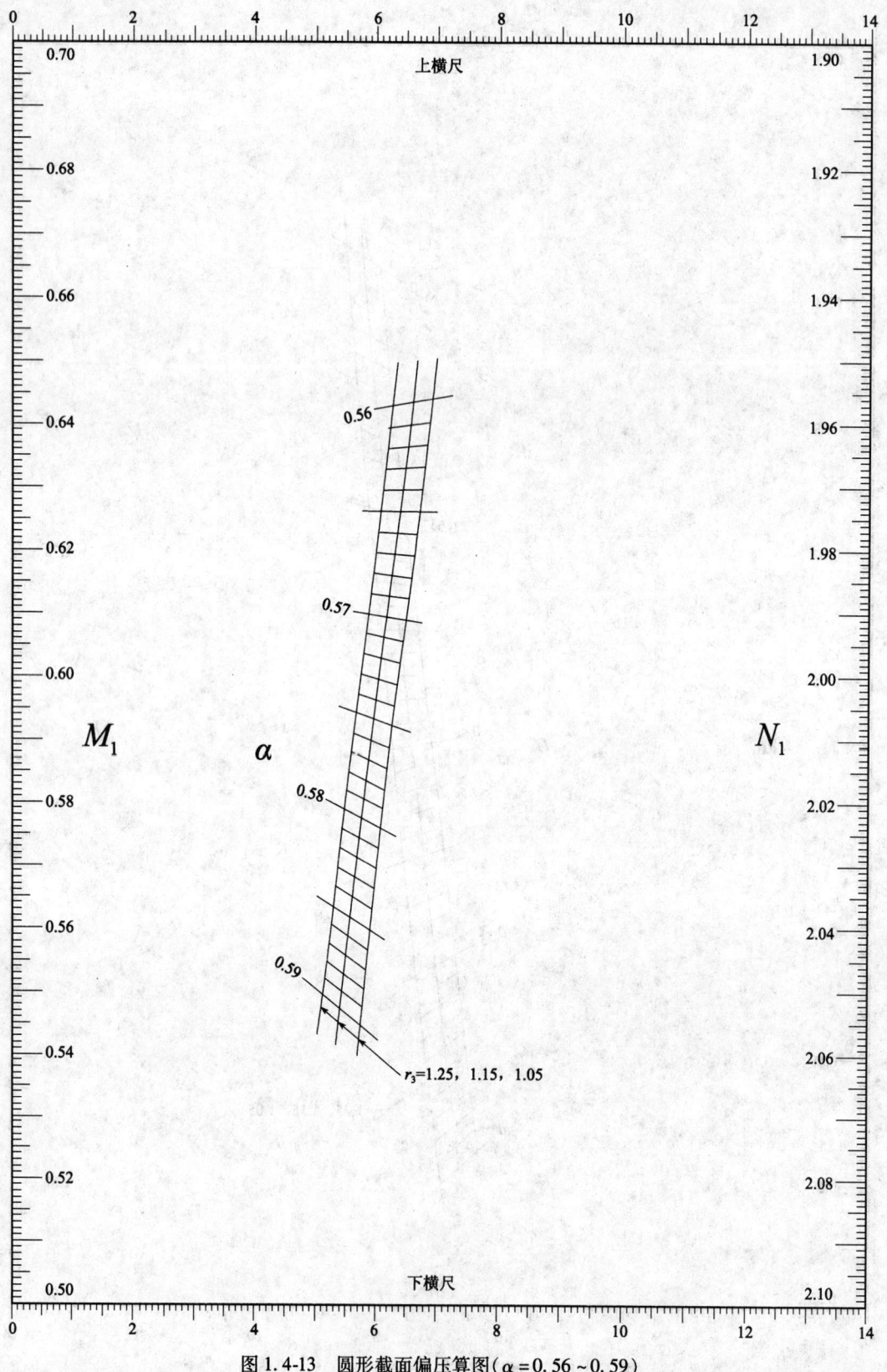

图 1.4-13　圆形截面偏压算图（$\alpha = 0.56 \sim 0.59$）

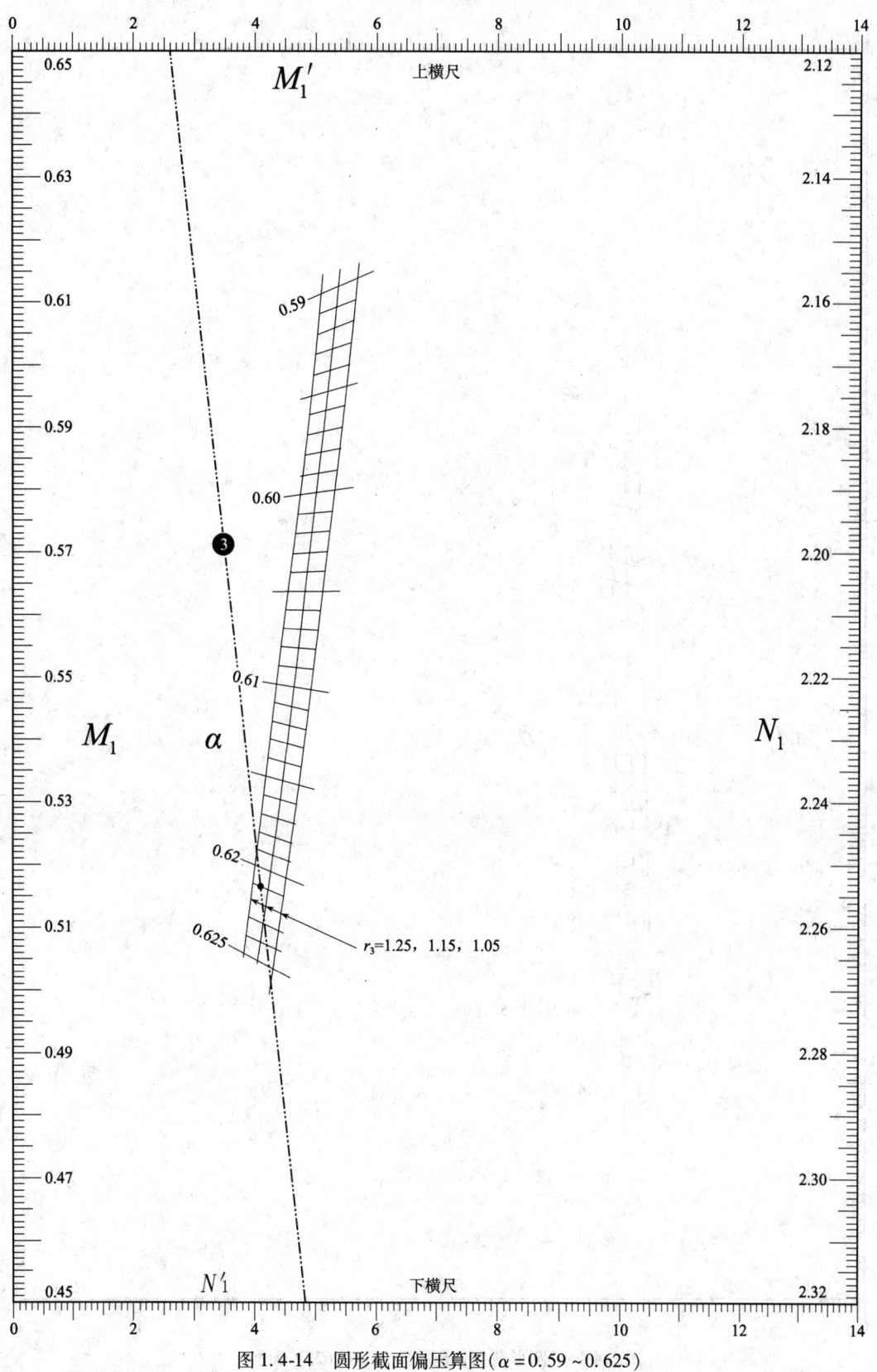

图 1.4-14 圆形截面偏压算图（$\alpha = 0.59 \sim 0.625$）

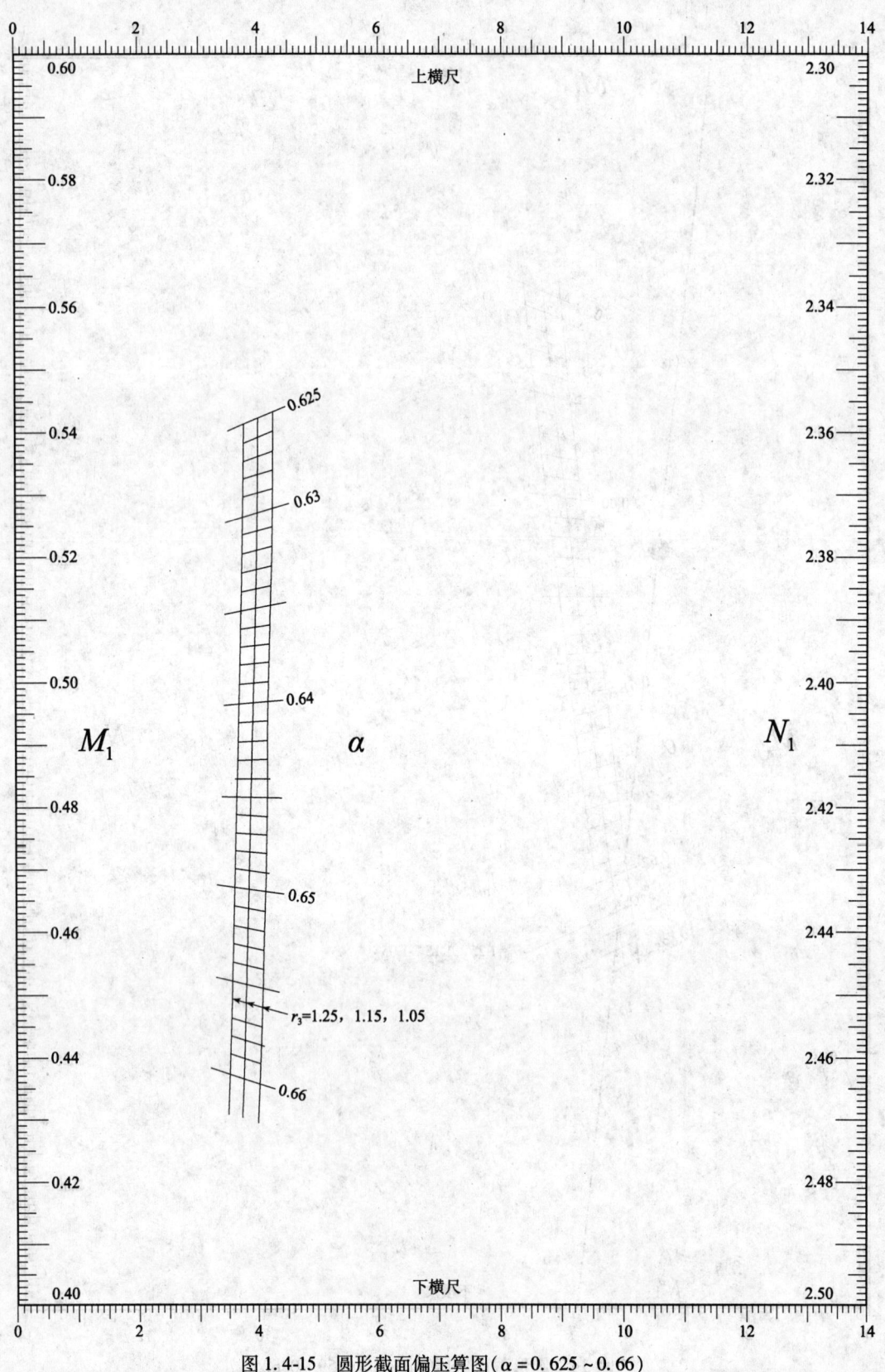

图 1.4-15 圆形截面偏压算图($\alpha = 0.625 \sim 0.66$)

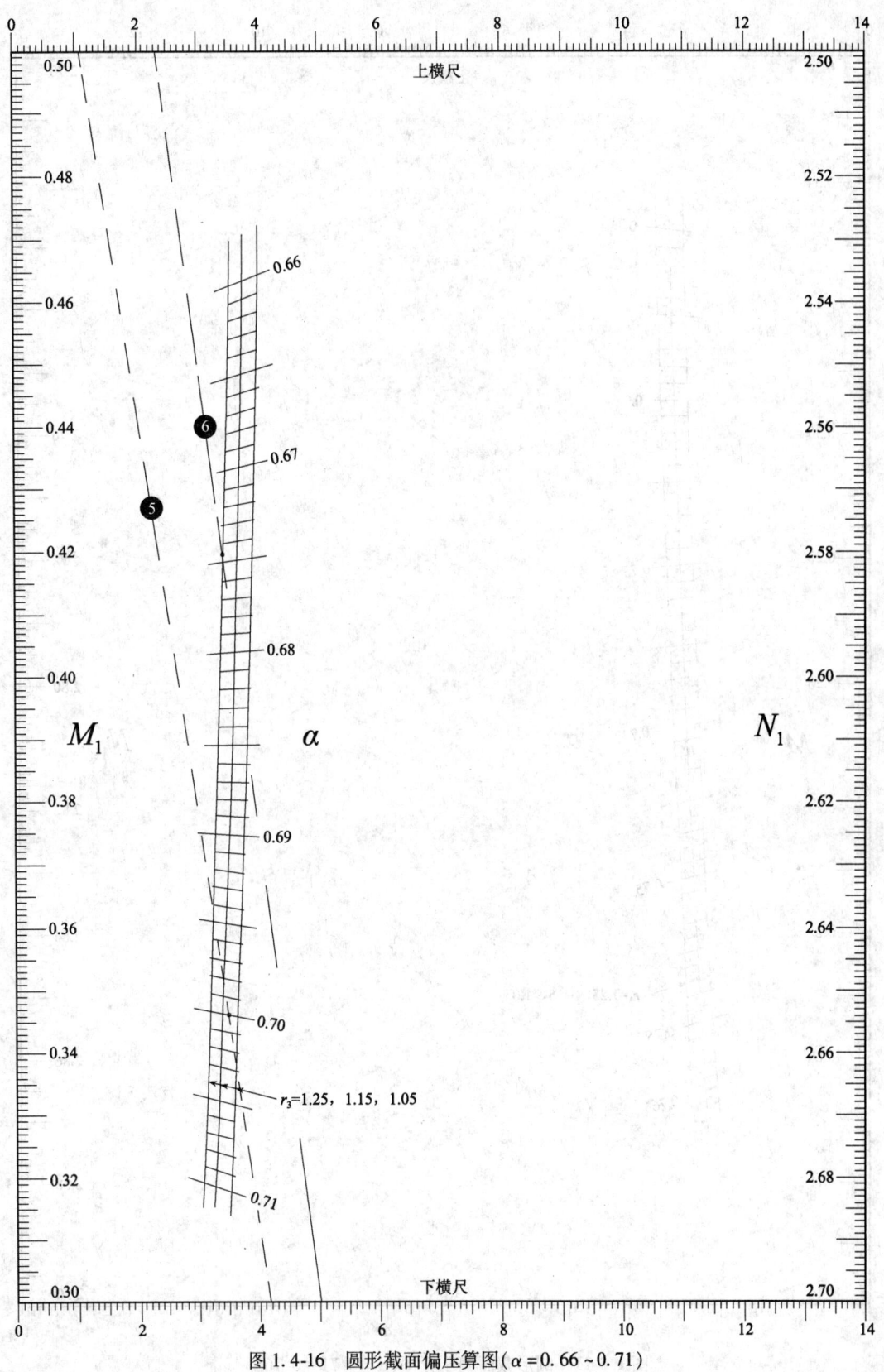

图 1.4-16　圆形截面偏压算图($\alpha=0.66\sim0.71$)

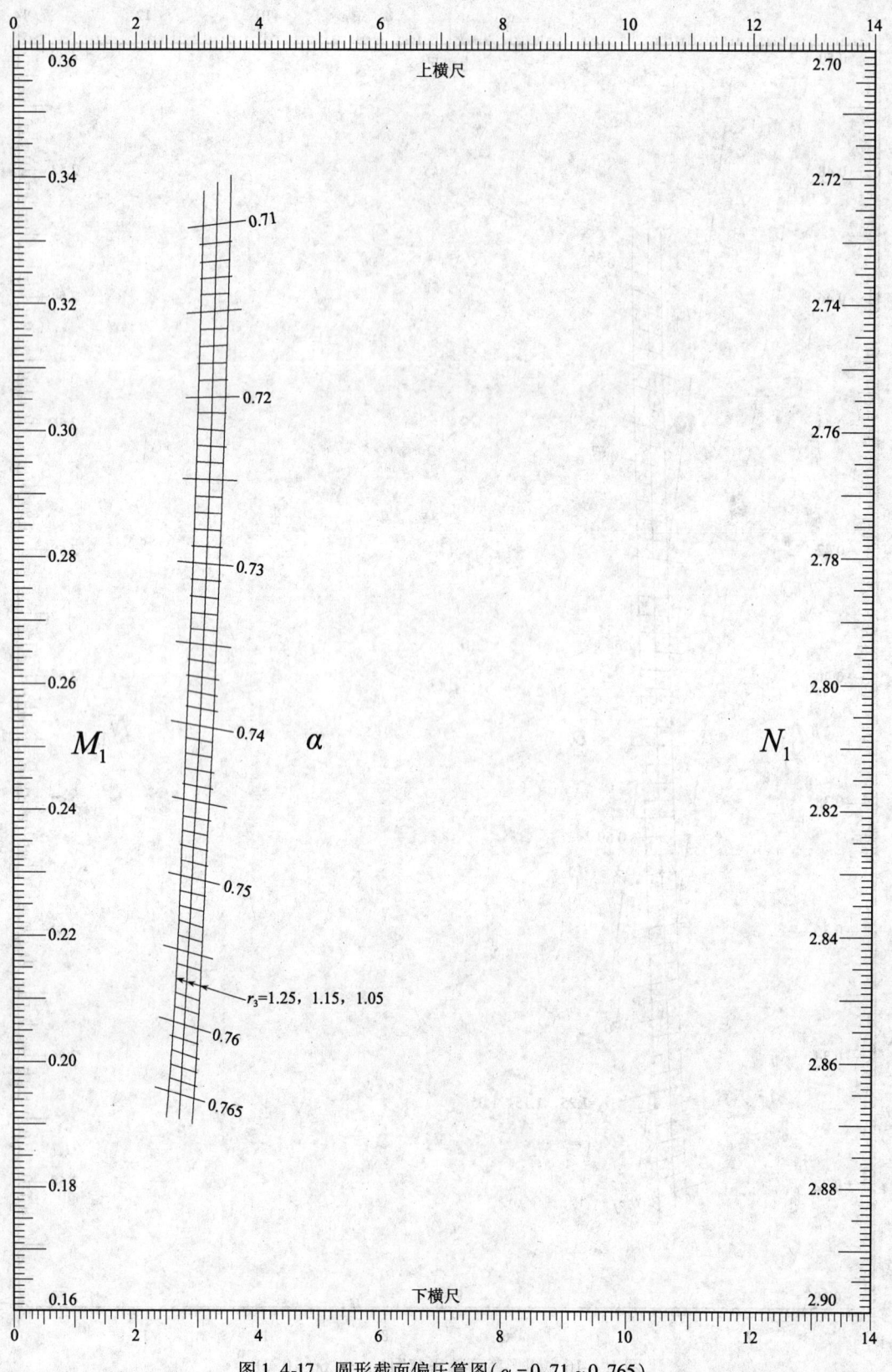

图 1.4-17 圆形截面偏压算图($\alpha = 0.71 \sim 0.765$)

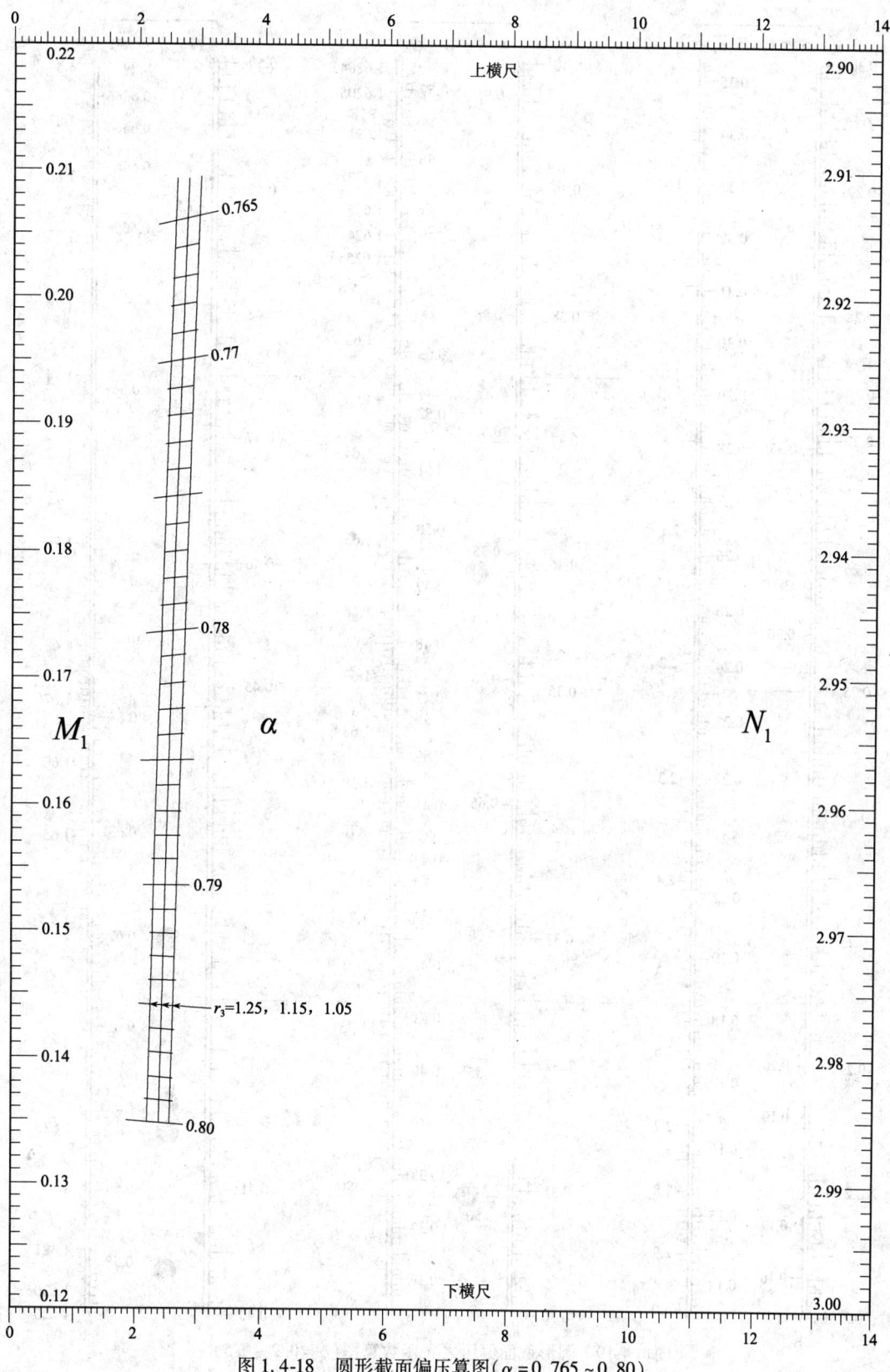

图 1.4-18　圆形截面偏压算图（$\alpha = 0.765 \sim 0.80$）

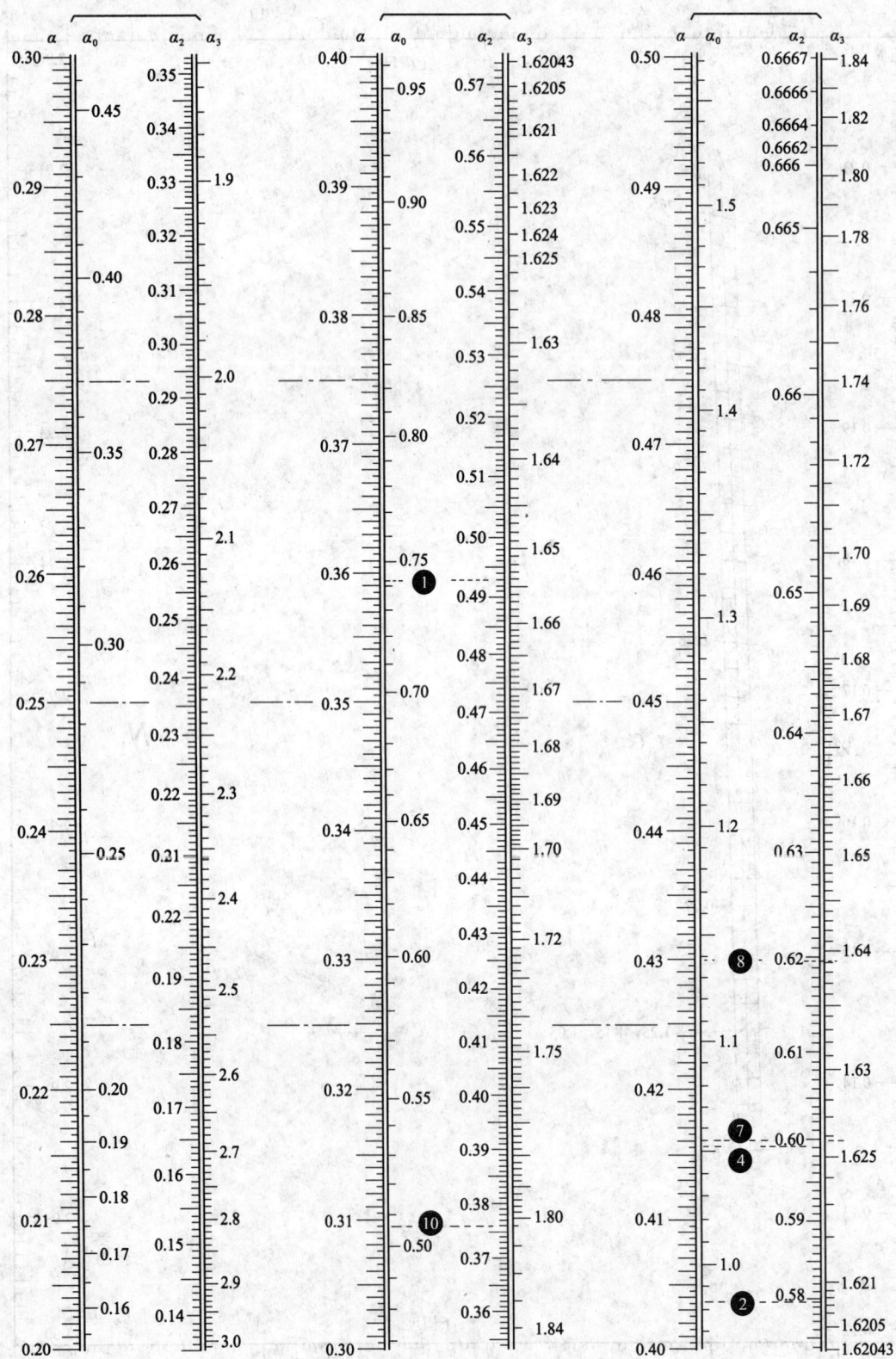

图 1.4-19　圆形截面偏压之 α 函数算图（α=0.2～0.5）

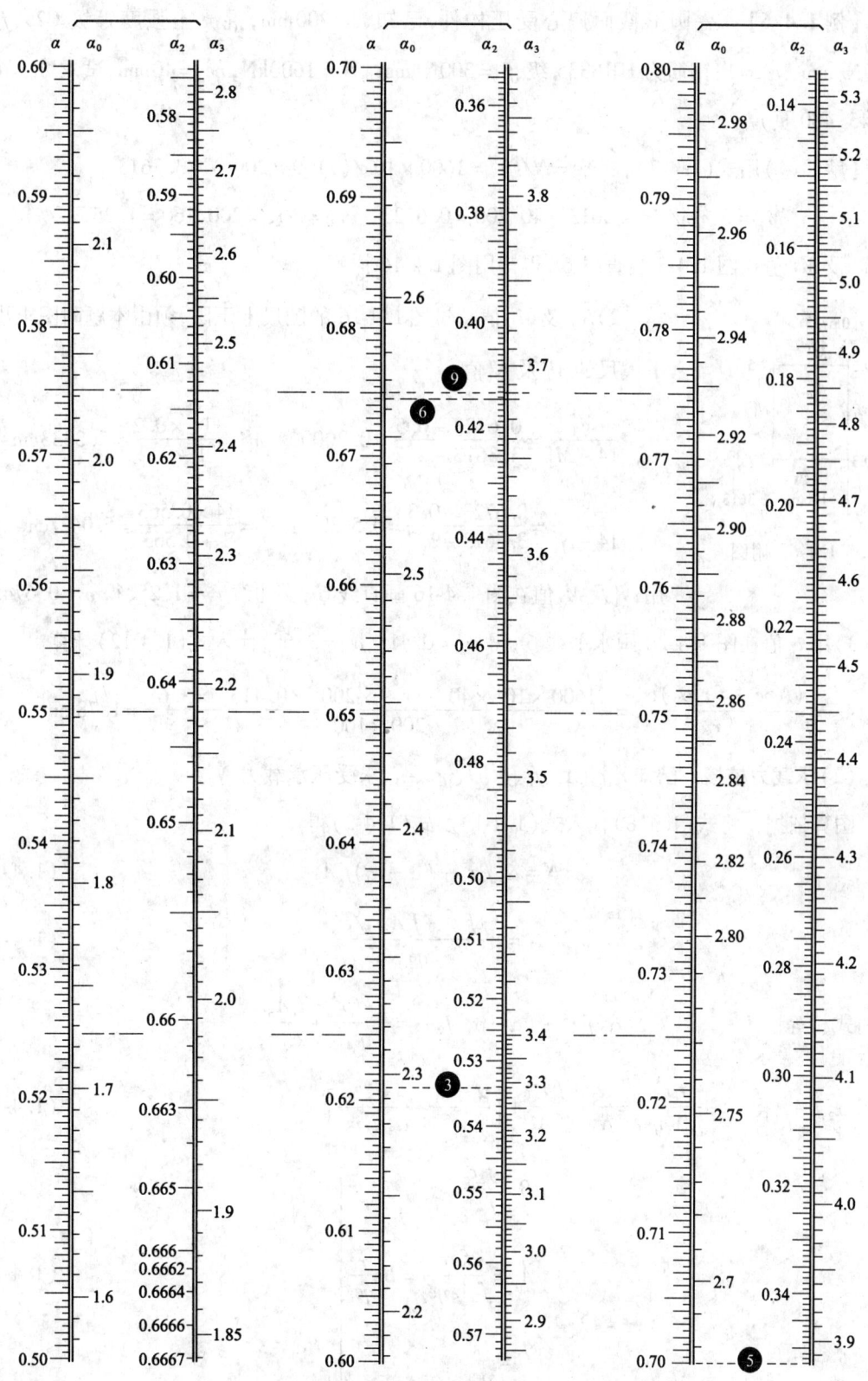

图 1.4-20 圆形截面偏压之 α 函数算图（$\alpha = 0.5 \sim 0.8$）

【**例 1.4-6**】 一圆形截面偏心受压构件,已知 $r=200\text{mm}$,混凝土强度等级 C25,$f_c = 11.9\text{N/mm}^2$,$\alpha_1 = 1$;钢筋为 HRB335 级,$f_y = 300\text{N/mm}^2$,$N = 1600\text{kN}$,$\eta e_i = 40\text{mm}$,试求 A_S。(文献[45]480 页)

【**解**】 1) 用式(1.4-7), $N_1 = N/f_c r^2 = 1600 \times 10^3 /(11.9 \times 200^2) = 3.3613$

$$M_1 = N_1 \eta e_i/r = 3.3613 \times 40/200 = 0.6723, \quad r_3 = r/r_S = 200/160 = 1.25$$

用 N_1 及 M_1 值在图 1.4-3 画直线⑥,得知用图 1.4-16 详解。

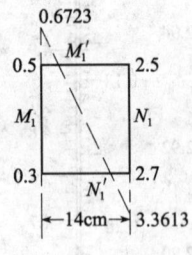

例 1.4-6 附图

2) N_1 及 M_1 值超过图 1.4-16 的图尺上下限,须由本题附图求出上下横尺的 M_1' 及 N_1' 值:

$$\frac{M_1'}{14-M_1'} = \frac{0.6723-0.5}{3.3613-2.5} = 0.2000, \quad M_1' = \frac{14 \times 0.2}{1+0.2} = 2.3333\text{cm}$$

$$\frac{N_1'}{14-N_1'} = \frac{0.6723-0.3}{3.3613-2.7} = 0.5630, \quad N_1' = \frac{14 \times 0.563}{1+0.563} = 5.0427\text{cm}$$

用 N_1' 及 M_1' 值在图 1.4-16 画直线⑥,交曲线 $r_3 = 1.25$,得 $\alpha = 0.6745$。

3) 用 α 值在图 1.4-20 画水平线⑥,得 $\alpha_2 = 0.415$,$\alpha_3 = 3.68$,代入式(1.4-12)计算

$$A_{S2} = \frac{(N\eta e_i - f_c r^3 \alpha_2)\alpha_3}{f_y r_S} = \frac{(1600 \times 10^3 \times 40 - 11.9 \times 200^3 \times 0.415) \times 3.68}{300 \times 160} = 1878\text{mm}^2$$

(2) **承载力校核** 已知 r、r_S、A_S、f_c、f_y、N、ηe_i、α_1,求受压承载力 N_u

图算依据 将式(1.4-8)代入式(1.4-1)及式(1.4-2)得

$$N = \alpha_0 f_c r^2 + (\alpha - \alpha_t) f_y A_S \tag{1.4-14}$$

$$N = \frac{\alpha_2 f_c r^3 + f_y A_S r_S / \alpha_3}{\eta e_i} \tag{1.4-15}$$

上两式相等: $\alpha_0 f_c r^2 + (\alpha - \alpha_t) f_y A_S = \dfrac{\alpha_2 f_c r^3}{\eta e_i} + \dfrac{f_y A_S r_S}{\alpha_3 \eta e_i}$

除以 $\alpha_2 f_y A_S$,得 $\dfrac{f_c r^3}{f_y A_S \eta e_i} = \dfrac{\alpha_0}{\alpha_2} \cdot \dfrac{f_c r^2}{f_y A_S} + \left[\dfrac{\alpha - \alpha_t}{\alpha_2} - \dfrac{r_S}{\alpha_2 \alpha_3 \eta e_i}\right] \tag{1.4-16}$

设

$$\left. \begin{array}{l} B = \dfrac{f_c r^2}{f_y A_S} \\[6pt] A_1 = \dfrac{f_c r^3}{f_y A_S \eta e_i} = B \dfrac{r}{\eta e_i} \\[6pt] C = \dfrac{r_S}{\eta e_i} \end{array} \right\} \tag{1.4-17}$$

将式(1.4-17)代入式(1.4-16),绘成图1.4-21。但此图的网线狭窄,不便使用。所以将平行图尺 A_2 与 A_3 之间宽度扩大3.5倍,高度扩大2倍,绘成图1.4-22。将图尺 A_3 与 A_4 之间宽度扩大6倍,高度扩大2.5倍,绘成图1.4-23。已知 A_1 和 B 值时,可由式(1.4-18)算出 A_2、A_3 和 A_4 值。用法见例题。

$$\left.\begin{array}{l}A_2 = 0.5286(5 - B - A_1) + A_1 \\ A_3 = 0.8143(5 - B - A_1) + A_1 \\ A_4 = 0.9571(5 - B - A_1) + A_1\end{array}\right\} \quad (1.4\text{-}18)$$

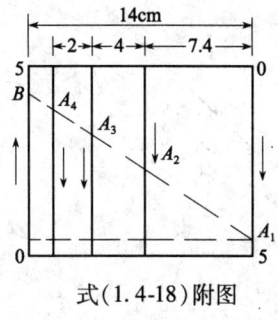

式(1.4-18)附图

式(1.4-18)出自从附图得到的下列三式:

$$\frac{A_1 - A_2}{7.4} = \frac{A_1 - (5 - B)}{14}$$

$$\frac{A_1 - A_3}{4 + 7.4} = \frac{A_1 - (5 - B)}{14}$$

$$\frac{A_1 - A_4}{2 + 4 + 7.4} = \frac{A_1 - (5 - B)}{14}$$

【例1.4-7】 一圆形截面偏心受压构件,$r = 200\text{mm}$,$A_\text{S} = 1454\text{mm}^2$,$\eta e_i = 200\text{mm}$;混凝土强度等级C25,$f_\text{c} = 11.9\text{N/mm}^2$,$\alpha_1 = 1$;钢筋为HRB335级,$f_\text{y} = 300\text{N/mm}^2$,求承载力 N_u。(文献[45]482页)

【解】 1) $r_\text{S} = r - a_\text{S} = 200 - 40 = 160\text{mm}$。将已知数代入式(1.4-17)计算:

$$B = \frac{11.9 \times 200^2}{300 \times 1454} = 1.0912, \quad A_1 = B\frac{r}{\eta e_i} = 1.0912 \times \frac{200}{200} = 1.0912, \quad C = \frac{160}{200} = 0.8$$

2)用 A_1 和 B 值在图1.4-21画直线⑦,交曲线 $C = 0.8$ 的一点位于 A_2 与 A_3 图尺之间,得知用图1.4-22详解。

3)用式(1.4-18)计算出 A_2 和 A_3 值:

$$A_2 = 0.5286(5 - B - A_1) + A_1 = 2.5806, \quad A_3 = 0.8143(5 - B - A_1) + A_1 = 3.3856$$

4)用 A_2 和 A_3 值在图1.4-22画直线⑦,交曲线 $C = 0.8$,得 $\alpha = 0.416$。

5)用 α 值在图1.4-19画水平线⑦,得 $\alpha_2 = 0.60$,$\alpha_3 = 1.6258$。将已知数代入式(1.4-15)计算

$$N_\text{u} = \frac{0.60 \times 11.9 \times 200^3 + 300 \times 1454 \times 160/1.6258}{200} = 500.24\text{kN}$$

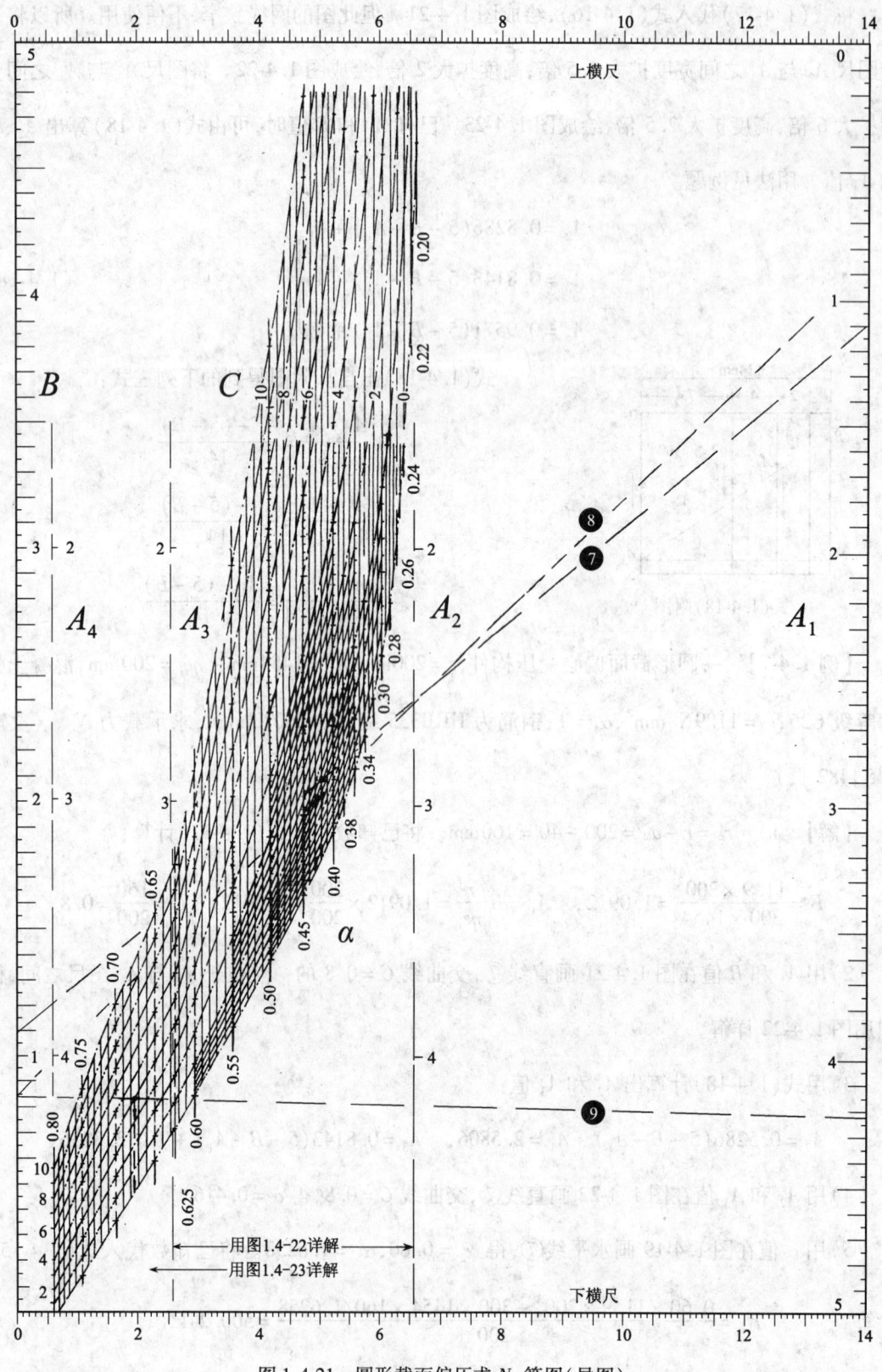

图 1.4-21 圆形截面偏压求 N_u 算图（导图）

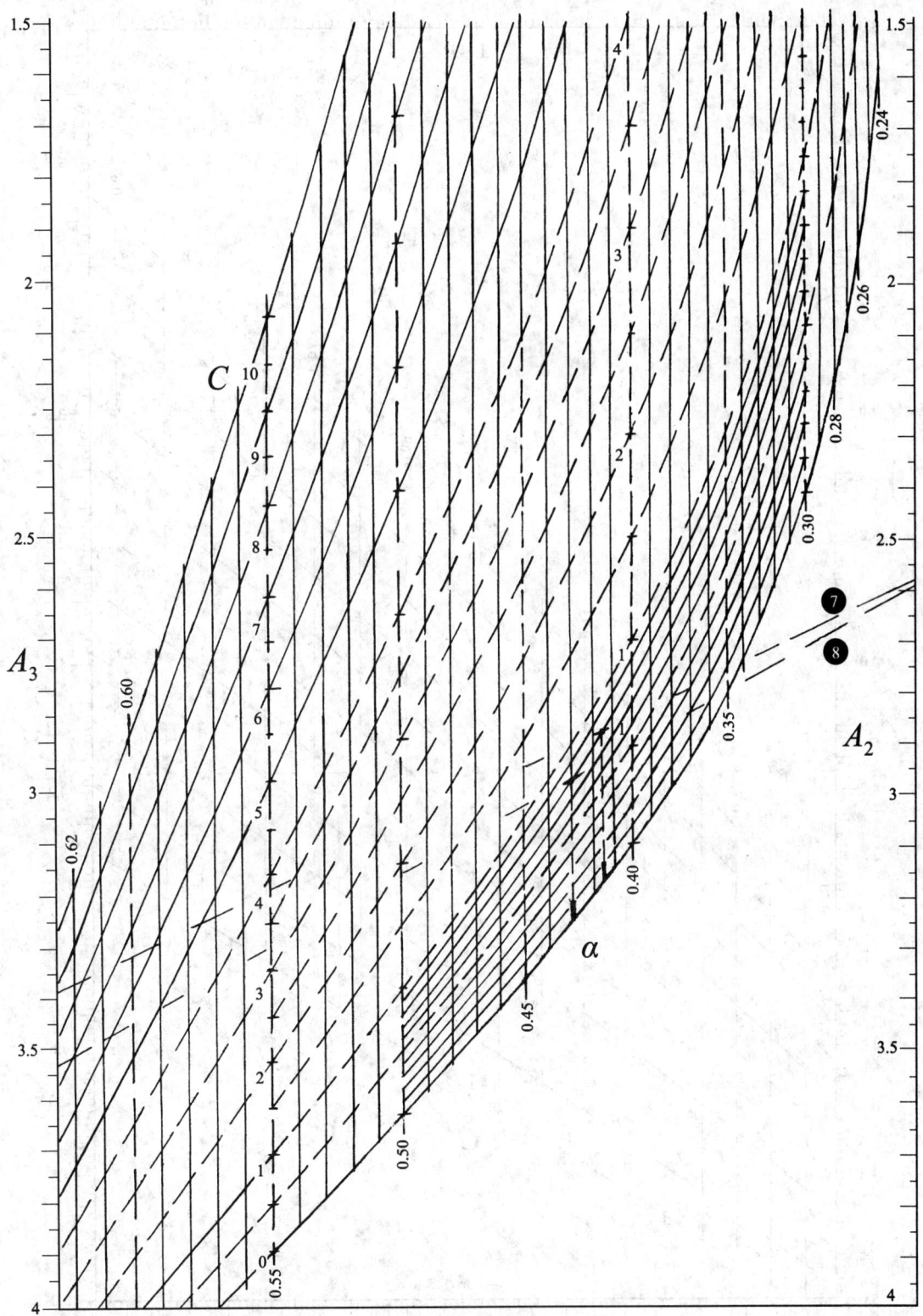

图 1.4-22 圆形截面偏压求 N_u 算图($\alpha = 0.24 \sim 0.62$)

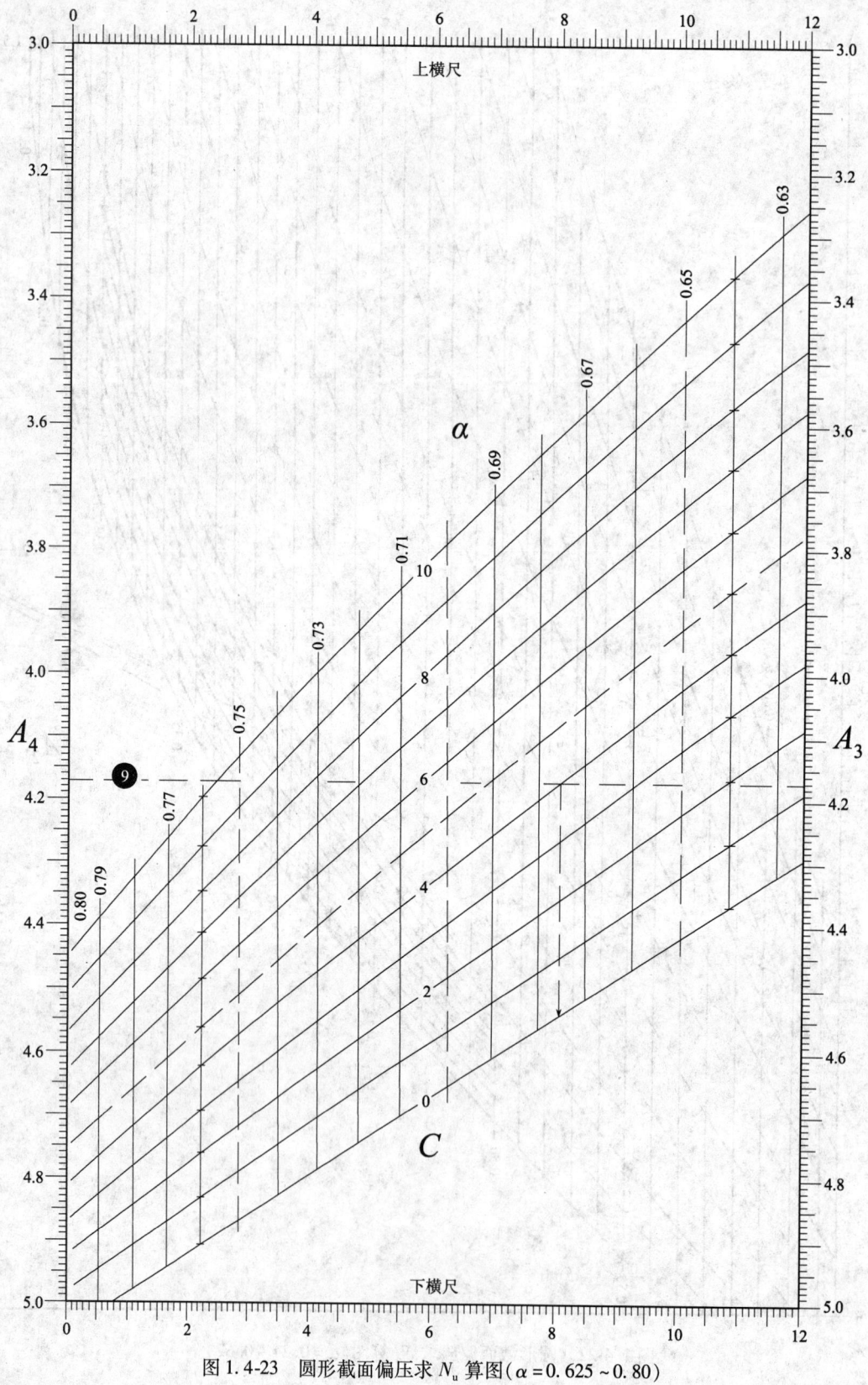

图 1.4-23 圆形截面偏压求 N_u 算图（$\alpha = 0.625 \sim 0.80$）

【例 1.4-8】 一圆形截面偏心受压构件,已知 $r=200$mm,混凝土强度等级 C30,$f_c=14.3$N/mm^2,$\alpha_1=1$;钢筋为 HRB335 级,$f_y=300$N/mm^2;$A_S=2240$mm^2,$\eta e_i=200$mm,求承载力 N_u。(文献[45]978 页)

【解】 1)$r_S = r - a_S = 200 - 40 = 160$mm。将已知数代入式(1.4-17)计算:

$$B = \frac{14.3 \times 200^2}{300 \times 2240} = 0.8512, \quad A_1 = 0.8512 \times \frac{200}{200} = 0.8512, \quad C = \frac{160}{200} = 0.8$$

2)用 A_1 和 B 值在图 1.4-21 画直线⑧,交曲线 $C=0.8$ 的一点位于 A_2 与 A_3 图尺之间,得知用图 1.4-22 详解。

3)用式(1.4-18)计算 A_2 和 A_3 值:

$$A_2 = 0.5286(5 - B - A_1) + A_1 = 2.5943, \quad A_3 = 0.8143(5 - B - A_1) + A_1 = 3.5364$$

4)用 A_2 和 A_3 值在图 1.4-22 画直线⑧,交曲线 $C=0.8$,得 $\alpha=0.43$。

5)用 α 值在图 1.4-19 画水平线⑧,得 $\alpha_2 = 0.6197$,$\alpha_3 = 1.6391$。将已知数代入式(1.4-15)计算

$$N_u = \frac{0.6197 \times 14.3 \times 200^3 + 300 \times 2240 \times 160/1.6391}{200} = 682.453\text{kN}$$

【例 1.4-9】 一圆形截面偏心受压构件,已知 $r=200$mm,混凝土度等级 C25,$\alpha_1=1$,$f_c=11.9$N/mm^2;钢筋为 HRB335 级,$f_y=300$N/mm^2,$A_S=1878$mm^2,$\eta e_i=40$mm,求承载力 N_u。(文献[45]483 页)

【解】 1)$r_S = r - 40 = 200 - 40 = 160$mm。将已知数代入式(1.4-17)计算

$$B = \frac{11.9 \times 200^2}{300 \times 1878} = 0.8449, \quad A_1 = B\frac{r}{\eta e_i} = 0.8449 \times 200/40 = 4.2244, \quad C = \frac{160}{40} = 4$$

2)用 A_1 和 B 值在图 1.4-21 画直线⑨,交曲线 $C=4$ 的一点位于 A_3 和 A_4 图尺之间,得知用图 1.4-23 详解。

3)用式(1.4-18)计算 A_3 和 A_4 值:

$$A_3 = 0.8143(5 - B - A_1) + A_1 = 4.1680, \quad A_4 = 0.9571(5 - B - A_1) + A_1 = 4.1581$$

4)用 A_3 和 A_4 值在图 1.4-23 画直线⑨,交曲线 $C=4$,得 $\alpha=0.675$。

5)用 α 值在图 1.4-20 画水平线⑨,得 $\alpha_2=0.4135$,$\alpha_3=3.685$。将已知数代入式(1.4-15)计算

$$N_u = \frac{0.4135 \times 11.9 \times 200^3 + 300 \times 1878 \times 160/3.685}{40} = 1596\text{kN}$$

1.5 环形截面偏心受压构件正截面受压承载力图算法

(1)钢筋截面面积计算 已知 r_1、r_2、r_S、α_1、f_c、f_y、N、ηe_i,求 A_S

已知文献[45]488页的公式

$$N \leqslant \alpha_1 \alpha f_c A + (\alpha - \alpha_t) f_y A_S \tag{1.5-1}$$

$$N\eta e_i \leqslant \alpha_1 f_c A (r_1 + r_2) \frac{\sin\pi\alpha}{2\pi} + f_y A_S r_S \frac{(\sin\pi\alpha + \sin\pi\alpha_t)}{\pi} \tag{1.5-2}$$

$$\alpha_t = 1 - 1.5\alpha$$

式中 A——环形截面面积,$A = \pi(r_2^2 - r_1^2)$;

A_S——全部纵向钢筋的截面面积;

α_t——受拉纵向钢筋截面面积与全部纵向钢筋截面面积的比值;当 $\alpha > 2/3$ 时,取 $\alpha_t = 0$。

由式(1.5-1)得

$$A_S = \frac{N - \alpha_1 \alpha f_c A}{f_y (\alpha - \alpha_t)} \tag{1.5-3}$$

由式(1.5-2)得

$$A_S = \frac{N\eta e_i \pi - \alpha_1 f_c A \sin\pi\alpha \cdot \dfrac{r_1 + r_2}{2}}{f_y r_S (\sin\pi\alpha + \sin\pi\alpha_t)} \tag{1.5-4}$$

设

$$\left.\begin{aligned}
\alpha_4 &= \alpha - \alpha_t \\
\alpha_5 &= \sin\pi\alpha \\
\alpha_6 &= \sin\pi\alpha + \sin\pi\alpha_t \\
R &= \frac{r_1 + r_2}{2 r_S} \\
n &= \frac{N}{\alpha_1 f_c A}
\end{aligned}\right\} \tag{1.5-5}$$

式(1.5-3)等于式(1.5-4),将式(1.5-5)代入得

$$N r_S \alpha_6 - \alpha_1 \alpha f_c A r_S \alpha_6 = N\eta e_i \pi \alpha_4 - \alpha_1 f_c A r_S R \alpha_4 \alpha_5$$

上式除以 $\alpha_6 N\eta e_i \pi$,得

$$\frac{r_S}{\eta e_i \pi} = \alpha_1 \alpha \frac{f_c A}{N} \cdot \frac{r_S}{\eta e_i \pi} + \frac{\alpha_4}{\alpha_6}\left(1 - \frac{\alpha_1 f_c A}{N} \cdot \frac{r_S}{\eta e_i \pi} R \alpha_5\right)$$

设

$$\left.\begin{array}{l}A_1 = \dfrac{r_S}{\eta e_i \pi} \\ B = \dfrac{r_S}{\eta e_i \pi n} = \dfrac{A_1}{n}\end{array}\right\} \tag{1.5-6}$$

代入上式得

$$A_1 = \alpha B + \frac{\alpha_4}{\alpha_6}(1 - RB\alpha_5)$$

此式符合可图公式的形式,所以能作成图 1.5-1。但此图的网线狭窄,不便使用。所以将平行图尺 A_2 与 A_3 之间宽度扩大 4 倍,高度扩大 2 倍,绘成图 1.5-2。将图尺 A_3 与 A_4 之间宽度扩大 15 倍,绘成图 1.5-3。已知 A_1 和 B 值时,用式(1.5-7)算出 A_2、A_3 和 A_4 值。用法见例题。

$$\left.\begin{array}{l}A_2 = 0.15(2 - B - A_1) + A_1 \\ A_3 = 0.4(2 - B - A_1) + A_1 \\ A_4 = 0.4667(2 - B - A_1) + A_1\end{array}\right\} \tag{1.5-7}$$

为便于计算 A_S 值,将式(1.5-4)改写如下:

$$A_S = \frac{N}{A_1 f_y \alpha_6} - \frac{\alpha_1 f_c A R \alpha_5}{f_y \alpha_6} = \frac{N - \alpha_1 f_c A_1 A R \alpha_5}{A_1 f_y \alpha_6} \tag{1.5-8}$$

【例 1.5-1】 一环形截面偏心受压构件,已知 $r_1 = 150\text{mm}$, $r_2 = 250\text{mm}$, $N = 500\text{kN}$, $\eta e_i = 300\text{mm}$,混凝土强度等级 C35, $f_c = 16.7\text{N/mm}^2$,钢筋为 HRB335 级, $f_y = 300\text{N/mm}^2$, $\alpha_1 = 1$。试计算钢筋截面面积 A_S。(文献[45]490 页)

【解】 1)计算参数

$$A = \pi(r_2^2 - r_1^2) = \pi(250^2 - 150^2) = 40000\pi, \quad r_S = r_2 - 40 = 210\text{mm}$$

$$n = \frac{N}{\alpha_1 f_c A} = \frac{500 \times 10^3}{1 \times 16.7 \times 40000\pi} = 0.2383, \quad R = \frac{r_1 + r_2}{2r_S} = 0.9524$$

2)用式(1.5-6)计算 A_1 和 B

$$A_1 = \frac{210}{300\pi} = 0.2228, \quad B = \frac{0.2228}{0.2383} = 0.9350, \quad \text{则 } RB = 0.9524 \times 0.9350 = 0.8905$$

3)用 A_1 和 B 值在图 1.5-1 画直线①,交曲线 $RB = 0.89$,得知用图 1.5-2 详解。

4)用式(1.5-7)计算 A_2 及 A_3

$A_2 = 0.15(2 - 0.9350 - 0.2228) + 0.2228 = 0.3491$, $A_3 = 0.4(2 - 0.9350 - 0.2228) + 0.2228 = 0.5597$。

用 A_2 及 A_3 值在图 1.5-2 画直线①,交曲线 $BR = 0.89$,得 $\alpha = 0.289$。则 $\alpha_5 = \sin 0.289\pi = 0.7882$, $\alpha_6 = 0.7882 + \sin(1 - 1.5 \times 0.289)\pi = 1.7665$。

5)将已知数代入式(1.5-8)计算

$$A_S = \frac{500 \times 1000 - 1 \times 16.7 \times 0.2228 \times 40000\pi \times 0.9524 \times 0.7882}{0.2228 \times 300 \times 1.7665} = 1262\text{mm}^2$$

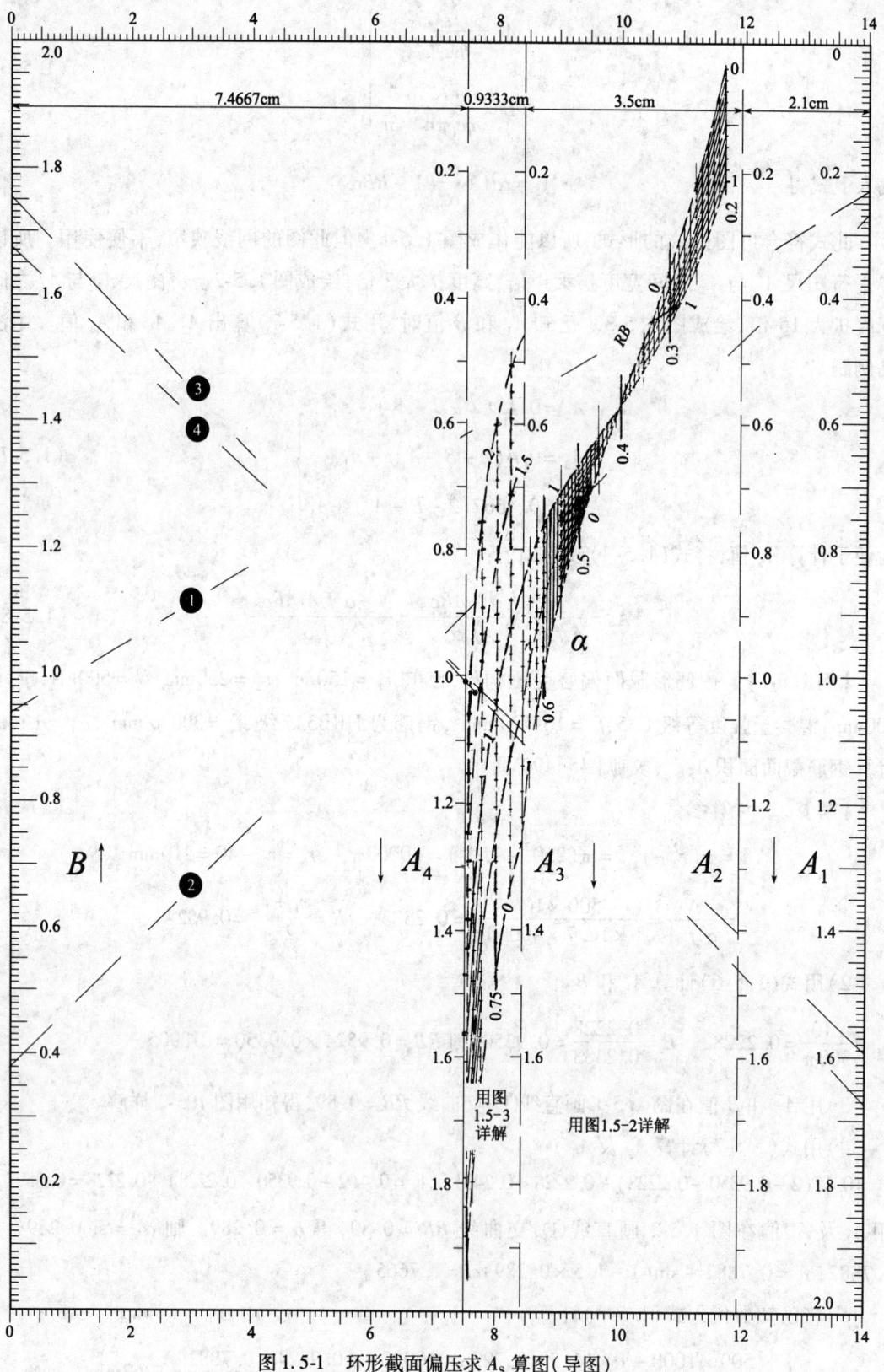

图 1.5-1　环形截面偏压求 A_S 算图（导图）

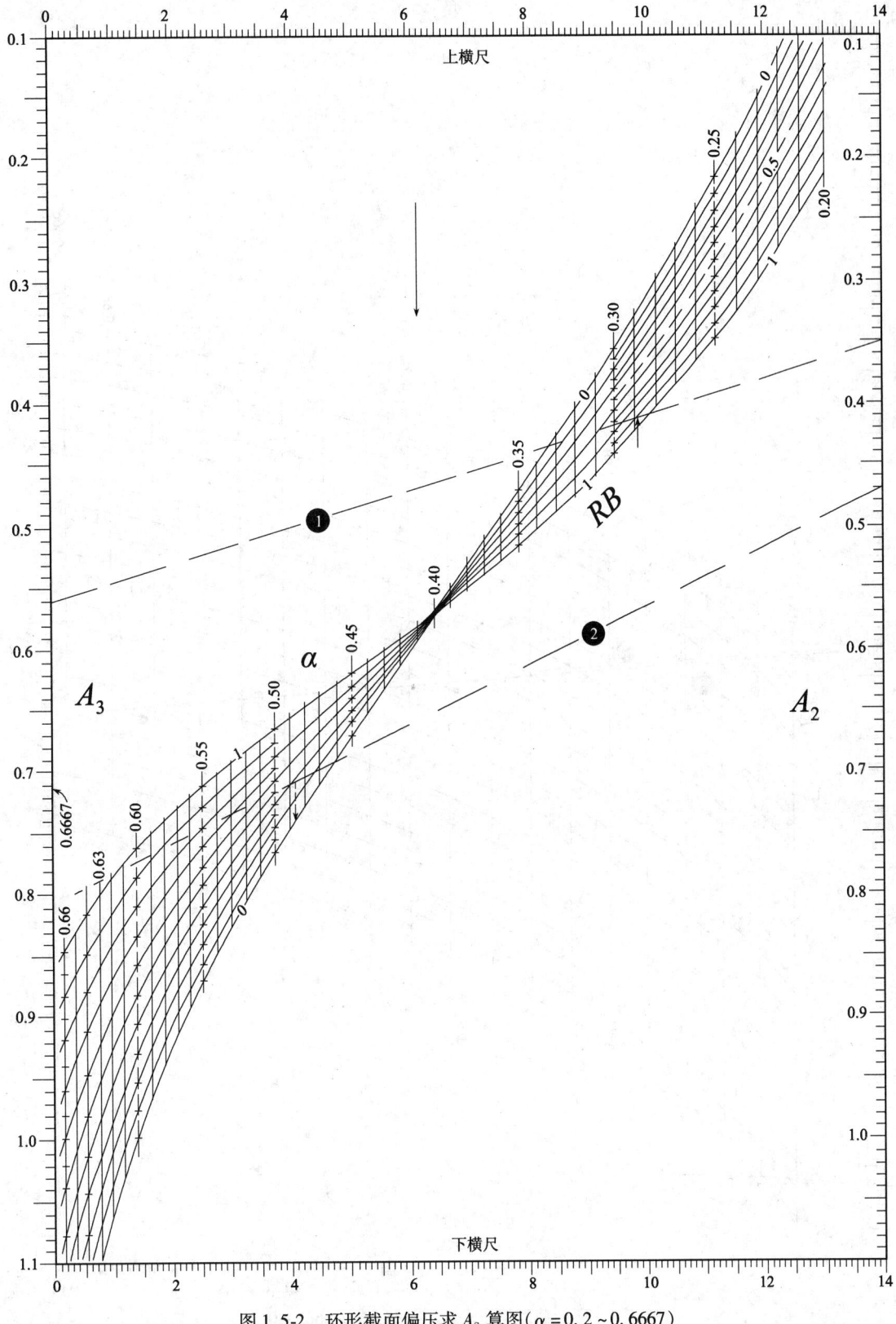

图 1.5-2 环形截面偏压求 A_S 算图($\alpha = 0.2 \sim 0.6667$)

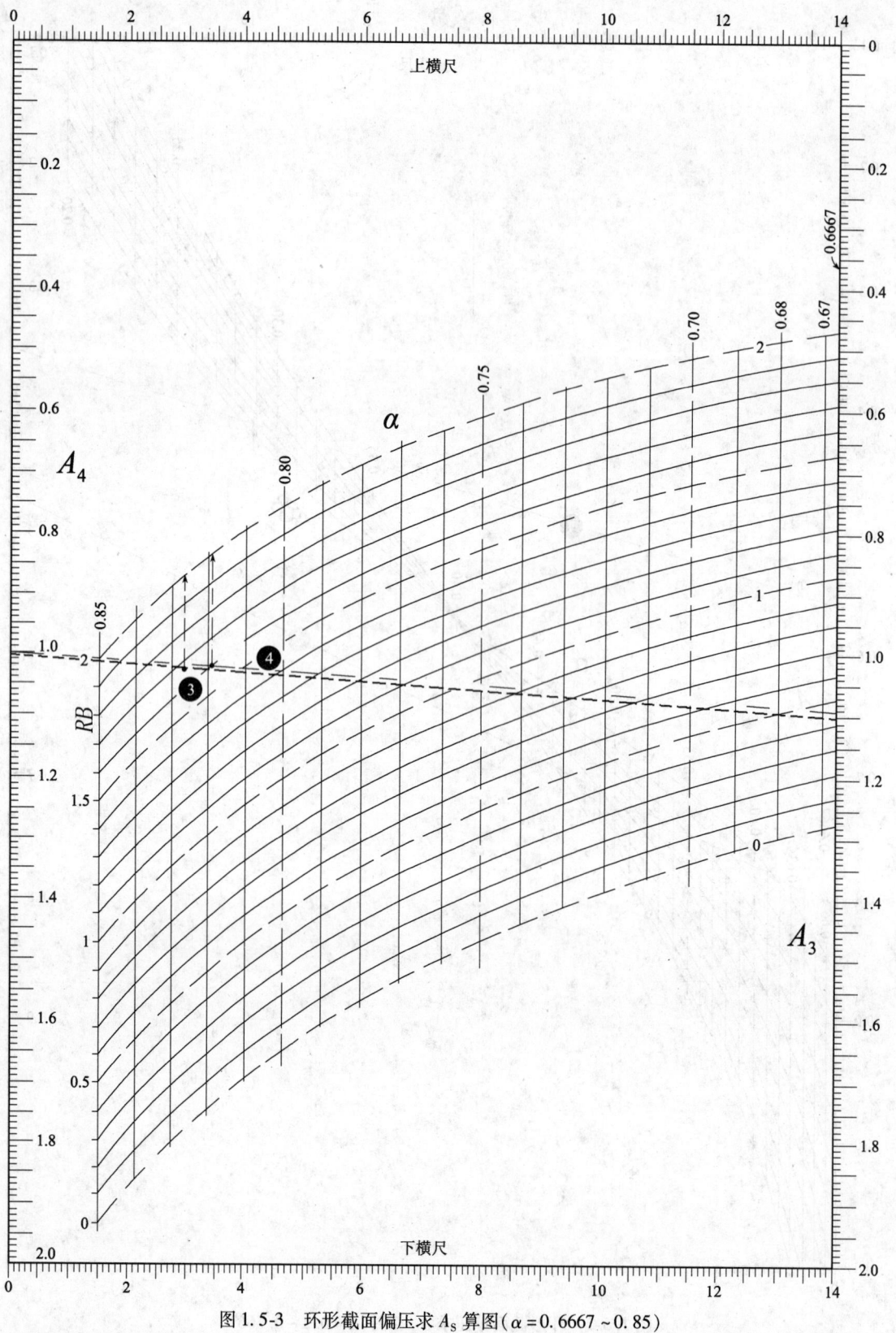

图 1.5-3 环形截面偏压求 A_S 算图（$\alpha = 0.6667 \sim 0.85$）

【例 1.5-2】 一环形截面偏心受压构件,已知 $r_1=200\text{mm}, r_2=300\text{mm}, N=2963.3\text{kN}, \eta e_i=312\text{mm}$;混凝土强度等级为 C60,$f_c=27.5\text{N/mm}^2, \alpha_1=0.98$;钢筋为 HRB400 级,$f_y=360\text{N/mm}^2$。试计算纵向钢筋截面面积 A_s。(文献[45]1015 页)

【解】 1)计算参数 $A=\pi(300^2-200^2)=157080\text{mm}^2$, $r_s=r_2-40=260\text{mm}$

$$n=\frac{N}{\alpha_1 f_c A}=\frac{2963310}{0.98\times 27.5\times 157080}=0.70,\quad R=\frac{200+300}{2\times 260}=0.9615$$

2)用式(1.5-6)计算 A_1 和 B

$$A_1=\frac{260}{312\pi}=0.2653,\quad B=\frac{A_1}{n}=\frac{0.2653}{0.70}=0.3790,\text{则}\ RB=0.3790\times 0.9615=0.3644$$

3)用 A_1 和 B 值在图 1.5-1 画直线②,交曲线 $RB=0.3644$,得知用图 1.5-2 详解。

4)用式(1.5-7)计算 A_2 及 A_3

$A_2=0.15(2-0.3790-0.2653)+0.2653=0.4687$, $A_3=0.4(2-0.3790-0.2653)+0.2653=0.8076$

用 A_2 和 A_3 值在图 1.5-2 画直线②,交曲线 $RB=0.3644$,得 $\alpha=0.487,\alpha_5=\sin 0.487\pi=0.9992,\alpha_6=0.9992+\sin(1-1.5\times 0.487)\pi=1.7483$。

5)将已知数代入式(1.5-8)计算

$$A_s=\frac{2963310-0.98\times 27.5\times 0.2653\times 157080\times 0.9615\times 0.9992}{0.2653\times 360\times 1.7483}=11285\text{mm}^2$$

【例 1.5-3】 一环形截面偏心受压构件,已知 $r_1=150\text{mm}^2, r_2=250\text{mm}^2, N=2000\text{kN}, \eta e_i=40\text{mm}^2$;混凝土强度等级 C35,$f_c=16.7\text{N/mm}^2, \alpha_1=1$;钢筋为 HRB335 级,$f_y=300\text{N/mm}^2$。试计算纵向钢筋截面面积 A_s。(文献[45]491 页)

【解】 1)计算参数 $A=\pi(250^2-150^2)=40000\pi, r_s=r_2-40=210\text{mm}$

$$n=\frac{N}{\alpha_1 f_c A}=\frac{2000\times 1000}{1\times 16.7\times 40000\pi}=0.9530,\quad R=\frac{150+250}{2\times 210}=0.9524$$

2)用式(1.5-6)计算 A_1 和 B

$$A_1=\frac{210}{40\pi}=1.6711,\quad B=\frac{1.6711}{0.9530}=1.7535,\text{则}\ RB=0.9524\times 1.7535=1.6700$$

3)用 A_1 和 B 值在图 1.5-1 画直线③,交曲线 $RB=1.67$,得知用图 1.5-3 详解。

4)用式(1.5-7)计算 A_3 及 A_4

$A_3=0.4(2-1.7535-1.6711)+1.6711=1.1013$, $A_4=0.4667(2-1.7535-1.6711)+1.6711=1.0062$

用 A_3 及 A_4 值在图 1.5-3 画直线③,交曲线 $RB=1.67$,得 $\alpha=0.827,\alpha_5=\alpha_6=\sin 0.827\pi=0.5171$。

5)将已知数代入式(1.5-8)计算

$$A_s=\frac{2000\times 1000-1\times 16.7\times 1.6711\times 40000\pi\times 0.9524\times 0.5171}{1.6711\times 300\times 0.5171}=1053\text{mm}^2$$

【例 1.5-4】 一环形截面偏心受压构件,$r_1 = 150\text{mm}, r_2 = 250\text{mm}, N = 1993.66\text{kN}, \eta e_i = 42\text{mm}$;混凝土强度等级为 C35,$f_c = 16.7\text{N/mm}^2, \alpha_1 = 1$;钢筋为 HRB335 级,$f_y = 300\text{N/mm}^2$。试计算纵向钢筋截面面积 A_S。(文献[45]1014 页)

【解】 1)计算参数 $A = \pi(250^2 - 150^2) = 125664\text{mm}^2$, $r_S = 250 - 40 = 210\text{mm}$

$$n = \frac{N}{\alpha_1 f_c A} = \frac{1993660}{1 \times 16.7 \times 125664} = 0.9500, \quad R = \frac{150 + 250}{2 \times 210} = 0.9524$$

2)用式(1.5-6)计算 A_1 和 B

$$A_1 = \frac{r_S}{\eta e_i \pi} = \frac{210}{42\pi} = 1.5915, \quad B = \frac{1.5915}{0.95} = 1.6753, \text{则 } RB = 0.9524 \times 1.6753 = 1.5956$$

3)用 A_1 和 B 值在图 1.5-1 画直线④,交曲线 $RB = 1.5956$,得知用图 1.5-3 详解。

4)用式(1.5-7)计算 A_3 及 A_4

$A_3 = 0.4(2 - 1.6753 - 1.5915) + 1.5915 = 1.0848$, $A_4 = 0.4667(2 - 1.6753 - 1.5915) + 1.5915 = 1.0003$

用 A_3 及 A_4 值在图 1.5-3 画直线④,交曲线 $RB = 1.5956$,得 $\alpha = 0.819, \alpha_5 = \alpha_6 = \sin 0.819\pi = 0.5385$。

5)将已知数代入式(1.5-8)计算

$$A_S = \frac{1993660 - 1 \times 16.7 \times 1.5915 \times 125664 \times 0.9524 \times 0.5385}{1.5915 \times 300 \times 0.5385} = 1092\text{mm}^2$$

(2)承载力校核 已知 $r_1, r_2, r_S, \alpha_1, A_S, f_c, f_y, \eta e_i$,求轴向承载力 N_u

由式(1.5-2)得

$$N = \frac{\alpha_1 f_c A}{\eta e_i}(r_1 + r_2)\frac{\sin \pi \alpha}{2\pi} + \frac{f_y A_S r_S}{\eta e_i} \frac{(\sin \pi \alpha + \sin \pi \alpha_t)}{\pi} \tag{1.5-9}$$

式(1.5-9)等于式(1.5-1),并将式(1.5-5)的 $\alpha_4 \sim \alpha_6$ 代入:

$$\alpha_1 \alpha f_c A + \alpha_4 f_y A_S = \frac{\alpha_1 f_c A}{\eta e_i} \cdot \frac{r_1 + r_2}{2\pi} \alpha_5 + \frac{f_y A_S r_S}{\eta e_i} \cdot \frac{\alpha_6}{\pi}$$

除以 $\alpha f_y A_S$ 得

$$\frac{\alpha_1 f_c A}{f_y A_S} = \frac{\alpha_1 f_c A}{\eta e_i f_y A_S} \cdot \frac{r_1 + r_2}{2\pi} \cdot \frac{\alpha_5}{\alpha} + \frac{1}{\alpha}\left(\frac{r_S \alpha_6}{\eta e_i \pi} - \alpha_4\right) \tag{1.5-10}$$

设

$$\left. \begin{aligned} A_5 &= \frac{\alpha_1 f_c A}{f_y A_S} \\ B &= \frac{A_5}{\eta e_i \pi} \cdot \frac{r_1 + r_2}{2} \\ A_1' &= \frac{r_S}{\eta e_i \pi} \end{aligned} \right\} \tag{1.5-11}$$

将式(1.5-11)代入式(1.5-10),得 $A_5 = B\dfrac{\alpha_5}{\alpha} + \dfrac{1}{\alpha}(A_1\alpha_6 - \alpha_4)$。

上式符合可图公式的形式,所以能作图 1.5-4。但此图的网线狭窄,不便使用。故将平行图尺 A_7 与 A_8 之间宽度扩大 5 倍,高度扩大 2 倍,绘成图 1.5-5。将图尺 A_6 与 A_7 之间宽度扩大 4 倍,高度扩大 2 倍,绘成图 1.5-6。已知 A_5 和 B 值时,用式(1.5-12)算出 A_6、A_7 和 A_8 值。

$$\left.\begin{aligned}A_6 &= 0.315(10.5 - B - A_5) + A_5 \\ A_7 &= 0.565(10.5 - B - A_5) + A_5 \\ A_8 &= 0.765(10.5 - B - A_5) + A_5\end{aligned}\right\} \quad (1.5\text{-}12)$$

为便于计算 N_u 值,将式(1.5-9)改写如下:

$$N_u = \alpha_1 f_c A \dfrac{r_S}{\eta e_i \pi} \cdot \dfrac{r_1 + r_2}{2 r_S} \alpha_5 + \dfrac{f_y A_S r_S}{\eta e_i \pi} \alpha_6 = A_1'(\alpha_1 f_c A R \alpha_5 + f_y A_S \alpha_6) \quad (1.5\text{-}13)$$

【例 1.5-5】 一环形截面偏心受压构件,已知 $r_1 = 150\text{mm}$,$r_2 = 250\text{mm}$,$A_S = 1265\text{mm}^2$,$\eta e_i = 300\text{mm}$,混凝土强度等级 C35,$f_c = 16.7\text{N/mm}^2$,$\alpha_1 = 1$;钢筋为 HRB335 级,试校核其轴向承载力 N_u。(文献[45]492 页)

【解】 1)计算参数 $A = \pi(250^2 - 150^2) = 125664\text{mm}^2$

$r_S = 250 - 40 = 210\text{mm}$,$R = (150 + 250)/(2 \times 210) = 0.9524$

2)将已知数代入式(1.5-11)计算

$A_5 = \dfrac{\alpha_1 f_c A}{f_y A_S} = \dfrac{1 \times 16.7 \times 125664}{300 \times 1265} = 5.5299$,$B = \dfrac{A_5}{\eta e_i \pi} \cdot \dfrac{r_1 + r_2}{2} = \dfrac{5.5299}{300\pi} \times 200 = 1.1735$

$A_1' = \dfrac{r_S}{\eta e_i \pi} = \dfrac{210}{300\pi} = 0.2228$

3)用 A_5 及 B 值在图 1.5-4 画直线⑤,得知用图 1.5-5 详解。

4)将 A_5 及 B 值代入式(1.5-12)计算 A_7 及 A_8

$A_7 = 0.565(10.5 - 1.1735 - 5.5299) + 5.5299 = 7.6550$

$A_8 = 0.765(10.5 - 1.1735 - 5.5299) + 5.5299 = 8.4343$

用 A_7 和 A_8 值在图 1.5-5 画直线⑤,交曲线 $A_1' = 0.2228$,得 $\alpha = 0.29$。

则 $\alpha_5 = \sin\pi\alpha = 0.7902$,$\alpha_6 = 0.7902 + \sin(1 - 1.5\alpha)\pi = 1.7694$。

5)将已知数代入式(1.5-13)计算

$N_u = 0.2228(1 \times 16.7 \times 125664 \times 0.9524 \times 0.7902 + 300 \times 1265 \times 1.7694) = 501\text{kN}$

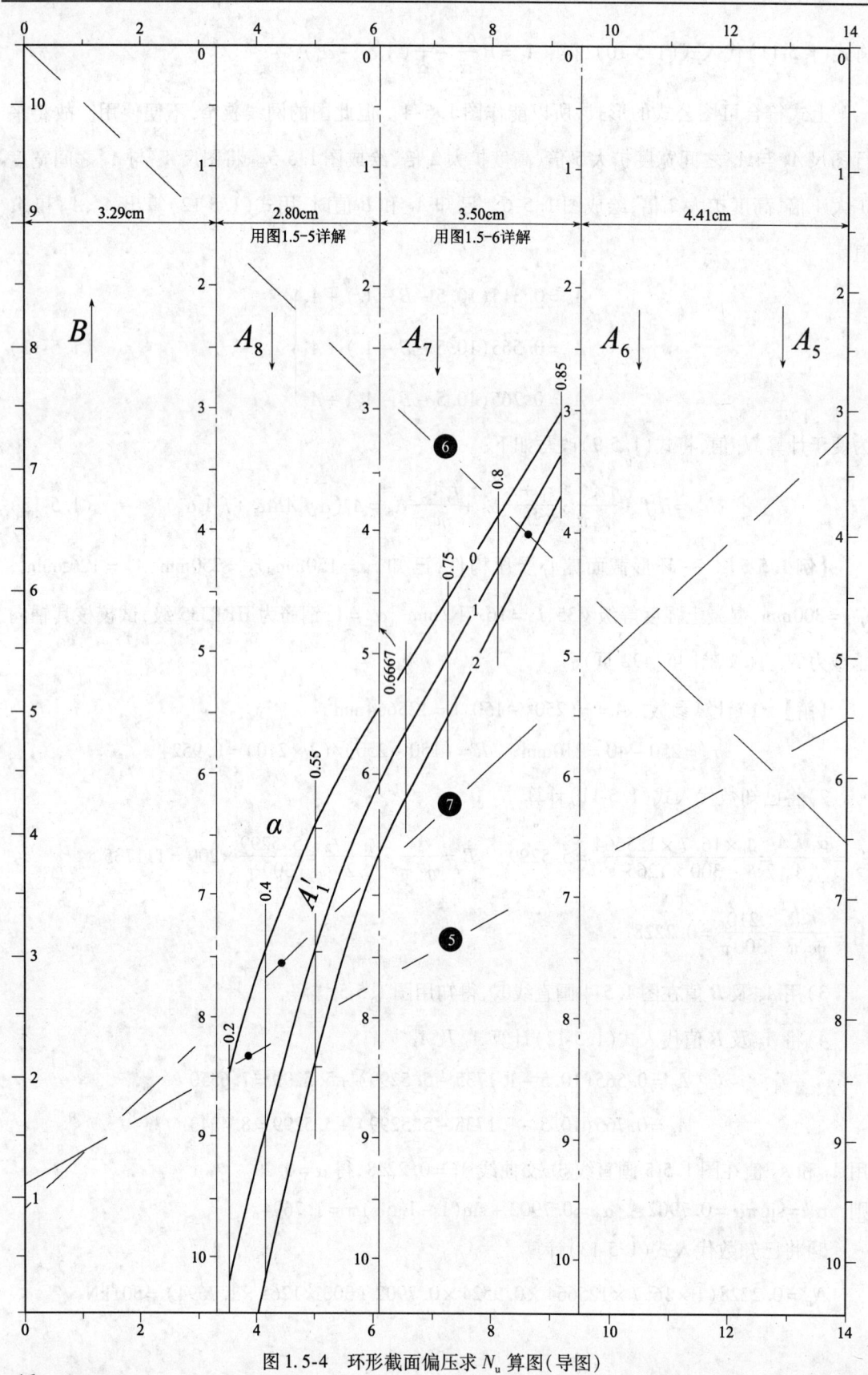

图1.5-4 环形截面偏压求 N_u 算图(导图)

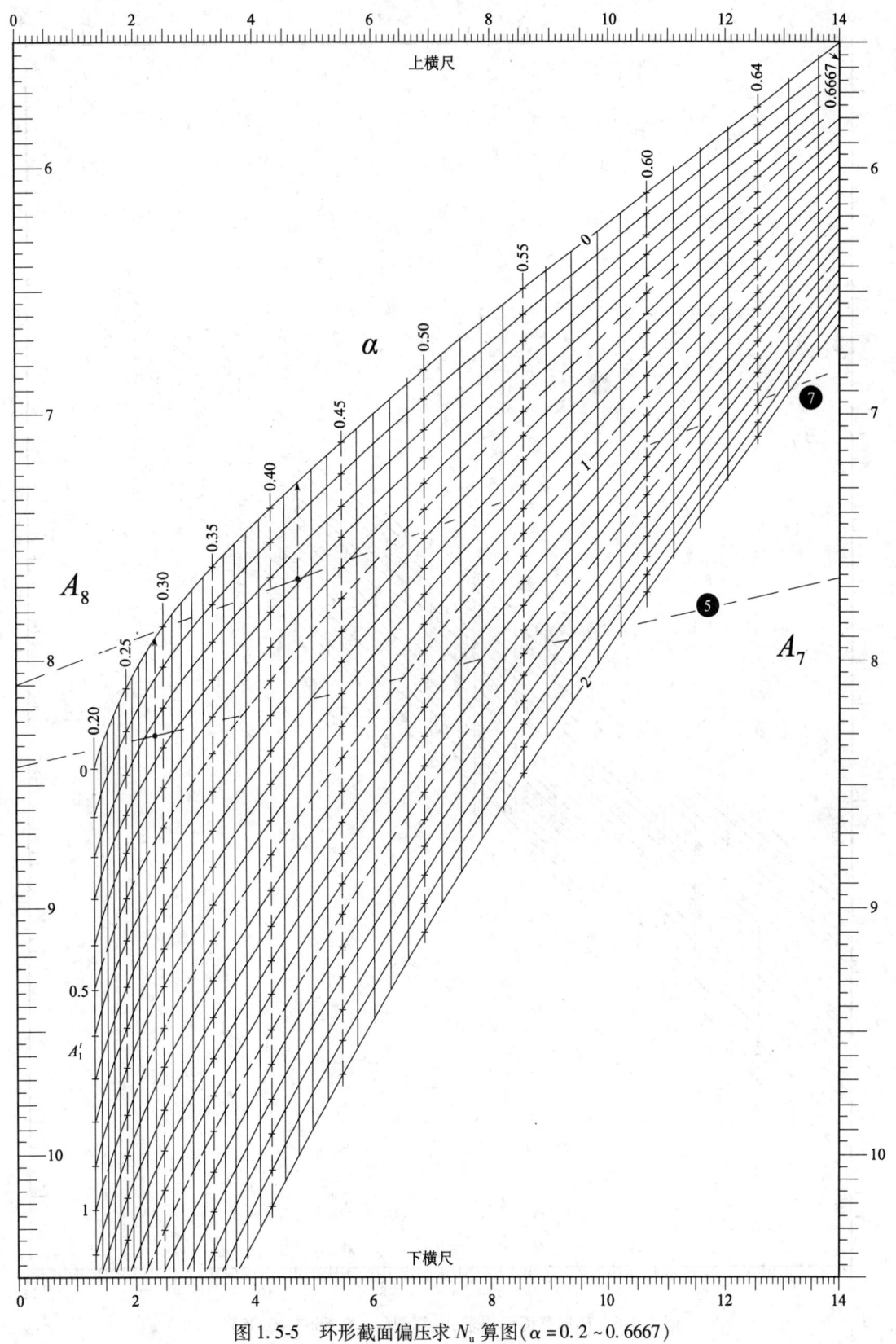

图 1.5-5 环形截面偏压求 N_u 算图（$\alpha = 0.2 \sim 0.6667$）

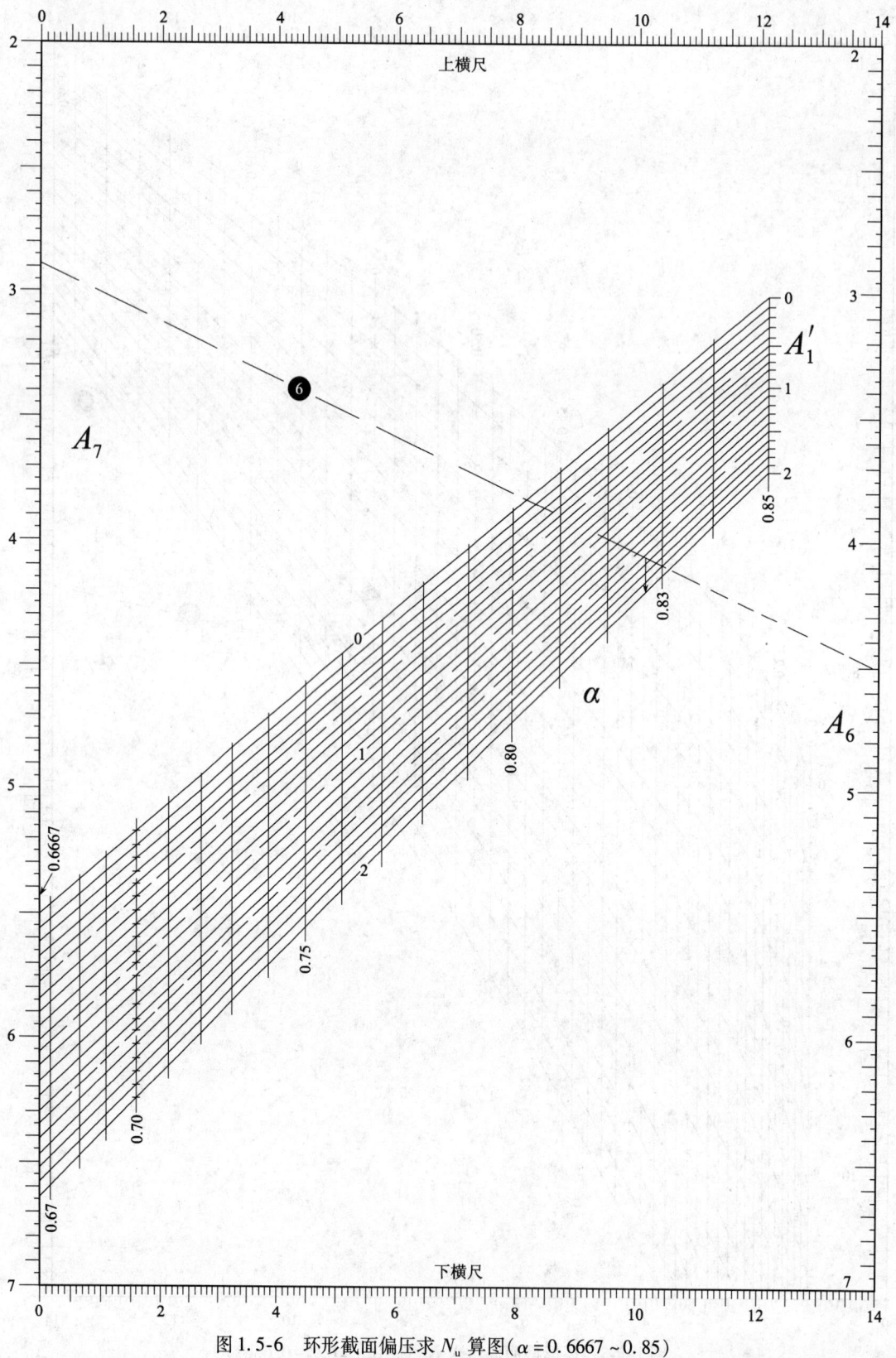

图 1.5-6 环形截面偏压求 N_u 算图（$\alpha = 0.6667 \sim 0.85$）

【例1.5-6】 一环形截面偏心受压构件，已知 $r_1=150\text{mm}, r_2=250\text{mm}, A_S=1063\text{mm}^2$；混凝土强度等级 C35, $f_c=16.7\text{N/mm}^2$，钢筋为 HRB335 级，$f_y=300\text{N/mm}^2$，$\alpha_1=1$，$\eta e_i=40\text{mm}$，求轴向承载力 N_u。（文献[45]493页）

【解】 1) 计算参数 $A=\pi(250^2-150^2)=125664$，$r_S=r_2-40=210\text{mm}$

$R=(r_1+r_2)/2r_S=(150+250)/(2\times 210)=0.9524$

2) 将已知数代入式(1.5-11)计算

$A_5=\dfrac{\alpha_1 f_c A}{f_y A_S}=\dfrac{1\times 16.7\times 125664}{300\times 1063}=6.5807$，$B=\dfrac{A_5}{\eta e_i \pi}\cdot\dfrac{r_1+r_2}{2}=\dfrac{6.5807\times 200}{40\pi}=10.4735$

$A_1'=r_S/\eta e_i \pi=210/40\pi=1.6711$

3) 用 A_5 及 B 值在图1.5-4中画直线⑥，得知用图1.5-6详解。

4) 将 A_5 及 B 值代入式(1.5-12)计算 A_6 及 A_7

$A_6=0.315(10.5-B-A_5)+A_5=4.5161$，$A_7=0.565(10.5-B-A_5)+A_5=2.8776$

用 A_6 及 A_7 值在图1.5-6中画直线⑥，交曲线 $A_1'=1.6711$，得 $\alpha=0.827>0.6667$，则 $\alpha_5=\alpha_6=\sin 0.827\pi=0.5171$。

5) 将已知数代入式(1.5-13)计算

$N_u=A_1'(\alpha_1 f_c A R \alpha_5+f_y A_S \alpha_6)$

$=1.6711(1\times 16.7\times 125664\times 0.9524\times 0.5171+300\times 1063\times 0.5171)=2003\text{kN}$

【例1.5-7】 一环形截面偏心受压构件，已知 $r_1=194\text{mm}, r_2=300\text{mm}, A_S=3916\text{mm}^2$，$\eta e_i=286\text{mm}$；混凝土强度等级为 C60, $f_c=27.5\text{N/mm}^2$，$\alpha_1=0.98$；钢筋为 HRB400 级，$f_y=360\text{N/mm}^2$。试求轴向承载力 N_u。（文献[45]1015页）

【解】 1) 计算参数 $A=\pi=(300^2-194^2)=164506\text{mm}^2$，$r_S=300-40=260\text{mm}$，

$R=(r_1+r_2)/2r_S=(194+300)/(2\times 260)=0.9500$。

2) 将已知数代入式(1.5-11)计算

$A_5=\dfrac{\alpha_1 f_c A}{f_y A_S}=\dfrac{0.98\times 27.5\times 164506}{360\times 3916}=3.1448$，$B=\dfrac{3.1448}{286\pi}\cdot\dfrac{194+300}{2}=0.8645$

$A_1'=r_S/\eta e_i \pi=260/286\pi=0.2894$

3) 用 A_5 及 B 值在图1.5-4画直线⑦，得知用图1.5-5详解。

4) 将 A_5 及 B 值代入式(1.5-12)计算 A_7 及 A_8：

$A_7=0.565(10.5-0.8645-3.1448)+3.1448=6.8120$，$A_8=0.765(10.5-0.8645-3.1448)+3.1448=8.1102$

用 A_7 及 A_8 值在图1.5-5画直线⑦，交曲线 $A_1'=0.2894$，得 $\alpha=0.42$，则 $\alpha_5=\sin\pi\alpha=0.9686$，$\alpha_6=0.9686+\sin\pi(1-1.5\times 0.42)=1.8864$。

5) 将已知数代入式(1.5-13)计算，$N_u=A_1'(\alpha_1 f_c A R \alpha_5+f_y A_S \alpha_6)$

$=0.2894(0.98\times 27.5\times 164506\times 0.95\times 0.9686+360\times 3916\times 1.8864)=1950\text{kN}$

2 给水排水图算法

本章主要配合第二版给水排水设计手册使用，论述的算图能代替多页数表，比较简明，精度符合要求。

2.1 常用资料

2.1.1 钢管和铸铁管水力计算的图算法

文献[1]沿用甫·阿·舍维列夫著水力计算表，由其中按水力坡降计算水头损失的公式，得到旧钢管和铸铁管的计算公式：

当 $v \geqslant 1.2 \text{m/s}$ 时，

$$i = 0.00107 \frac{v^2}{d_j^{1.3}} \tag{2.1.1-1}$$

乘以文献[1]式(11-10)之修正系数

$$K_3 = 0.852\left(1 + \frac{0.867}{v}\right)^{0.3} \tag{2.1.1-2}$$

得到 $v < 1.2 \text{m/s}$ 时的计算公式

$$i = 0.000912 \frac{v^2}{d_j^{1.3}} \left(1 + \frac{0.867}{v}\right)^{0.3} \tag{2.1.1-3}$$

文献[32]将式(2.1.1-3)简化成(2.1.1-4)，便于制图。误差不大于1.76%，见表2.1.1。

$$i = 0.001698 \frac{Q^{1.813}}{d_j^{4.926}} \tag{2.1.1-4}$$

式中

$$Q = \frac{\pi}{4} d_j^2 v \tag{2.1.1-5}$$

由式(2.1.1-1)及式(2.1.1-5)作成图2.1.1-1，适用于 $v \geqslant 1.2 \text{m/s}$ 的铸铁管及钢管的水力计算。

由式(2.1.1-4)及式(2.1.1-5)作成图2.1.1-2，适用于 $v < 1.2 \text{m/s}$ 的铸铁管及钢管的水力计算。

【例1】 钢管和铸铁管长 l 均为1000m，公称直径 $DN = 400\text{mm}$，流速 $v = 2\text{m/s}$，求流量 Q 和水头损失。

【解】 $v > 1.2 \text{m/s}$，在图2.1.1-1中画直线①和②，得钢管流量 $Q = 0.26 \text{m}^3/\text{s}$，水头损失为14m；铸铁管流量 $Q = 0.253 \text{m}^3/\text{s}$，水头损失为14.3m。

【例2】 钢管和铸铁管长 l 均为1000m，公称直径 $DN = 500\text{mm}$，流速 $v = 0.6\text{m/s}$，求流量 Q 和水头损失。

【解】 $v < 1.2 \text{m/s}$，在图2.1.1-2中画直线①和②，得钢管流量 $Q = 0.122 \text{m}^3/\text{s}$，水头损失为1.05m；铸铁管流量 $Q = 0.118 \text{m}^3/\text{s}$，水头损失为1.08m。

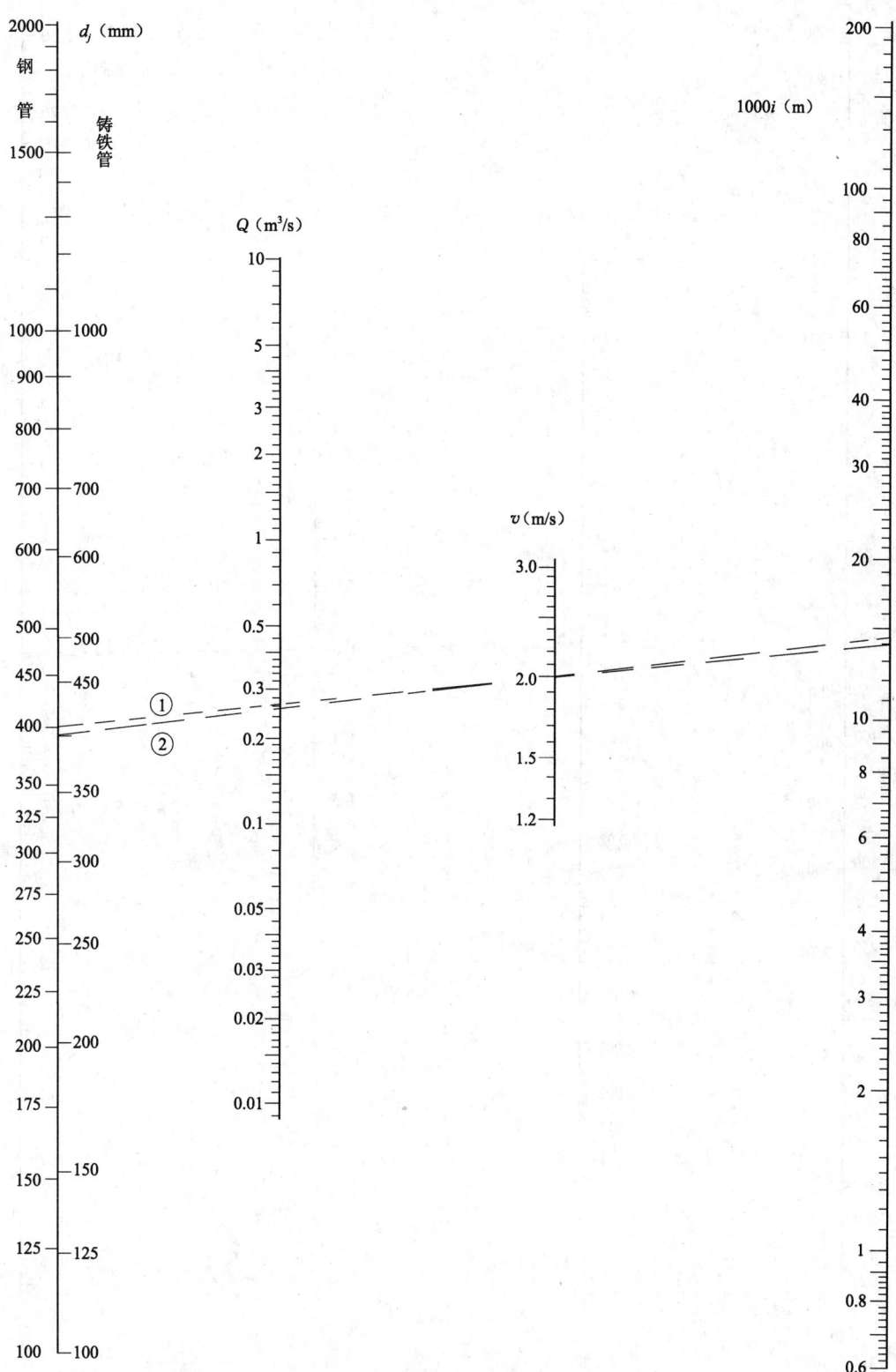

图 2.1.1-1 钢管和铸铁管算图(1)
($v = 1.2 \sim 3\text{m/s}$)

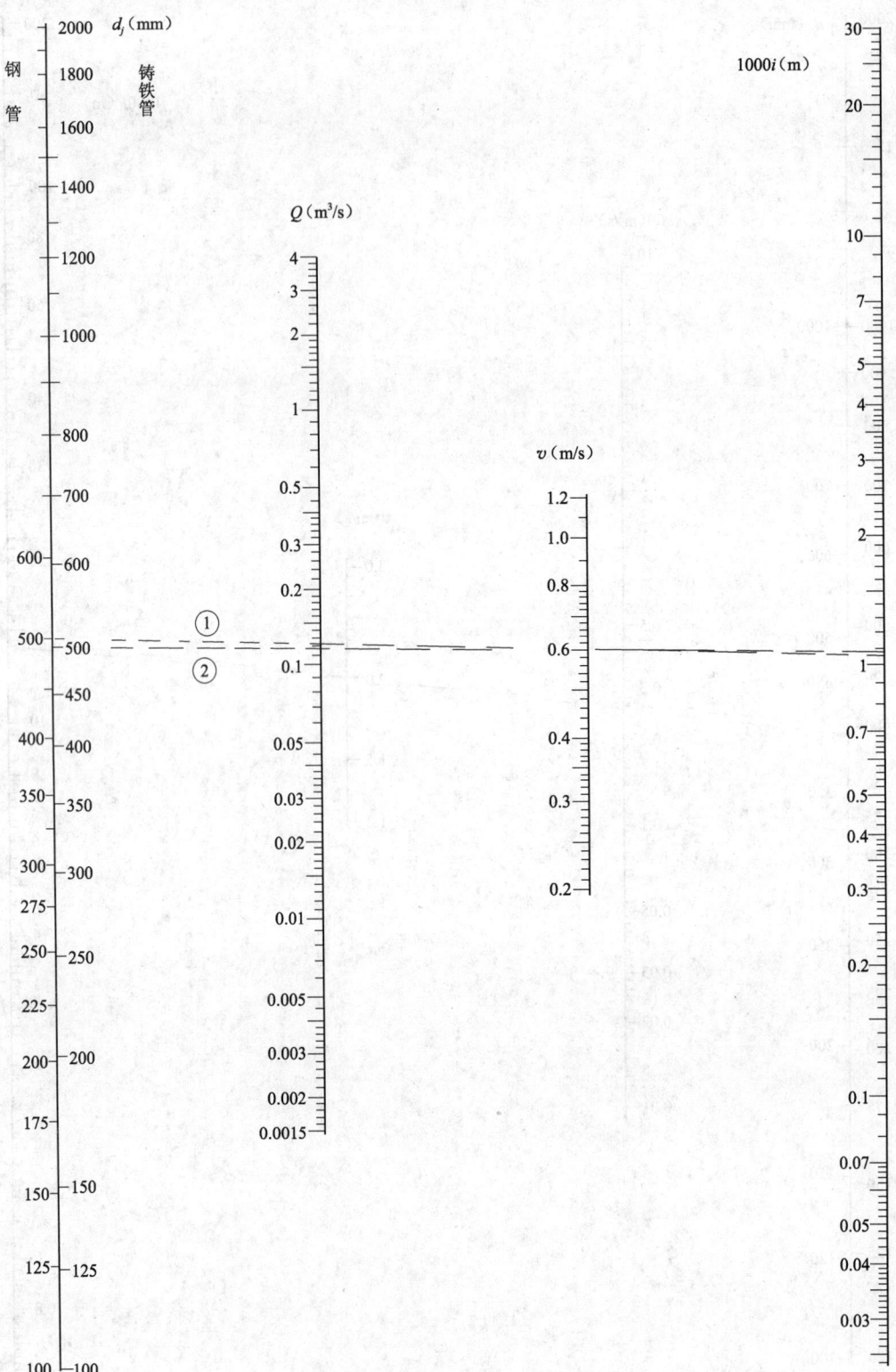

图 2.1.1-2 钢管和铸铁管算图(2)
($v = 0.2 \sim 1.2 \text{m/s}$)

式(2.1.1-3)与(2.1.1-4)的 i 值比较   表 2.1.1

v(m/s)	计算公式	$D=10$mm	误差%	$D=50$mm	误差%	$D=150$mm	误差%
0.2	2.1.1-3	0.023998	1.76	0.002962	1.75	0.000710	1.69
	2.1.1-4	0.023576		0.002910		0.000698	
0.7	2.1.1-3	0.226549	0.85	0.028204	0.38	0.006703	0.17
	2.1.1-4	0.228494		0.028198		0.006760	
1.2	2.1.1-3	0.615440	1.35	0.075915	1.35	0.018209	1.35
	2.1.1-4	0.607110		0.074923		0.017963	

2.1.2 钢管(水煤气管)水力计算的图算法

由式(2.1.1-4)及式(2.1.1-5)作成图 2.1.2,适用于公称直径 $DN=8\sim150$mm 的普通水煤气用钢管,经济流速 $v<1.5$m/s。

【例】 水煤气钢管 $D_g=15$mm,长 160m, $v=0.26$m/s,求水头损失和流量。

【解】 在图 2.1.2 中,由计算内径 $d_j=15$ 的一点与 $v=0.26$ 的一点画直线①,交 Q 图尺得 0.045L/S,交 $1000i$ 图尺得 22.5m,则水头损失为 $160\div1000\times22.5=3.60$m。

附:图 2.1.2 的绘制方法

(1)确定图尺取值范围。已知 $d=0.008\sim0.15$m, $v=0.2\sim1.2$m/s,代入式(2.1.1-5)及(2.1.1-4)算出 $Q=0.00001\sim0.0212$m³/s, $i=0.0006975\sim0.8119$m,见图 2.1.2。

(2)绘 $d-v-i$ 图

将式(2.1.1-4)乘以 $1/1.831=0.5516$ 次方,得

$$Q=33.926d^{2.717}i^{0.5516} \tag{2.1.2-1}$$

式(2.1.2-1)等于式(2.1.1-5),得

$$v=42.933d^{0.717}i^{0.5516}$$

$$\lg v=\lg 42.933+0.717\lg d+0.5516\lg i$$

d 图尺:$0.717m\lg d=20$cm,图尺系数 $m=20\div 0.717\lg(0.15\div 0.008)=21.912$

i 图尺:$0.5516n\lg i=20$cm,图尺系数 $n=20\div 0.5516\lg(0.8119\div 0.0006975)=11.826$

v 图尺:距 d 图尺 $x=ma/(m+n)=21.912\times 13\div(21.912+11.826)=8.443$cm,注在图 2.1.2。

v 图尺方程为 $y=\dfrac{mn}{m+n}\lg v=\dfrac{21.912\times 11.826}{21.912+11.826}\lg v=7.6807\lg v$

(3)绘 $d-Q-v$ 图

由式(2.1.1-5),$\lg Q=\lg\dfrac{\pi}{4}+2\lg d+\lg v$

d 图尺:$2m_1\lg d=20$cm,图尺系数 $m_1=20\div 2\lg(0.15\div 0.008)=7.8555$

Q 图尺:距 d 图尺 $x_1=m_1a_1/(m_1+n_1)=7.8555\times 8.443\div(7.8555+7.6807)=4.269$cm,注在图 2.1.2。$d$、$i$、$v$、$Q$ 图尺都是对数分度,可利用附图 1 画出细分点。

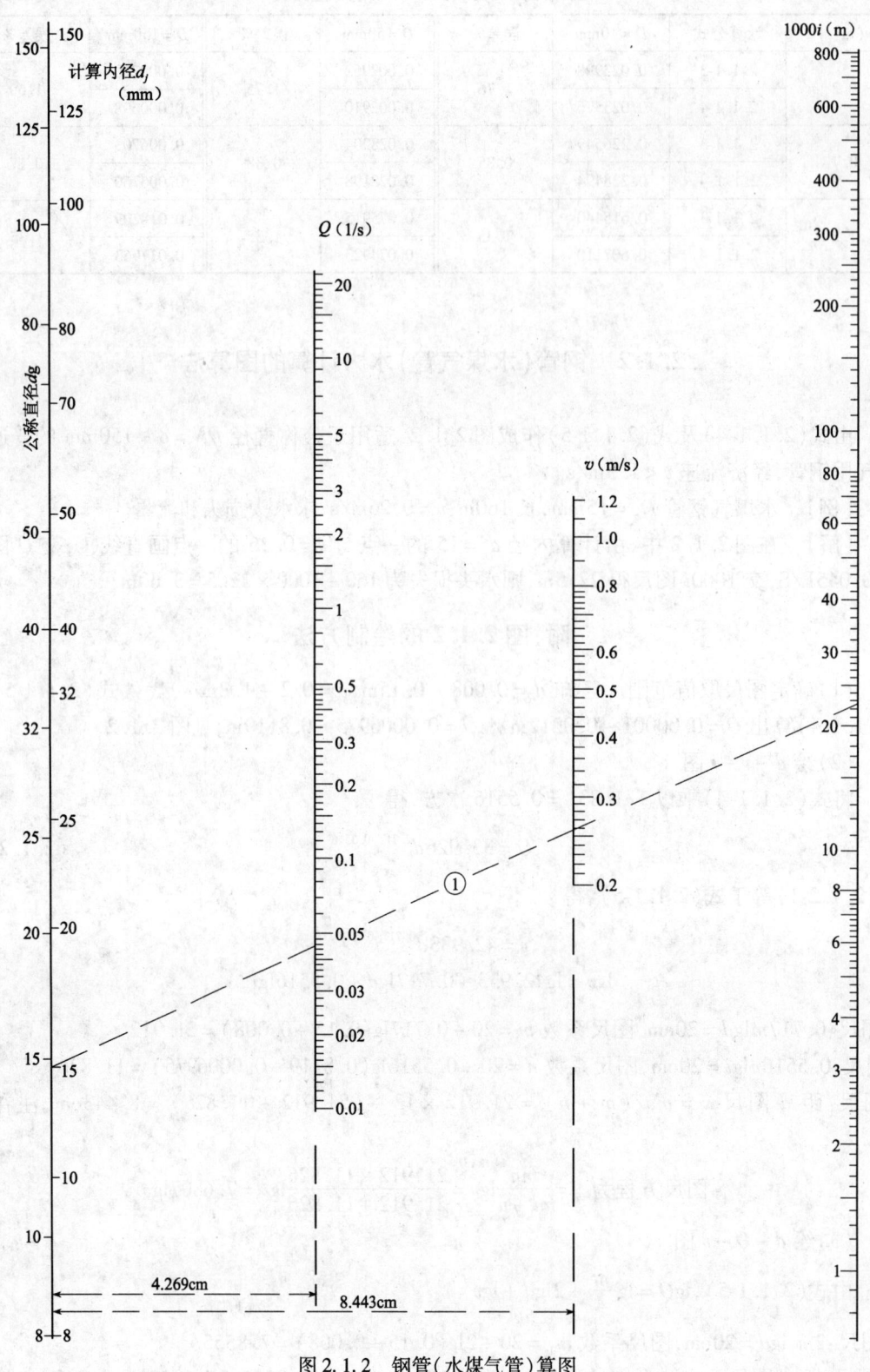

图 2.1.2 钢管(水煤气管)算图

2.1.3 钢筋混凝土给水圆管(满流,$n=0.013$)水力计算的图算法

绘制图 2.1.3 用文献[1]436 页的几个公式,即:$V=R^{2/3}i^{1/2}/n$,$Q=V\pi d^2/4$,$R=d/4$。图 2.1.3 的 d_1 图尺与 Q_1 图尺、V_1 图尺配合用,d_2 与 Q_2、V_2 配合用。

【例 2.1.3-1】 有一直径 0.2m 的自应力水泥管,水力坡降为 0.0006,试求流速和流量。

【解】 在图 2.1.3 的 d_1 图尺取 0.2 一点,与 i 图尺的 0.0006 一点连接成直线①,交 Q_1 图尺得 0.008m³/s,交 V_1 图尺得 0.256m/s。

【例 2.1.3-2】 有一直径 0.5m 的自应力水泥管,供水流量为 0.29m³/s,试求流速和水力坡降。

【解】 在图 2.1.3 的 d_2 图尺取 0.5 一点,与 Q_2 图尺的 0.29 一点连成直线②,交图尺 V_2 得 1.48m/s,交 i 图尺得水力坡降为 0.0059。

2.1.4 排水圆管(非满流)水力计算的图算法❶

城市下水道和水利等工程常用圆管排水。圆管无压均匀流的水力计算,是在流量 Q,流速 V,管径 d,底坡 i,充满度 h/d 和粗糙系数 n 这 6 个水力因素中,已知其中 4 个而求出其余两个。本节论述的简单管路系用满宁公式计算流速,d 和 n 的取值范围比较广。

图算依据

(1) $h>d/2$ 时的公式

由文献[11]651 页所知,$h>d/2$ 时(图 2.1.4-1)

$$A=\frac{d^2}{4}(\pi-\theta+\sin\theta'\cos\theta') \quad (2.1.4\text{-}1)$$

$$R=\frac{d(\pi-\theta+\sin\theta'\cos\theta')}{4(\pi-\theta)} \quad (2.1.4\text{-}2)$$

式中,A 为水流断面,R 为水力半径,θ 为以弧度计的半中心角,θ' 为以度计的半中心角,关系为

$$\theta=\pi\theta'/180 \quad (2.1.4\text{-}3)$$

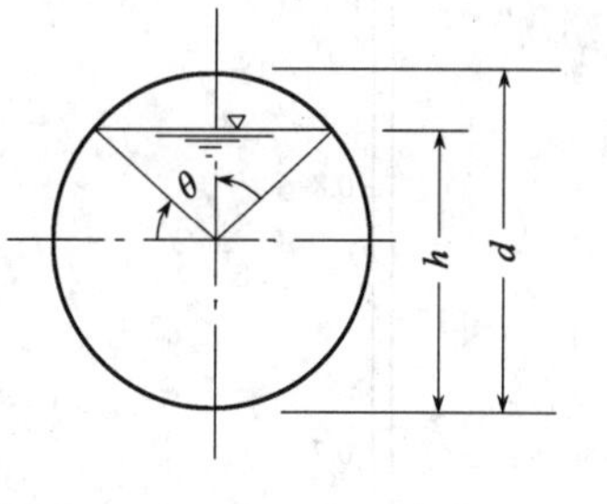

图 2.1.4-1 $h>d/2$ 断面

由图 2.1.4-1 得 $h(d-h)=\left(\frac{d}{2}\sin\theta'\right)^2=\frac{d^2}{4}\sin^2\theta'$

$$\therefore \sin\theta'=2\sqrt{\frac{h}{d}\left(1-\frac{h}{d}\right)} \quad (2.1.4\text{-}4)$$

$$\cos\theta'=\sqrt{1-\sin^2\theta'}=\sqrt{1-\frac{4h}{d}\left(1-\frac{h}{d}\right)} \quad (2.1.4\text{-}5)$$

$$\theta'=\arcsin 2\sqrt{\frac{h}{d}\left(1-\frac{h}{d}\right)} \quad (2.1.4\text{-}6)$$

1) 求 F_1。将式(2.1.4-3)~式(2.1.4-6)代入式(2.1.4-1)得

---

❶ 本节发表在《给水排水》1994 年 5 期。

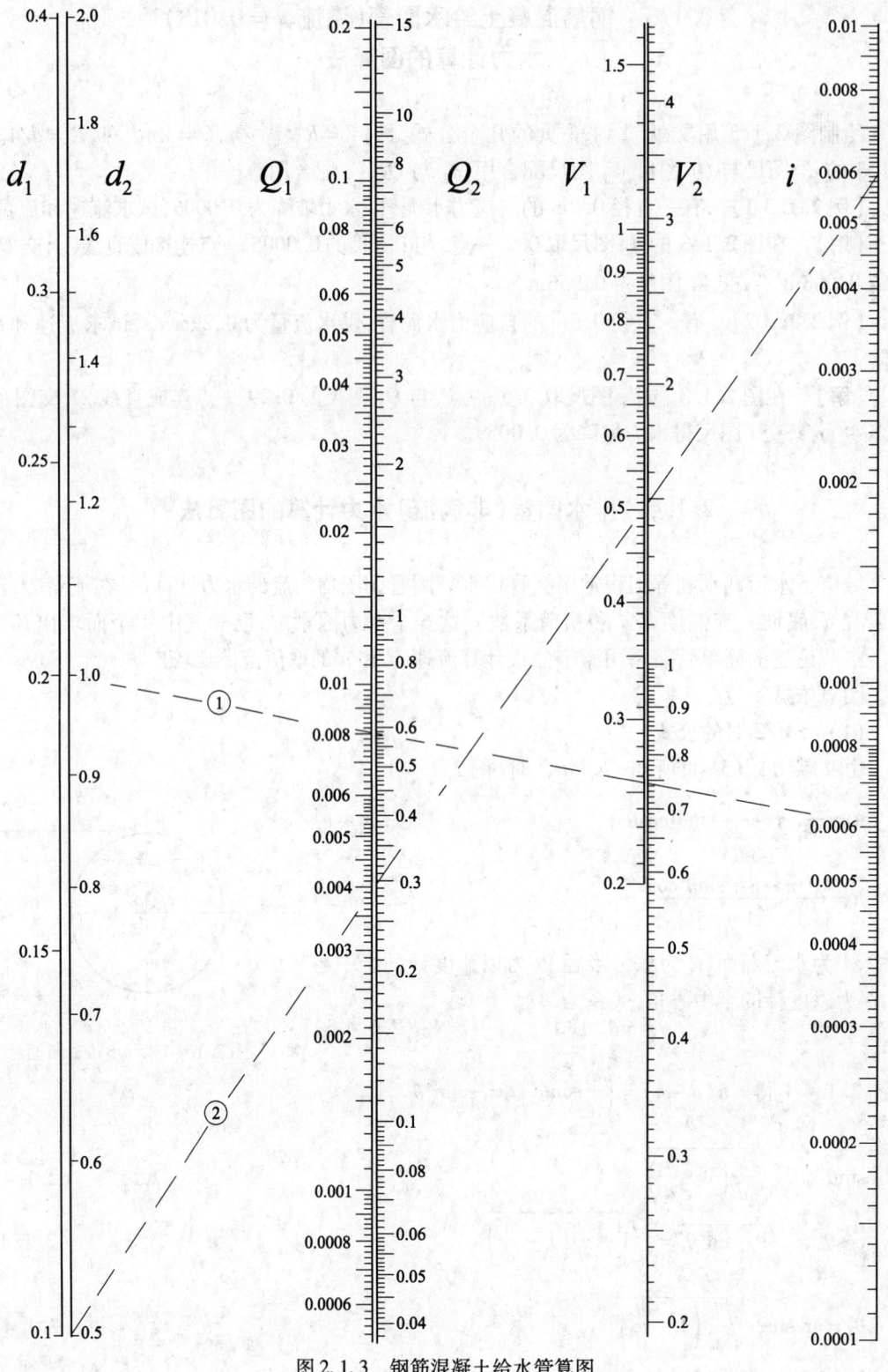

图 2.1.3 钢筋混凝土给水管算图

$$A = \frac{d^2}{4}\left\{\pi - \frac{\pi}{180}\arcsin 2\sqrt{\frac{h}{d}\left(1-\frac{h}{d}\right)} + 2\sqrt{\frac{h}{d}\left(1-\frac{h}{d}\right)\left[1-\frac{4h}{d}\left(1-\frac{h}{d}\right)\right]}\right\}$$

设

$$F_1 = \frac{1}{4}\left\{\pi - \frac{\pi}{180}\arcsin 2\sqrt{\frac{h}{d}\left(1-\frac{h}{d}\right)} + 2\sqrt{\frac{h}{d}\left(1-\frac{h}{d}\right)\left[1-\frac{4h}{d}\left(1-\frac{h}{d}\right)\right]}\right\}$$

则
$$Q = VA = Vd^2 F_1 \tag{2.1.4-7}$$

∴ 不含 i 的函数式
$$F_1 = Q/d^2 V \tag{2.1.4-8}$$

2）求 F_2。
$$R = \frac{A}{\rho} = \frac{A}{d(\pi - \theta)} = \frac{F_1 d}{\pi - \theta}$$

将式(2.1.4-3)和式(2.1.4-6)代入上式得

$$R = \frac{F_1 d}{\pi - \frac{\pi}{180}\arcsin 2\sqrt{\frac{h}{d}\left(1-\frac{h}{d}\right)}}$$

则
$$V = \frac{1}{n}R^{2/3}i^{1/2} = \frac{d^{2/3}i^{1/2}}{n}\left[\frac{F_1}{\pi - \frac{\pi}{180}\arcsin 2\sqrt{\frac{h}{d}\left(1-\frac{h}{d}\right)}}\right]^{2/3}$$

设
$$F_2 = \left[\frac{F_1}{\pi - \frac{\pi}{180}\arcsin 2\sqrt{\frac{h}{d}\left(1-\frac{h}{d}\right)}}\right]^{2/3} \tag{2.1.4-9}$$

∴ 不含 Q 的函数式
$$F_2 = nV/d^{2/3}i^{1/2} \tag{2.1.4-10}$$

3）求 F_3。将式(2.1.4-10)立方得
$$d^2 = n^3 V^3 / F_2^3 i^{3/2}$$

将上式代入式(2.1.4-8)
$$F_1 = Qi^{3/2}F_2^3 / n^3 V^4$$

设不含 d 的函数式
$$F_3 = F_1/F_2^3 = Qi^{3/2}/n^3 V^4 \tag{2.1.4-11}$$

4）求 F_4。由式(2.1.4-8)得 $V = Q/F_1 d^2$，代入式(2.1.4-10)：
$$F_2 = nQ/F_1 d^{8/3}i^{1/2}$$

设不含 V 的函数式
$$F_4 = F_1 F_2 = nQ/d^{8/2}i^{1/2} \tag{2.1.4-12}$$

(2) $h < d/2$ 时的公式

由文献[11]所知,$h < d/2$ 时(图 2.1.4-2)

$$A = \frac{d^2}{4}(\theta - \sin\theta'\cos\theta')$$

$$R = \frac{d(\theta - \sin\theta'\cos\theta')}{4\theta}$$

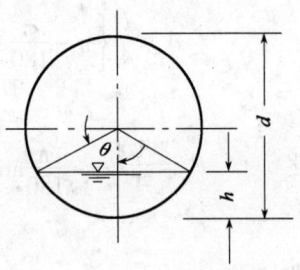

图 2.1.4-2 $h < d/2$ 断面

仿照上述方法设

$$F_1 = \frac{1}{4}\left\{\frac{\pi}{180}\arcsin 2\sqrt{\frac{h}{d}\left(1-\frac{h}{d}\right)} - 2\sqrt{\frac{h}{d}\left(1-\frac{h}{d}\right)\left[1-\frac{4h}{d}\left(1-\frac{h}{d}\right)\right]}\right\} \quad (2.1.4\text{-}13)$$

$$F_2 = \left[\frac{F_1}{\frac{\pi}{180}\arcsin 2\sqrt{\frac{h}{d}\left(1-\frac{h}{d}\right)}}\right]^{2/3} \quad (2.1.4\text{-}14)$$

仍可得到式(2.1.4-8)、式(2.1.4-10)~式(2.1.4-12)。

图 2.1.4-3 即由式(2.1.4-7)、式(2.1.4-9)、式(2.1.4-11)~式(2.1.4-14)所作成。将该图放大改绘成图 2.1.4 供计算使用。将各种类型的算法总结于表 2.1.4。

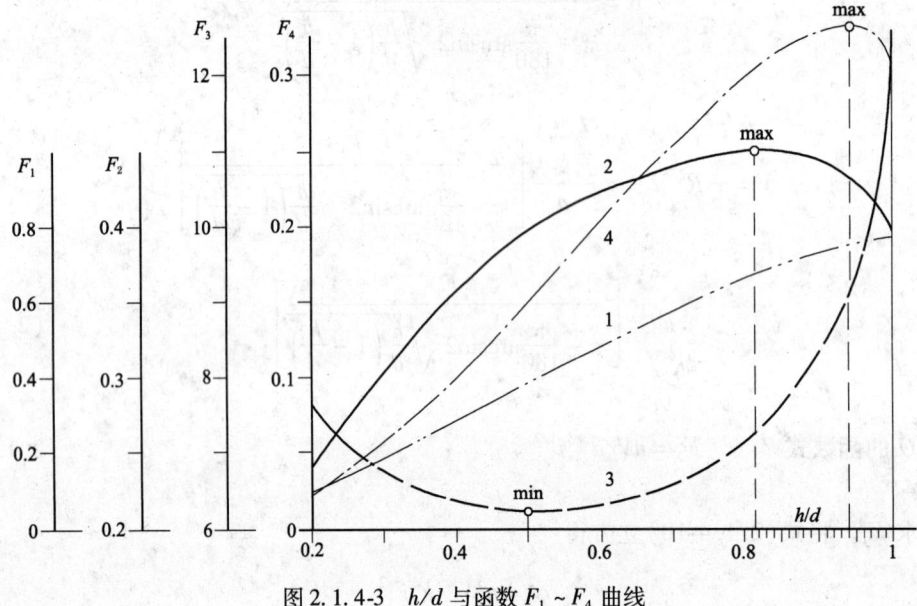

图 2.1.4-3 h/d 与函数 $F_1 \sim F_4$ 曲线

【例 2.1.4-1】 无压泄洪隧洞长 $L = 1000$m,圆形断面直径 $d = 7.5$m,底坡 $i = 1/500$,粗糙系数 $n = 0.013$,最大泄洪流量 $Q = 220$m³/s,求正常水深。(文献[13] 16 页)

【解】 已知数符合表 2.1.4 类型 1。代入式(2.1.4-12)计算

$$F_4 = \frac{0.013 \times 220}{7.5^{8/3} \times 0.002^{1/2}} = 0.2967$$

用 F_4 值在图 2.1.4 画水平线①,得 $h/d = 0.78$,则 $h = 7.5 \times 0.78 = 5.85$m

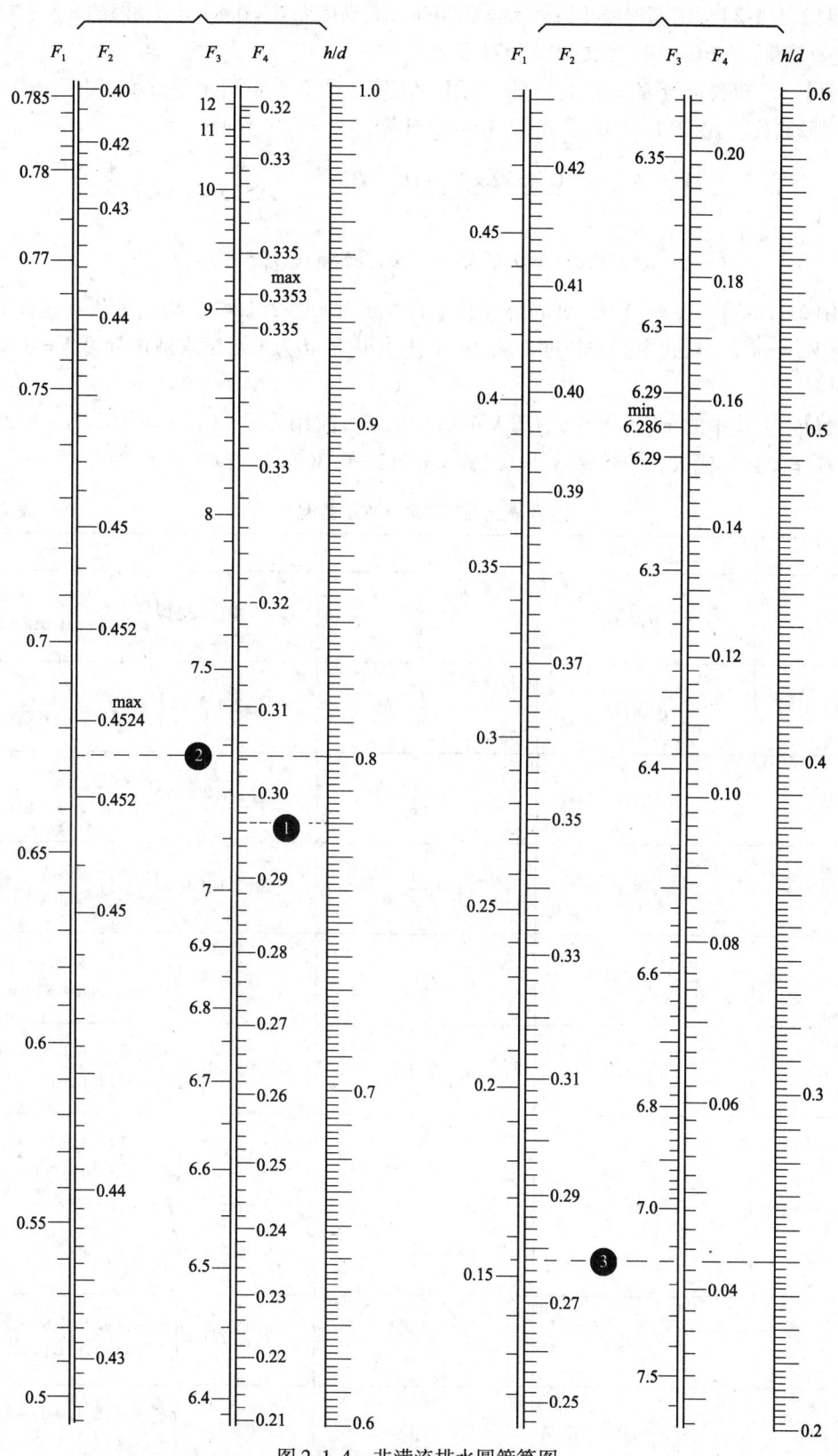

图 2.1.4 非满流排水圆管算图

【例 2.1.4-2】 钢筋混凝土圆管 $D=1000\text{mm}$，充满度 $h/d=0.8$，水力坡降 $i=3.3‰$，求管内流速及流量。$n=0.014$。（文献[1]471页）

【解】 已知数符合表 2.1.4 类型 7。用 h/d 值在图 2.1.4 画水平线②，得 $F_1=0.6735$，$F_2=0.4522$，代入式(2.1.4-10)及式(2.1.4-8)计算：

$$V=\frac{1}{n}F_2 d^{2/3} i^{1/2}=\frac{0.4522\times 1^{2/3}\times 0.0033^{1/2}}{0.014}=1.8555\approx 1.86\text{m/s}$$

$$Q=F_1 d^2 V=0.6735\times 1^2\times 1.8555=1.25\text{m}^3/\text{s}$$

【例 2.1.4-3】 文献[1]82页的卧式贮罐的横断面如图 2.1.4-2，罐内液体在圆体部分的体积为 $V_1=\pi d^2 Lk/4$，式中圆柱长度 L 为 2m，圆柱体内径 d 为 1m，试求液体深度 $h=0.25$m 时的体积 V_1。

【解】 上式中的 $\pi k/4$ 等于式(2.1.4-7)中的 F_1，故用 $h/d=0.25$ 在图 2.1.4 画水平线③，得 $F_1=0.154$，代入式中计算：$V_1=0.154\times 1^2\times 2=0.308\text{m}^3$。

非满流圆管图算法求解类型　　表 2.1.4

类型	已知	未知	求解过程
1	n,Q,d,i	$V,\dfrac{h}{d}$	式(2.1.4-12) $\begin{cases}\dfrac{h}{d}\\ F_1-\text{式}(2.1.4\text{-}8)-V\end{cases}$
2	n,Q,d,V	$i,\dfrac{h}{d}$	式(2.1.4-8) $\begin{cases}\dfrac{h}{d}\\ F_2-\text{式}(2.1.4\text{-}12)-i\end{cases}$
3	n,Q,i,V	$d,\dfrac{h}{d}$	式(2.1.4-11) $\begin{cases}\dfrac{h}{d}\\ F_2-\text{式}(2.1.4\text{-}10)-d\end{cases}$
4	n,d,i,V	$Q,\dfrac{h}{d}$	式(2.1.4-10) $\begin{cases}\dfrac{h}{d}\\ F_1-\text{式}(2.1.4\text{-}8)-Q\end{cases}$
5	$n,\dfrac{h}{d},i,Q$	d,V	图 2.1.4 $\begin{cases}F_3-\text{式}(2.1.4\text{-}11)-V\\ F_1-\text{式}(2.1.4\text{-}8)-d\end{cases}$
6	$n,\dfrac{h}{d},i,V$	Q,d	图 2.1.4 $\begin{cases}F_3-\text{式}(2.1.4\text{-}11)-Q\\ F_1-\text{式}(2.1.4\text{-}8)-d\end{cases}$
7	$n,\dfrac{h}{d},i,d$	Q,V	图 2.1.4 $\begin{cases}F_2-\text{式}(2.1.4\text{-}10)-V\\ F_1-\text{式}(2.1.4\text{-}8)-Q\end{cases}$
8	$n,\dfrac{h}{d},Q,V$	i,d	图 2.1.4 $\begin{cases}F_1-\text{式}(2.1.4\text{-}8)-d\\ F_1-\text{式}(2.1.4\text{-}10)-i\end{cases}$
9	$n,\dfrac{h}{d},Q,d$	i,V	图 2.1.4 $\begin{cases}F_1-\text{式}(2.1.4\text{-}8)-V\\ F_1-\text{式}(2.1.4\text{-}10)-i\end{cases}$
10	$n,\dfrac{h}{d},V,d$	i,Q	图 2.1.4 $\begin{cases}F_1-\text{式}(2.1.4\text{-}8)-Q\\ F_1-\text{式}(2.1.4\text{-}10)-i\end{cases}$

2.1.5 矩形断面暗沟水力计算

由文献[1]804页和837页所知,矩形断面暗沟满流水力计算应用公式(2.1.5-1)和式(2.1.5-2),非满流水力计算应用公式(2.1.5-1)和式(2.1.5-3):

$$Q = WHv \qquad (2.1.5-1)$$

满流
$$v = \frac{1}{n} i^{1/2} \left(\frac{WH}{2W + 2H} \right)^{2/3} \qquad (2.1.5-2)$$

非满流
$$v = \frac{1}{n} i^{1/2} \left(\frac{WH}{W + 2H} \right)^{2/3} \qquad (2.1.5-3)$$

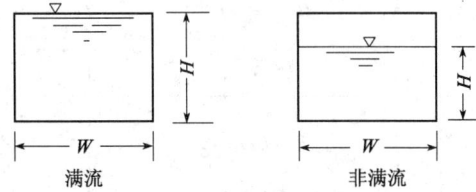

图 2.1.5 矩形断面示意

计算时已取定粗糙系数 n 值。在流量 Q,流速 v,水力坡降 i,底宽 W 和水深 H 这5个水力因素中,已知3个可由上述公式求出其余两值。

由表 2.1.5 列出满流和非满流矩形断面暗沟水力计算公式,以便系统地理解。下述6例计算,可与文献[1]的图表数字印证。

【例 2.1.5-1】 非满流:矩形断面暗沟的 $n = 0.013, Q = 1\mathrm{m}^3/\mathrm{s}, v = 2\mathrm{m/s}, i = 0.0043$,求 W 和 H。

【解】 已知数符合表 2.1.5 第5类,解二次方程 $H^2 - aH + Q/2v = 0$

$$a = \frac{1 \times 0.0043^{3/4}}{2 \times 2^{5/2} \times 0.013^{3/2}} = 1, \quad Q/2v = 1/(2 \times 2) = 0.25$$

解方程 $H^2 - H + 0.25 = 0$,得 $H = 0.5\mathrm{m}$

$$W = Q/Hv = 1/(0.5 \times 2) = 1\mathrm{m}$$

【例 2.1.5-2】 非满流:矩形断面暗沟的 $n = 0.013, Q = 1\mathrm{m}^3/\mathrm{s}, i = 0.0043, W = 1\mathrm{m}$,求 H 和 v。

【解】 已知数符合表 2.1.5 第6类,解三项方程 $H^{5/2} - \frac{2A}{W} H - A = 0$

$$A = \left(\frac{0.013 \times 1}{0.0043^{1/2} \times 1} \right)^{3/2} = 0.08826, a = \frac{2A}{W} = 0.1765$$

以 $a = 0.1765, b = A = 0.08826$,在图 2.1.5-1 画直线②,得 $x = H = 0.5\mathrm{m}$。

$$v = Q/WH = 1/(0.5 \times 1) = 2\mathrm{m/s}$$

矩形暗沟水力计算公式

表 2.1.5

类别	已知	未知	非满流计算公式	满流计算公式
1	n, W,v,i	H,Q	$H = \dfrac{W(nv)^{3/2}}{Wi^{3/4} - 2(nv)^{3/2}}$ $Q = WHv$	$H = \dfrac{2W(nv)^{3/2}}{Wi^{3/4} - 2(nv)^{3/2}}$ $Q = WHv$
2	n, W,v,Q	H,i	$i = (nv)^2 \left(\dfrac{W+2H}{WH}\right)^{4/3}$ $H = Q/Wv$	$i = (nv)^2 \left(\dfrac{2W+2H}{WH}\right)^{4/3}$ $H = Q/Wv$
3	n, v,i,H	W,Q	$W = \dfrac{2H(nv)^{3/2}}{Hi^{3/4} - (nv)^{3/2}}$ $Q = WHv$	$W = \dfrac{2H(nv)^{3/2}}{Hi^{3/4} - 2(nv)^{3/2}}$ $Q = WHv$
4	n, Q,v,H	W,i	$W = Q/Hv$ 求 i 同 2 类	$W = Q/Hv$ 求 i 同 2 类
5	n, Q,v,i	H,W	解二次方程 $H^2 - aH + Q/2v = 0$ 式中 $a = \dfrac{Qi^{3/4}}{2v^{5/2}n^{3/2}}$ $W = Q/Hv$	解二次方程 $H^2 - aH + Q/v = 0$ 求 a 与 W 同左
6	n, Q,i,W	H,v	解三项方程 $H^{5/2} - \dfrac{2A}{W}H - A = 0$ $A = \left(\dfrac{nQ}{i^{1/2}W}\right)^{3/2}$, $v = Q/WH$	解三项方程 $H^{5/2} - \dfrac{2A}{W}H - 2A = 0$ 求 A 与 v 同左
7	n, Q,i,H	W,v	解三项方程 $W^{5/2} - A_1W - 2A_1H = 0$ $A_1 = \dfrac{(nQ)^{3/2}}{i^{3/4}H^{5/2}}$, $v = Q/WH$	解三项方程 $W^{5/2} - A_1W - A_1H = 0$ $A_1 = \dfrac{2(nQ)^{3/2}}{i^{3/4}H^{5/2}}$, $v = Q/WH$
8	n, H,W,i	Q,v	$v = \dfrac{1}{n}i^{1/2}\left(\dfrac{WH}{W+2H}\right)^{2/3}$ $Q = WHv$	$v = \dfrac{1}{n}i^{1/2}\left(\dfrac{WH}{2W+2H}\right)^{2/3}$ $Q = WHv$
9	n, H,W,v	Q,i	$Q = WHv$ 求 i 同 2 类	$Q = WHv$ 求 i 同 2 类
10	n, H,W,Q	v,i	$v = Q/WH$ 求 i 同 2 类	$v = Q/WH$ 求 i 同 2 类

【例2.1.5-3】 非满流:矩形断面暗沟 $n=0.013, Q=1\text{m}^3/\text{s}, i=0.0043, H=0.5\text{m}$,求 W 和 v。

【解】 已知数符合表2.1.5第7类,解三项方程 $W^{5/2} - A_1 W - 2A_1 H = 0$

$$A_1 = \frac{(1 \times 0.013)^{3/2}}{0.0043^{3/4} \times 0.5^{5/2}} = 0.5$$

则 $a = A_1 = 0.5, b = 2A_1 H = 0.5$,用 a 值和 b 值在图2.1.5-1画直线③,交曲线得 $x = W = 1\text{m}$

$$v = Q/WH = 1/(1 \times 0.5) = 2\text{m/s}$$

【例2.1.5-4】 满流:矩形断面暗沟 $n=0.013, Q=1\text{m}^3/\text{s}, v=2\text{m/s}, i=0.00737$,求 W 和 H。

【解】 已知数符合表2.1.5第5类,解二次方程 $H^2 - aH + Q/v = 0$

$$a = \frac{1 \times 0.00737^{3/4}}{2 \times 2^{5/2} \times 0.013^{3/2}} = 1.5$$

$$Q/v = 1/2 = 0.5$$

解方程 $H^2 - 1.5H + 0.5 = 0$,得 $H = 0.5\text{m}$

$$W = Q/Hv = 1/(0.5 \times 2) = 1\text{m}$$

【例2.1.5-5】 满流:矩形断面暗沟的 $n=0.013, Q=1\text{m}^3/\text{s}, W=1\text{m}, i=0.00737$,求 H 和 v。

【解】 已知数符合表2.1.5第6类,解三项方程 $H^{5/2} - \frac{2A}{W}H - 2A = 0$

$$A = \left(\frac{0.013 \times 1}{0.00737^{1/2} \times 1}\right)^{3/2} = 0.0589$$

$$a = \frac{2A}{W} = \frac{2 \times 0.0589}{1} = 0.118$$

以 $a = 0.118, b = 2A = 0.118$,在图2.1.5-1画直线⑤,得 $x = H = 0.5\text{m}$

$$v = Q/WH = 1/(1 \times 0.5) = 2\text{m/s}$$

【例2.1.5-6】 满流:矩形断面暗沟的 $n=0.013, Q=1\text{m}^3/\text{s}, H=0.5\text{m}, i=0.00737$,求 W 和 v。

【解】 已知数符合表2.1.5第7类,解三项方程 $W^{5/2} - A_1 W - A_1 H = 0$

$$A_1 = \frac{2(0.013 \times 1)^{3/2}}{0.00737^{3/4} \times 0.5^{5/2}} = 0.6667$$

以 $a = A_1 = 0.6667, b = A_1 H = 0.3333$,在图2.1.5-1画直线⑥,交曲线得 $x = W = 1\text{m}$

$$v = Q/WH = 1/(1 \times 0.5) = 2\text{m/s}$$

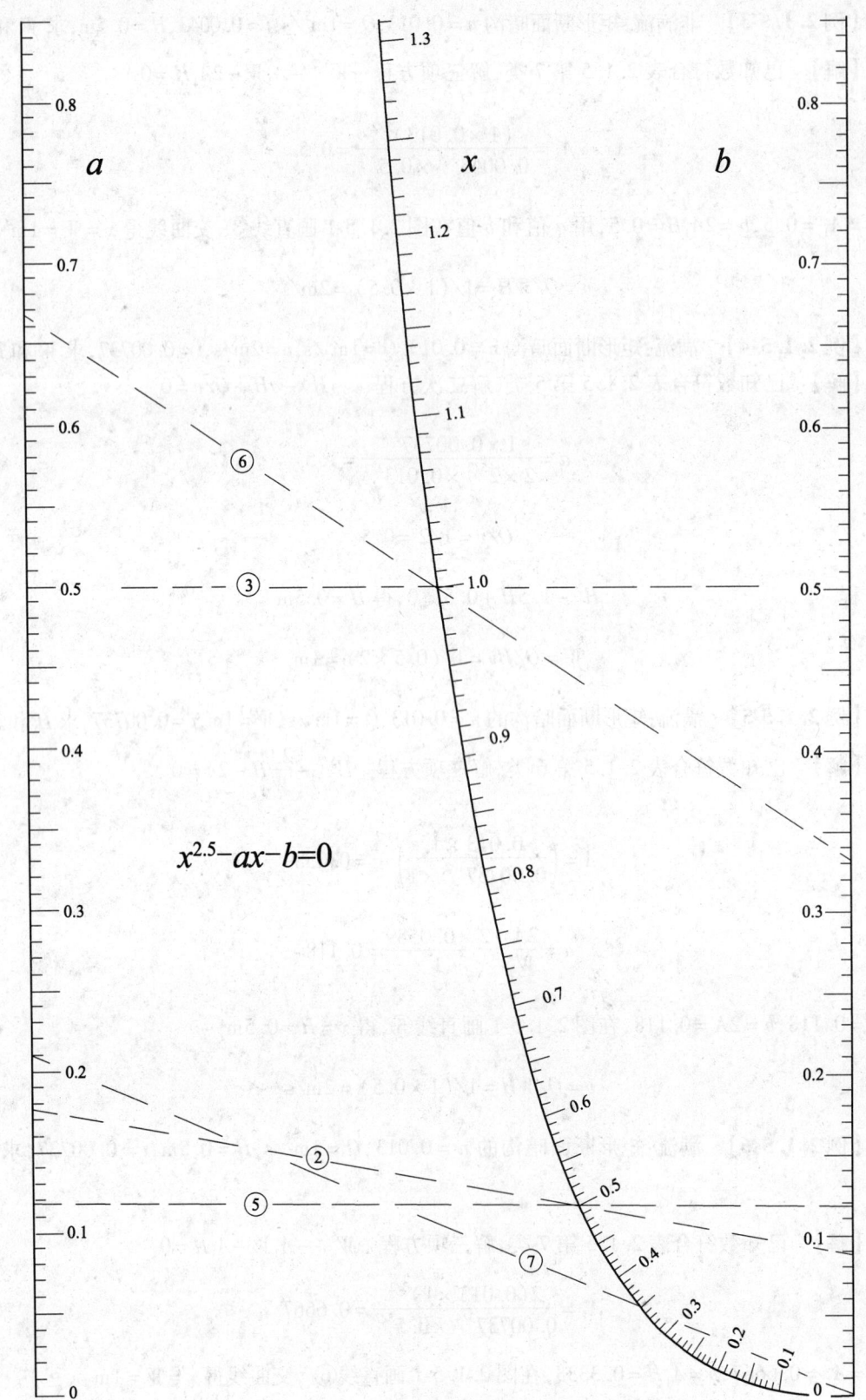

图 2.1.5-1 矩形断面暗沟算图(1)

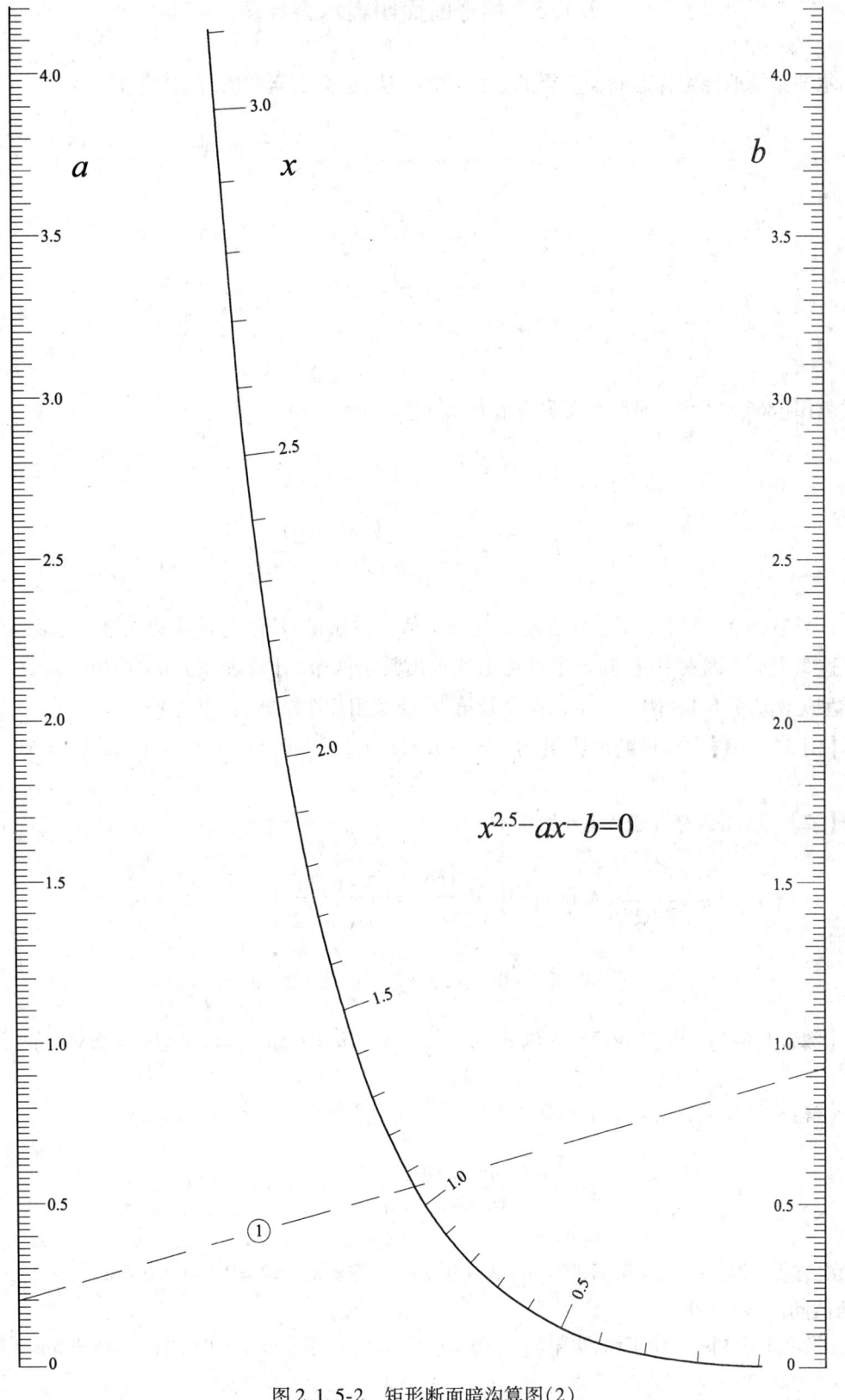

图 2.1.5-2 矩形断面暗沟算图(2)

2.1.6 梯形断面明渠水力计算

本节系统地介绍梯形断面明渠的水力计算方法,水力因素取值范围比较广。

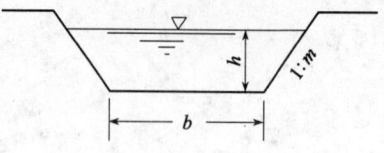

图 2.1.6 梯形断面示意

由文献[1]865 页所知,梯形断面明渠水力计算应用下列公式:

$$Q = vA = vh(mh + b) \tag{2.1.6-1}$$

$$v = \frac{1}{n}i^{1/2}R^{2/3} = \frac{1}{n}i^{1/2}\left[\frac{h(mh+b)}{b+2h\sqrt{1+m^2}}\right]^{2/3} \tag{2.1.6-2}$$

计算时,粗糙系数 n 和边坡系数 m 已取定值。在流量 Q,流速 v,水力坡降 i,水深 h 和底宽 b 这 5 个水力因素中,已知 3 个可由上式求出其余两个,计算表 2.1.6 的 10 种类型。前 8 种类型见例 2.1.6-1~例 2.1.6-8,第 9 及第 10 类型用算图求解,见第 3 章。

【例 2.1.6-1】 梯形断面明渠的 $n=0.025, m=2, b=0.5\text{m}, h=0.3\text{m}, i=0.0051$,求 Q 和 v。

【解】 已知数符合表 2.1.6 第 1 类

$$v = \frac{1}{0.025} \times 0.0051^{1/2}\left[\frac{0.3(0.5+2\times0.3)}{0.5+2\times0.3\sqrt{1+2^2}}\right]^{2/3} = 0.908\text{m/s}$$

$$Q = 0.908 \times 0.3(0.5+2\times0.3) = 0.3\text{m}^3/\text{s}$$

【例 2.1.6-2】 梯形断面明渠的 $n=0.025, m=2, b=0.5\text{m}, i=0.0051, v=0.908\text{m/s}$,求 Q 和 h。

【解】 已知数符合表 2.1.6 第 2 类

$$K = \left(\frac{0.908 \times 0.025}{0.0051^{1/2}}\right)^{3/2} = 0.1792$$

解二次方程 $2h^2 - h(2\times0.1792\sqrt{1+2^2}-0.5) - 0.5\times0.1792 = 0$ 得 $h=0.3\text{m}$。
算 Q 值同例 2.1.6-1。

【例 2.1.6-3】 梯形断面明渠的 $n=0.025, m=2, h=0.3\text{m}, i=0.0051, v=0.908\text{m/s}$,求 Q 和 b。

梯形断面明渠水力计算公式 表 2.1.6

类别	已知	未知	求解方法
1	b,h,i	Q,v	$v = \dfrac{1}{n} i^{1/2} \left[\dfrac{h(b+mh)}{b+2h\sqrt{1+m^2}} \right]^{2/3}$ $Q = vh(b+mh)$
2	b,i,v	Q,h	解二次方程:$mh^2 - h(2K\sqrt{1+m^2}-b) - bK = 0$ 式中 $K = \left(\dfrac{vn}{i^{1/2}}\right)^{3/2}$,算 Q 同 1 类
3	h,i,v	Q,b	$b = \dfrac{2Kh\sqrt{1+m^2}-mh^2}{h-K}$ 算 K 及 Q 同 2 类
4	b,h,v	Q,i	$i = \left[vn\left(\dfrac{b+2h\sqrt{1+m^2}}{bh+mh^2}\right)^{2/3}\right]^2$ 算 Q 同 1 类
5	Q,v,b	h,i	解二次方程:$mh^2 + bh - \dfrac{Q}{v} = 0$ 算 i 同 4 类
6	Q,v,h	b,i	$b = \dfrac{Q}{vh} - mh$ 算 i 同 4 类
7	Q,b,h	v,i	$v = Q/h(mh+b)$ 算 i 同 4 类
8	Q,v,i	b,h	解二次方程:$(2\sqrt{1+m^2}-m)h^2 - \dfrac{Qi^{3/4}}{v^{5/2}n^{3/2}}h + \dfrac{Q}{v} = 0$ 算 b 同 6 类
9	Q,i,b	v,h	用图算法求 h,见第 3 章 算 v 同 7 类
10	Q,i,h	v,b	用图算法求 b,见第 3 章 算 v 同 7 类

【解】 已知数符合表2.1.6第3类,先按例2.1.6-2的方法算出 $K=0.1792$,

$$b = \frac{2\times0.3\times0.1792\sqrt{1+2^2}-2\times0.3^2}{0.3-0.1792} = 0.5\text{m}$$

算 Q 同例2.1.6-1。

【例2.1.6-4】 梯形断面明渠 $n=0.025, m=2, h=0.3\text{m}, b=0.5\text{m}, v=0.908\text{m/s}$,求 i 和 Q。

【解】 已知数符合表2.1.6第4类,

$$i = \left[0.908\times0.025\left(\frac{0.5+2\times0.3\sqrt{1+2^2}}{0.5\times0.3+2\times0.3^2}\right)^{2/3}\right]^2 = 0.0051$$

算 Q 同例2.1.6-1。

【例2.1.6-5】 梯形断面明渠 $n=0.025, m=2, Q=0.3\text{m}^3/\text{s}, v=0.908\text{m/s}, b=0.5\text{m}$,求 h 和 i。

【解】 已知数符合表2.1.6第5类,解二次方程

$$2h^2 + 0.5h - \frac{0.3}{0.908} = 0$$

得 $h=0.3\text{m}$。算 i 同例2.1.6-4。

【例2.1.6-6】 梯形断面明渠 $n=0.025, m=2, Q=0.3\text{m}^3/\text{s}, v=0.908\text{m/s}, h=0.3\text{m}$,求 b 和 i。

【解】 已知数符合表2.1.6第6类,

$$b = \frac{0.3}{0.908\times0.3} - 2\times0.3 = 0.5\text{m}$$

算 i 同例2.1.6-4。

【例2.1.6-7】 梯形断面明渠的 $n=0.025, m=2, Q=0.3\text{m}^3/\text{s}, b=0.5\text{m}, h=0.3\text{m}$,求 v 和 i。

【解】 已知数符合表2.1.6第7类,

$$v = \frac{0.3}{0.3(2\times0.3+0.5)} = 0.909\text{m/s}$$

算 i 同例2.1.6-4。

【例2.1.6-8】 梯形断面明渠 $n=0.025, m=2, Q=0.3\text{m}^3/\text{s}, v=0.908\text{m/s}, i=0.0051$,求 b 和 h。

【解】 已知数符合表2.1.6第8类,解二次方程

$$(2\sqrt{1+2^2}-2)h^2 - \frac{0.3\times0.0051^{3/4}}{0.908^{5/2}\times0.025^{3/2}}h + \frac{0.3}{0.908} = 0$$

即　　$2.4721h^2 - 1.8431h + 0.3304 = 0$,解得 $h=0.3\text{m}$。算 b 同例2.1.6-6。

2.1.7 防露层厚度图算法

文献[1]295页,论述解一下超越方程求防露层厚度 δ:

$$(d+2\delta)\ln\frac{d+2\delta}{d}=0.11$$

本节介绍一种通用的图算法。

图算依据 上述方程的一般形式为

$$(d+2\delta)\ln\frac{d+2\delta}{d}=A \tag{2.1.7-1}$$

式中 A 值和管径 d 是已知的。

设

$$x=d+2\delta \tag{2.1.7-2}$$

代入式(2.1.7-1)得

符合式(附 1-3)的形式:

$$F(t)=F_1\cdot F(v)+F_2 \qquad A=-x\cdot\ln d+x\ln x \tag{2.1.7-3}$$

所以式(2.1.7-3)可图,绘成图 2.1.7。

【例】 已知:空气干球温度 $t_0=25℃$,相对湿度 $\varphi=80\%$,管径 $d=150\mathrm{mm}$,管道中水温 $t_1=5℃$,$\lambda=0.064\mathrm{W}(\mathrm{m}\cdot℃)$,防露层外表面的放热系数 $\alpha=4.65\mathrm{W}/(\mathrm{m}^2\cdot℃)$。试求防露层厚度 δ。(文献[1]294页)

【解】 根据 t_0、φ 值,从空调设计手册的湿空气 i-d 图中查得露点温度 $t_2=21℃$,代入公式计算

$$D\ln\frac{D}{d}=\frac{2\lambda}{\alpha}\cdot\frac{t_2-t_1}{t_0-t_2}=\frac{2\times 0.064}{4.65}\times\frac{21-5}{25-21}=0.11$$

即

$$(d+2\delta)\ln\frac{d+2\delta}{d}=0.11$$

将式(2.1.7-2)及 $d=0.15$ 代入上式

$$x\ln\frac{x}{0.15}=0.11$$

用 $A=0.11$ 及 $d=150$ 在图 2.1.7 画直线①,交曲线得 $x=0.237$。用迭代计算提高精度

$$x_1=\frac{0.237\ln 0.237-0.11}{\ln 0.15}=0.2378$$

$$x_2=\frac{0.2378\ln 0.2378-0.11}{-1.8971}=0.2380$$

∴ $x=0.238$,代入式(2.1.7-2)计算

$$\delta=\frac{0.238-0.15}{2}=0.044\mathrm{m}$$

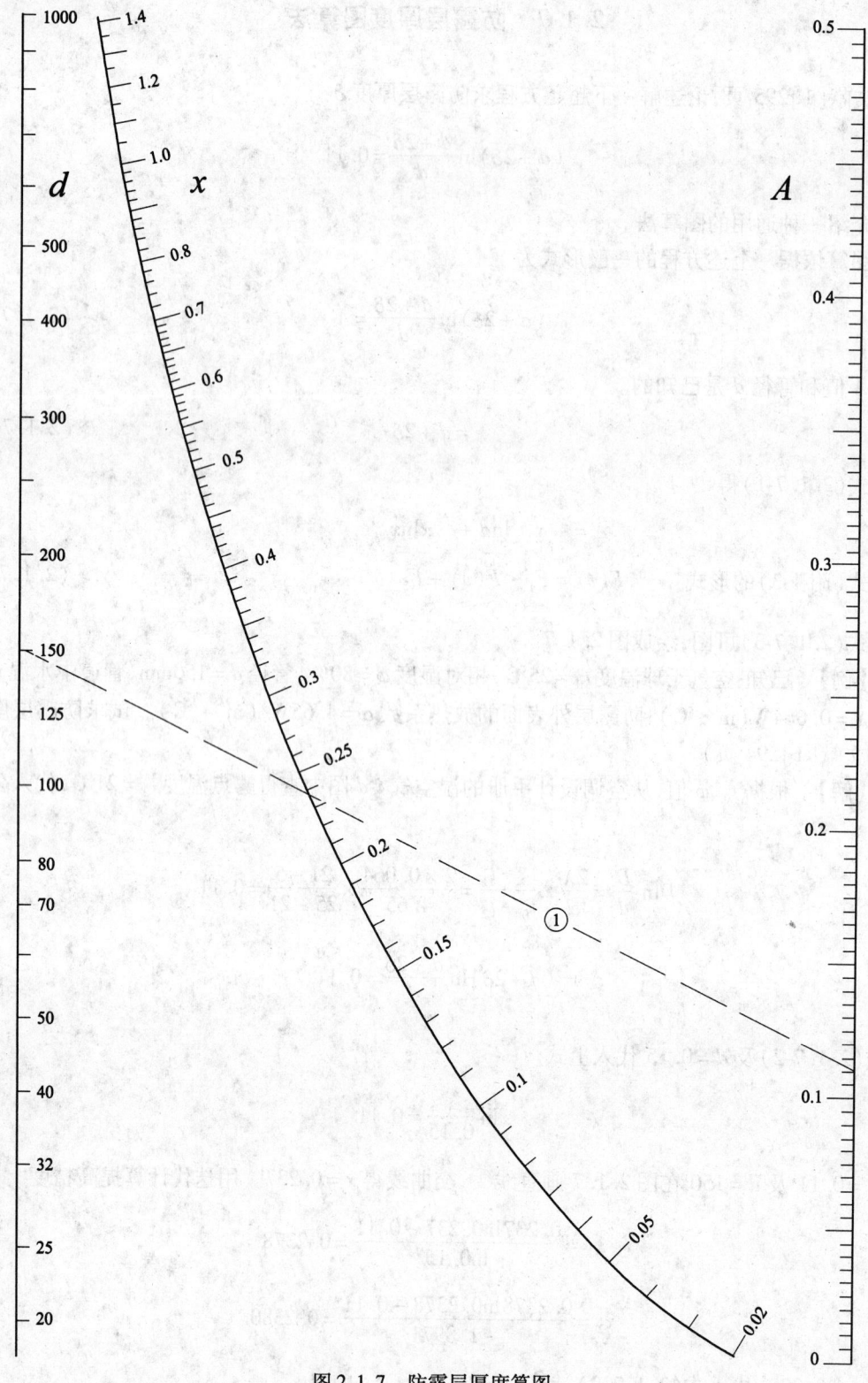

图 2.1.7 防露层厚度算图

2.2 建筑给水排水

2.2.1 二氧化碳灭火系统管道压力图算法

文献[2]256页,论述全淹没二氧化碳灭火系统中,用公式计算二氧化碳管道压力降时,先忽略Z_2求Y_2值。本节为了避免忽略Z_2引起的误差,采用图算法,适用于高压储存系统。

图算依据 由文献[2]式(2-100)

$$Y_2 = Y_1 + ALQ^2 + B(Z_2 - Z_1)Q^2$$

设

$$K_1 = Y_1 + ALQ^2 - BZ_1Q^2 \tag{2.2.1-1}$$

$$K_2 = BQ^2 \tag{2.2.1-2}$$

又由文献[2]表2-142知,Z_2是Y的函数,记为$Z_2 = f(Y)$

代入上式得 $K_1 = Y_2 + K_2 [-f(Y)]$

符合式(附1-3)的形式:

$$F(t) = F_2(u) + F(v)F_1(u) \tag{2.2.1-3}$$

所以式(2.2.1-3)可绘成图2.2.1。

【**例**】 解 $Y_2 = 153.10 + 569.2Z_2$(文献[2]263页)

【**解**】 已知$K_1 = 153.10$,$K_2 = 569.2$,在图2.2.1中画直线①,交曲线图尺得$Y_2 = 246$(MPa·kg)/m³,$P_2 = 4.842$MPa。∴ $Z_2 = (246 - 153.1) \div 569.2 = 0.163$

附:图2.2.1的绘制方法

取图宽$a = 14$cm,高20cm。依据一些例题,取$K_1 = 0 \sim 500$,$K_2 = 200 \sim 700$。求K_1的图尺系数:$b(500 - 0) = 20$cm,$b = 0.04$;求K_2的图尺系数:$c(700 - 200) = 20$cm,$c = 0.04$。依式(附1-4)得图2.2.1的Y曲线图尺的坐标如下,式中F_1为负值,即$-f(Y)$:

$$x = \frac{a}{1 - \frac{b}{c}F_1} = \frac{14}{1 + f(Y)}, \quad y = \frac{bF_2}{1 - \frac{b}{c}F_1} = \frac{0.04Y_2}{1 + f(Y)}$$

由图2.2.1-1,$\frac{y_2}{8} = \frac{14-x}{14} = 1 - \frac{x}{14}$, $y_2 = 8 - \frac{4}{7}x$, $y_1 = y - y_2 = y - 8 + \frac{4}{7}x$

另由文献[2]表2-142绘$Y - Z$曲线,查出与Y_2相应的Z_2值。

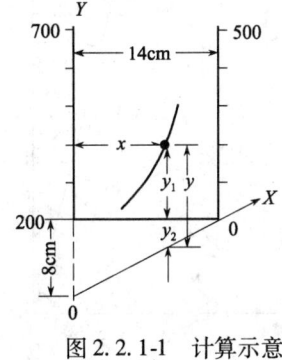

图2.2.1-1 计算示意

曲线坐标计算法　　　　　表2.2.1

Y_2	$Z_2 = f(Y)$	x	y	y_1
50	0.032	13.5659	1.9380	1.6896
100	0.064	13.1579	3.7590	3.2778
⋮	⋮	⋮	⋮	⋮
950	0.863	7.5148	20.3972	16.6914
1000	0.940	7.2165	20.6186	16.7321

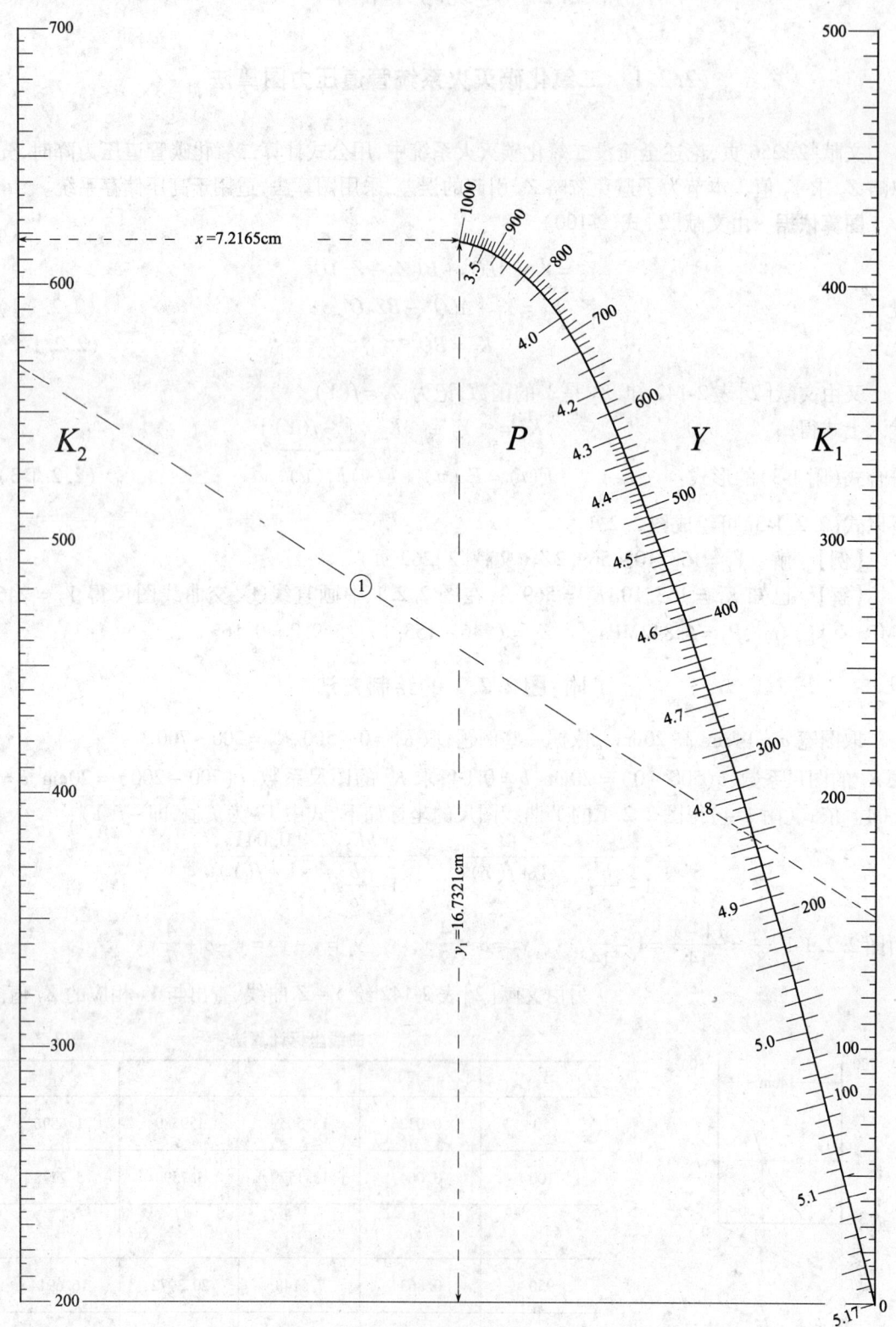

图 2.2.1 二氧化碳灭火系统管道压力算图

2.2.2 平均对数温度差图算法

文献[2]381页的图3-14是由式(2.2.2-1)绘成的

$$\Delta t_j = \frac{\Delta t_{\max} - \Delta t_{\min}}{\ln \dfrac{\Delta t_{\max}}{\Delta t_{\min}}} \tag{2.2.2-1}$$

上式也可以用简式(2.2.2-2)表示

$$t_m = \frac{t_1 - t_2}{\ln t_1 - \ln t_2} \tag{2.2.2-2}$$

式(2.2.2-2)是热工计算中常用的一个公式,有几种算图可以表示它,尤以文献[2]的图3-14比较适用,但该图经缩小及辗转描绘后,精度有所降低。本节提供该图的详细绘法,绘出图2.2.2以供应用。

依据文献[31],图2.2.2的坐标计算式是:

t_1 尺
$$\begin{cases} x_1 = 7 \dfrac{t_1 \ln \dfrac{t_1}{100} + (100 - t_1)}{100 \ln \dfrac{t_1}{100} + (100 - t_1)} \\ y_1 = 0.2 t_1 \end{cases}$$

t_2 尺
$$\begin{cases} x_2 = -7 \dfrac{t_2 \ln \dfrac{t_2}{100} + (100 - t_2)}{100 \ln \dfrac{t_2}{100} + (100 - t_2)} \\ y_2 = 0.2 t_2 \end{cases}$$

t_m 尺
$$\begin{cases} x_m = 0 \\ y_m = 0.2 t_m \end{cases}$$

式中7是算图中最大宽度的一半,单位是厘米。100是依据 t_1 及 t_2 取值范围确定的上限值。0.2是图尺系数 b,由 $b(100-0) = 20 \text{cm}$ 所得。x_1 与 x_2 对称于 Y 轴,y_m 与 Y 轴重合。

坐标计算表　　　　　　　　　　表2.2.2

t_2	① = $t_2 \ln \dfrac{t_2}{100}$	② = ① - t_2 + 100	③ = -7②	④ = $100 \ln \dfrac{t_2}{100}$	⑤ = ④ - t_2 + 100	x_2 = ③/⑤
1	-4.6052	94.3948	-660.7636	-460.5170	-361.5170	1.8278
5	-14.9787	80.0123	-560.1491	-299.5732	-204.5732	2.7381
⋮	⋮	⋮	⋮	⋮	⋮	⋮
100	0	0	0	0	0	7

上表中 $t_2 = 100$ 时,有 $0/0$ 的不定式出现,利用罗彼塔法则,取 t_2 趋近 T 的极限值则有 $x_2 = a = 7\text{cm}$;取 t_1 趋近于 T 的极限值则有 $x_1 = -a = -7\text{cm}$。

【例】 已知 $t_2 = 70℃$,$t_1 = 35℃$,在图2.2.2画直线①,得 $t_m = 50.5℃$。

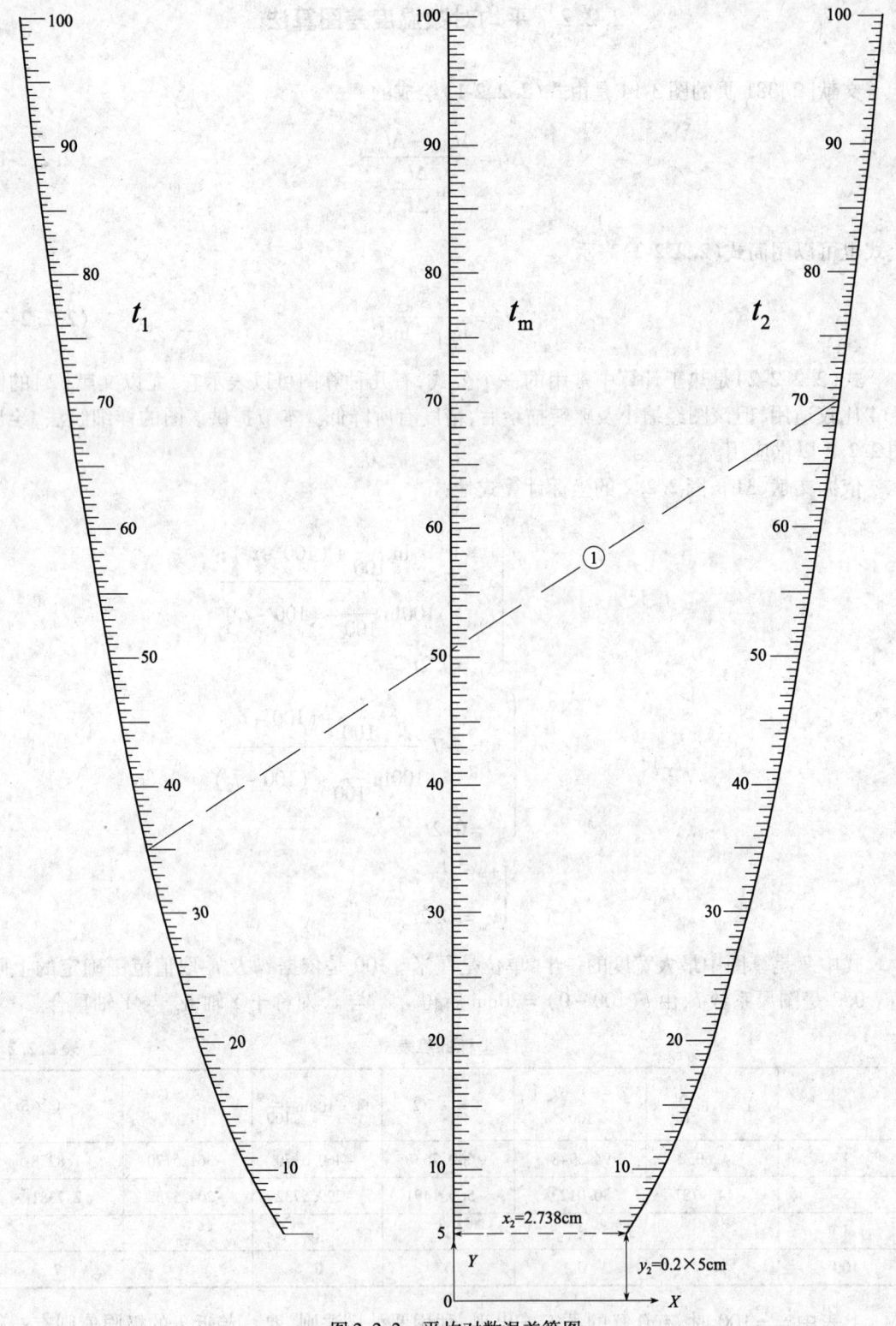

图 2.2.2 平均对数温差算图

2.2.3 减压孔板直径图算法

减压孔板用于消除水龙头和消火栓前的剩余水头,达到节水、节能的目的。计算减压孔板孔径 d 时,文献[2]796 页用流速为 1m/s 时的表 13-40,再用式(13-20)换算。本节图算法不用查表及换算,能直接求出孔板直径 d。

图算依据 已知文献[2]796 页的式(13-18)及式(13-19):

$$\xi = \frac{2gH}{v^2} = \frac{2gH}{\left(\dfrac{Q}{\dfrac{\pi}{4}D^2}\right)^2} = \frac{12.1HD^4}{Q^2} \tag{2.2.3-1}$$

$$\xi = \left[1.75\frac{D^2(1.1D^2/d^2-1)}{d^2(1.175D^2/d^2-1)} - 1\right]^2 \tag{2.2.3-2}$$

由式(2.2.3-2)绘成图 2.2.3。

【例】 已知给水干管直径 $D=100\text{mm}$,通过流量 $Q=40\text{m}^3/\text{h}=0.01111\text{m}^3/\text{s}$,设计剩余水头 $H=7\text{m}$,如果采用减压孔板消除此剩余水头,试求减压孔板之孔径 d。(文献[2]799 页)

【解】 将已知数代入式(2.2.3-1)计算:

$$\xi = \frac{12.1 \times 7 \times 0.1^4}{0.01111^2} = 68.61$$

用 ξ 和 D 值在图 2.2.3 画直线①,得 $d=41.7\approx 42\text{mm}$。

附:图 2.2.3 的绘制方法

设 $K=D^2/d^2$,在图 2.2.3 先绘 $D=d\sqrt{K}$ 算图。K 图尺是为绘 ξ 图尺所用。故有 $\lg D = \lg d + \frac{1}{2}\lg K$。取值范围:$d=4\sim 123\text{mm}$,$D=15\sim 150\text{mm}$,$K=2.5\sim 25$。

d 图尺:$m\lg(123/4)=22\text{cm}$,$\therefore$ 图尺系数 $m=14.7865$,图尺方程为 $y=14.7865\lg(d/4)$。当 $d=4$ 时,$y=0$;当 $d=123$ 时,$y=22\text{cm}$,仿此算出几个主要点的 y 值,绘在图上。

K 图尺:$0.5n\lg(25/2.5)=22\text{cm}$,$\therefore n=44$,图尺方程为 $y=0.5\times 44\lg(K/2.5)$。当 $K=2.5$ 时,$y=0$;当 $K=25$ 时,$y=22\text{cm}$。算出几个主要点的 y 值绘在图上。取 K 图尺与平行的 d 图尺相距 $a=13\text{cm}$。

D 图尺:与平行的 d 图尺距离 $x=ma/(m+n)=14.7865\times 13\div 58.7865=3.2699\text{cm}$。当 $d=4$,$K=2.5$ 时,$D=4\sqrt{2.5}=6.3246$,但取值 $D_{\min}=15\text{mm}$,故 15 这一点与 $D=6.3246$ 一点的距离为 $mn\div(m+n)\times(\lg 15-\lg 6.3246)=11.0673(\lg 15-\lg 6.3246)=4.1509\text{cm}$,$D=150$ 这一点距 $D=15$ 这一点距离为 11.0673cm。

d、K、D 图尺都是对数分度,细分点不必计算坐标,把图尺放在附图 1 上绘出。

ξ 图尺主要点计算表   表 2.2.3

$K=D^2/d^2$	2.5	…	5	…	10	…	25
① $=1.75K(1.1K-1)$	7.6563	…	39.375	…	175	…	1159.375
② $=1.175K-1$	1.9375	…	4.875	…	10.75	…	28.375
$\xi=(①/②-1)^2$	8.712	…	50.084	…	233.45	…	1588.74

然后在毫米方格纸上另外绘出 K—ξ 曲线,用曲线值在 K 图尺的左边绘出相应的 ξ 图尺。

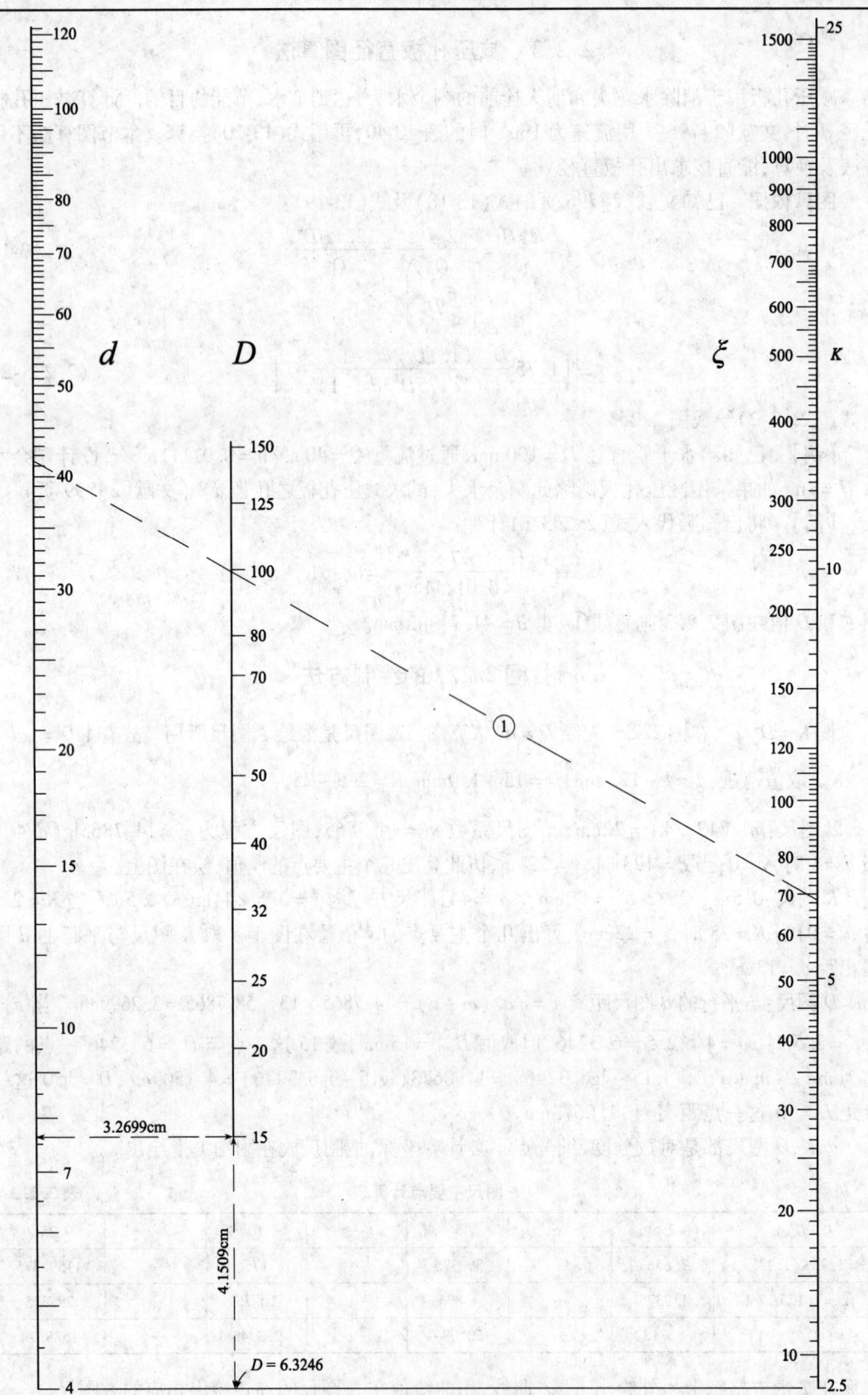

图 2.2.3 减压孔板直径算图

2.2.4 缓冲水容积计算法

文献[2]110页,论述设计高层建筑增压设施的实例中,假定缓冲水容积 $V_{\Delta p}$ 进行多次试算,在此介绍免去试算的方法。

由文献[2]110~111页得到下列关系式:

$$V_{\Delta p} = V_2 - V_{S1} \qquad (2.2.4\text{-}1)$$

$$P_{S1}V_{S1} = V_2 P_2 = P_0 V = P_1 V_1 \qquad (2.2.4\text{-}2)$$

$$P_{S1} = P_2 + 0.02 \qquad (2.2.4\text{-}3)$$

$$V = 1.1 V_{xf}/0.3 = 3.6667 V_{xf} \qquad (2.2.4\text{-}4)$$

$$V_{xf} = V_{\Delta p} + 0.35 \qquad (2.2.4\text{-}5)$$

$$V_2 = V_1 - 0.3 \qquad (2.2.4\text{-}6)$$

上列式子中 $V_{\Delta p}$ 是未知数。由式(2.2.4-1)~(2.2.4-3)得

$$V_{\Delta p} = V_2 - V_{S1} = V_2 - P_2 V_2 / P_{S1} = V_2 (1 - P_2/P_{S1}) = V_2 [1 - P_2/(P_2 + 0.2)]$$

$$1 - \frac{V_{\Delta p}}{V_2} = \frac{P_0 V/V_2}{P_0 V/V_2 + 0.02} = \frac{P_0 V}{P_0 V + 0.02 V_2}$$

代入式(2.2.4-4)~式(2.2.4-6)及 P_0、P_1 的值:

$$1 - \frac{V_{\Delta p}}{\frac{P_0 V}{P_1} - 0.3} = \frac{P_0 V}{P_0 V + 0.02\left(\frac{P_0 V}{P_1} - 0.3\right)}$$

$$1 - \frac{V_{\Delta p}}{\frac{0.292}{0.321} \times 3.6667(V_{\Delta p} + 0.35) - 0.3} = \frac{0.292 \times 3.6667(V_{\Delta p} + 0.35)}{0.3102 \times 3.6667(V_{\Delta p} + 0.35) - 0.006}$$

$$\frac{2.3354 V_{\Delta p} + 0.8674}{3.3354 V_{\Delta p} + 0.8674} = \frac{1.0707 V_{\Delta p} + 0.3747}{1.1374 V_{\Delta p} + 0.3921}$$

得二次方程 $\qquad 0.9149 V_{\Delta p}^2 + 0.2762 V_{\Delta p} - 0.0151 = 0$

$$V_{\Delta p} = \frac{-0.2762 + \sqrt{0.2762^2 + 4 \times 0.0151 \times 0.9149}}{2 \times 0.9149} = 0.047 \text{m}^3$$

2.3 城镇给水

2.3.1 集中流量折算系数图算法

文献[3]23 页,论述管段上有不很大的集中流量时,可经折算并入前后两个节点。其折算公式为

$$\alpha = -\frac{q_t}{q} + \sqrt{\left(\frac{q_t}{q}\right)^2 + \left(2\frac{q_t}{q}+1\right)X} \quad (2.3.1\text{-}1)$$

将上式平方,设 $\quad x_1 = (1+2q_t/q)X \quad (2.3.1\text{-}2)$

代入上式得 $\quad \alpha^2 + 2\alpha\frac{q_t}{q} = x_1 \quad (2.3.1\text{-}3)$

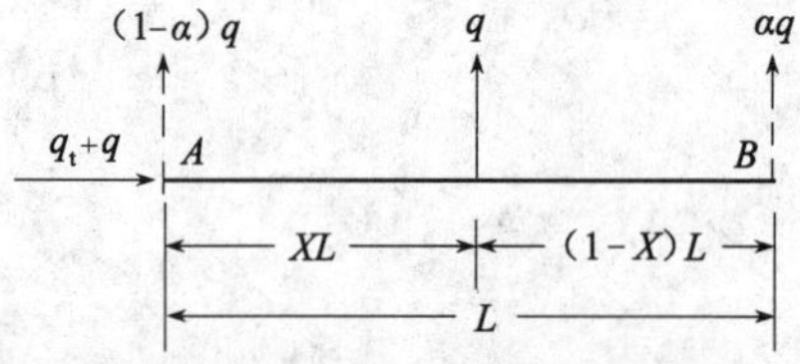

图 2.3.1-1 集中流量折算成节点流量

由式(2.3.1-3)作成图 2.3.1。

【例】 已知集中流量的位置在 L 管段的中点,即 $X=0.5$,转输流量 q_t 与集中流量 q 之比为 10,试求折算系数 α。

【解】 $x_1 = (1+2q_t/q)X = (1+2\times10)\times0.5 = 10.5$,在图 2.3.1 的 x_1 图尺取一点 10.5,与 q_t/q 图尺的 10 连成直线①,交 α 曲线图尺得 0.51。

2.3.2 管井出水量和滤水管长度图算法

文献[12]185 页,计算大厚度含水层的管井出水量和滤水管长度时,迭代计算 6 次才求出答案的 1/3,如果改用本节算法,能迅速得到结果。

图算依据 由式 $l_0 = 17\lg(Q_0+1)$ 得

$$Q_0 + 10^{l_0/17} - 1 \quad (2.3.2\text{-}1)$$

由式 $\quad Q_0 = Q_i l_0^2 / l_i (2l_0 - l_i)$

得 $$\frac{Q_i}{l_i} = \frac{2Q_0}{l_0} - \frac{l_i Q_0}{l_0^2} \quad (2.3.2\text{-}2)$$

将式(2.3.2-1)代入式(2.3.2-2):

$$\frac{Q_i}{l_i} = \frac{2(10^{l_0/17}-1)}{l_0} - \frac{l_i(10^{l_0/17}-1)}{l_0^2} \quad (2.3.2\text{-}3)$$

式(2.3.2-3)符合可图公式的形式,所以能作成图 2.3.2。

【例】 已知过滤器工作部分长度为 6.87m,当水位降深 1m 时,出水量为 7.75l/s;当水位降深 1.3m 时,出水量为 9.30l/s;当水位降深 1.5m 时,出水量为 10.60l/s。求不同水位降深条件下的 Q_0 和 l_0 值。

【解】 当 $l_i = 6.87$,$Q_i/l_i = 7.75/6.87 = 1.128$ 时,在图 2.3.2 画直线①得 $l_0 = 19.7$m,$Q_0 = 13.4$l/s;当 $l_i = 6.87$,$Q_i/l_i = 9.30/6.87 = 1.354$ 时,在图 2.3.2 画直线②得 $l_0 = 21.5$m,$Q_0 = 17.3$l/s;当 $l_i = 6.87$,$Q_i/l_i = 10.60/6.87 = 1.543$ 时,在图 2.3.2 画直线③得 $l_0 = 22.7$m,$Q_0 = 20.5$l/s

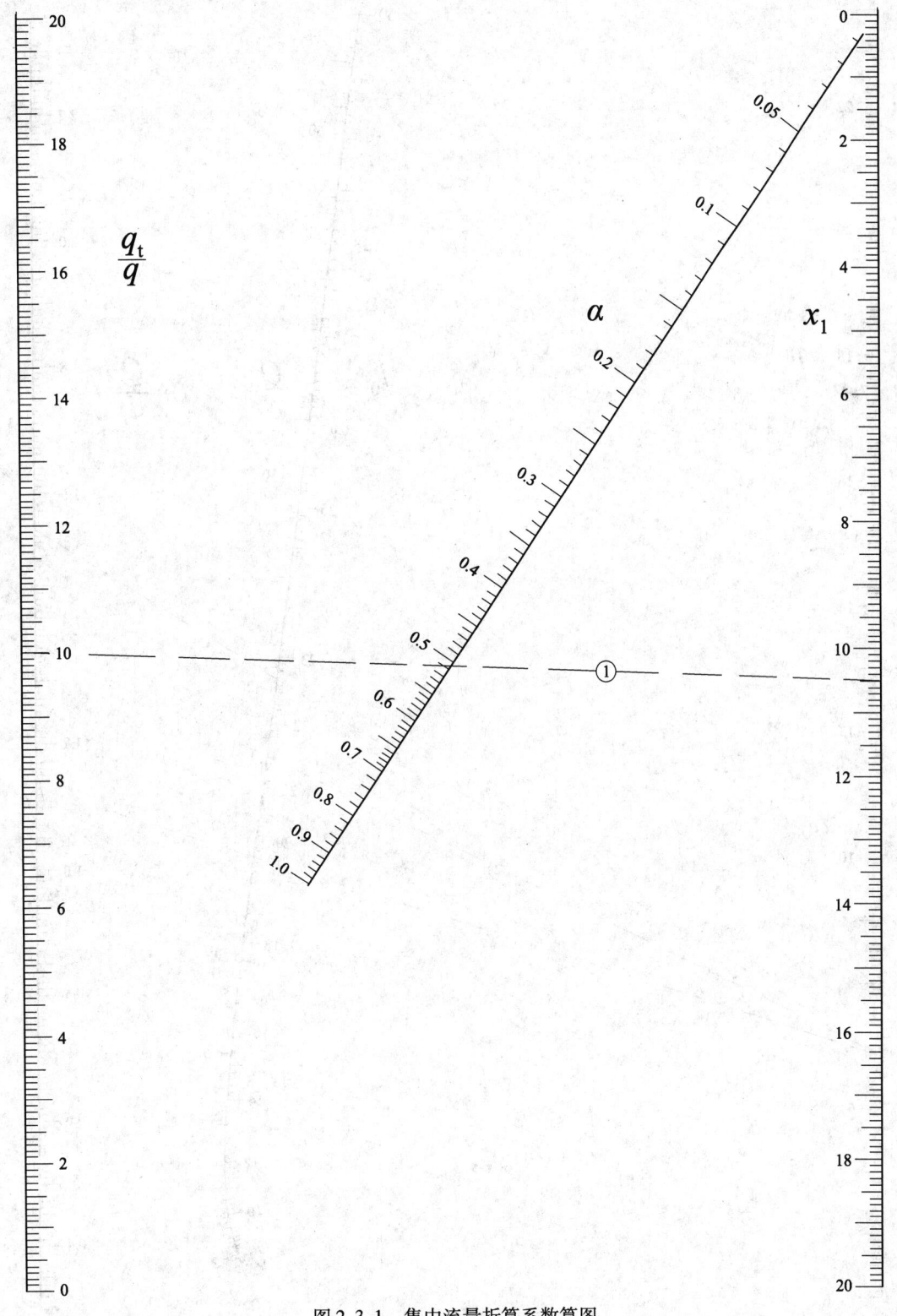

图 2.3.1 集中流量折算系数算图

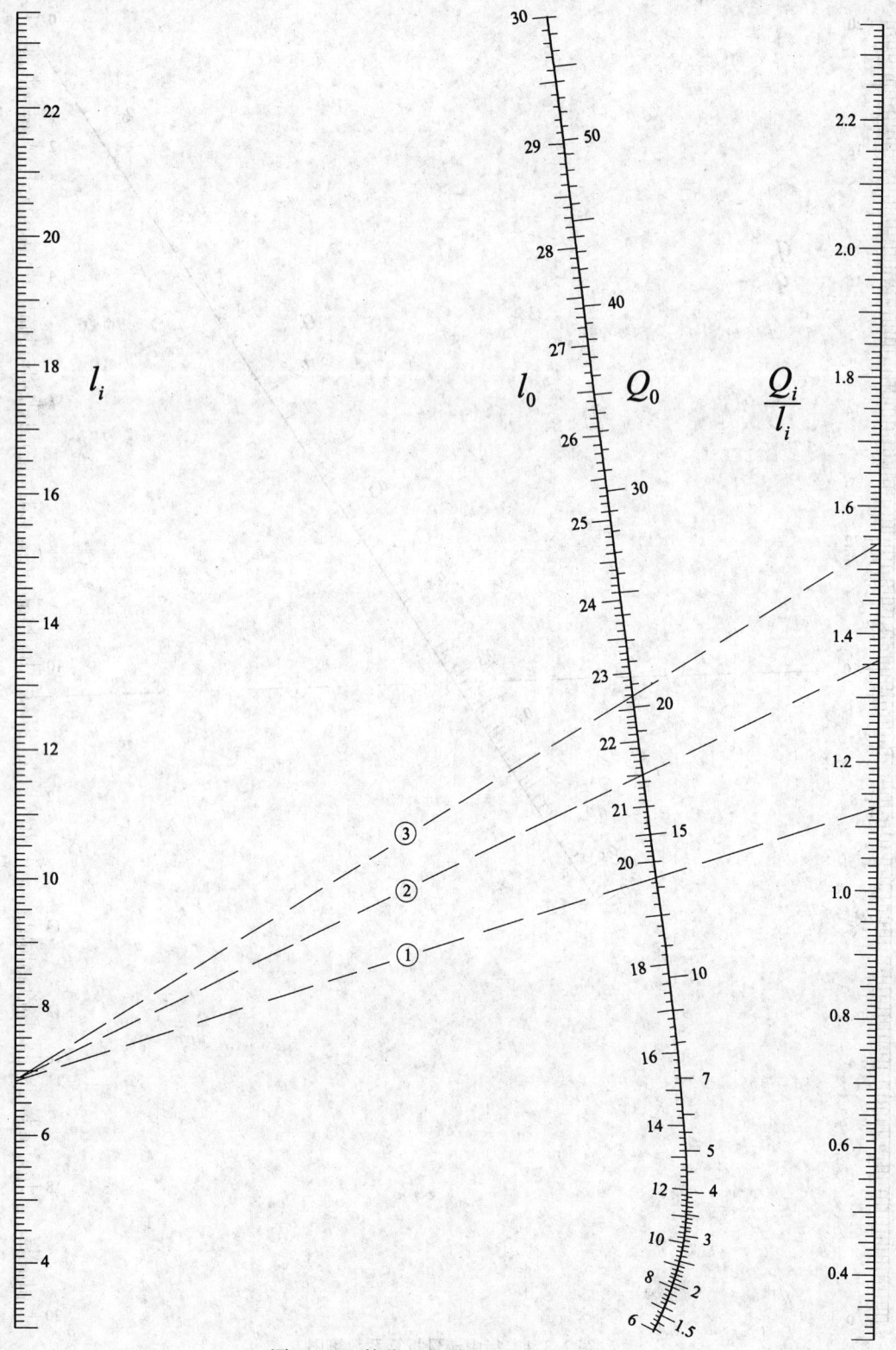

图 2.3.2 管井出水量和滤水管长度算图

2.4 工业给水处理

2.4.1 容积散质系数的简化计算

文献[4]504~505页,绘图计算冷却塔容积散质系数的方法可以简化,介绍如下。

填料高度与试验条件相同时,即 $H=1\text{m}$,容积散质系数为

$$\beta_{xv} = \frac{2.24 \times q[\text{m}^3/(\text{m}^2 \cdot \text{h})]}{1(\text{m})} = 2240q[\text{kg}/(\text{m}^3 \cdot \text{h})] \qquad (2.4.1\text{-}1)$$

选用塑料点波填料,查文献[4]附录表1得该填料的 β_{xv} 为

$$\beta_{xv} = 6610\left(\frac{0.83q}{3.5}\right)^{0.384} q^{0.368} = 3762 q^{0.752} \qquad (2.4.1\text{-}2)$$

式(2.4.1-1)等于式(2.4.1-2):

$$2240q = 3762 q^{0.752}$$

即

$$q^{0.248} = 1.67946$$

$$q = 1.67946^{1/0.248} = 8.09$$

$$\therefore \beta_{xv} = 2240 \times 8.09 = 18121.6 \text{kg}/(\text{m}^3 \cdot \text{h})$$

或用式(2.4.1-2)计算:$\beta_{xv} = 3762 \times 8.09^{0.752} = 18121.6 \text{kg}/(\text{m}^3 \cdot \text{h})$

2.4.2 水的总含盐量图算法

文献[4]附录1列出不同水型总含盐量 $C(\text{mg/L})$ 与电导率 $K(\mu\text{S/cm})$ 和水温 $t(\text{℃})$ 之间存在的4种关系式,其中前两种关系式为:

Ⅰ-Ⅰ价型水: $\quad C = 0.5736 e^{(0.0002281t^2 - 0.03322t)} K^{1.0713}$ (2.4.2-1)

Ⅱ-Ⅱ价型水: $\quad C = 0.5140 e^{(0.0002071t^2 - 0.03385t)} K^{1.1342}$ (2.4.2-2)

由式(2.4.2-1)及式(2.4.2-2)绘成图2.4.2,代替文献[4]附图1及附图2,线条较少而且精度较高。同样,重碳酸盐型水和不均齐价型水的关系式也可绘成类似算图,暂略。

在图2.4.2中,$t-C-K$ 的Ⅰ图尺由关系式(2.4.2-1)绘成,$t-C-K$ 的Ⅱ图尺由关系式(2.4.2-2)绘成。

【例】 Ⅰ-Ⅰ价型水,已知 $t = 20℃$,$K = 10^4 \mu\text{S/cm}$,在图2.4.2的Ⅰ图尺画直线①,交 C 图尺得 $C = 6200 \text{mg/L}$。

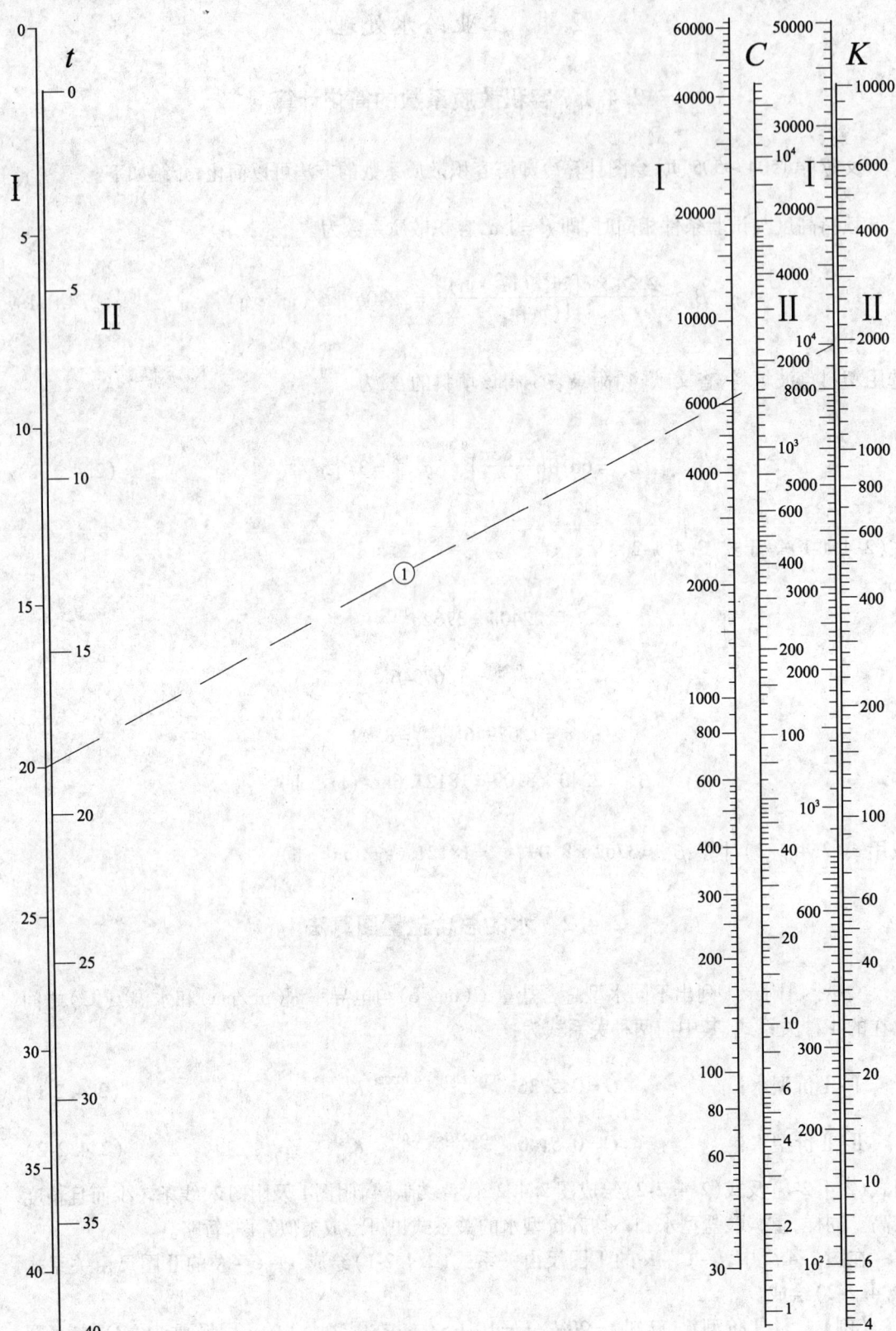

图 2.4.2 水的总含盐量算图

2.4.3 空气含热量图算法

在冷却构筑物设计中,计算湿空气含热量(湿空气焓)常用文献[4]式(9-15):

$$i_{sh} = 1.005\theta + 0.622(2500 + 1.846\theta)\frac{\varphi P_q''}{P - \varphi P_q''}(\text{kJ/kg}) \qquad (2.4.3\text{-}1)$$

式中 P——大气压力(Pa);
　　θ——湿空气的干球温度(℃);
　　φ——湿空气的相对湿度;
　　P_q''——同温度下饱和空气中水蒸气的分压力(Pa),按文献[4]式(9-5)计算:

$$\lg\frac{P_q''}{10^3} = 2.0057173 - 3.142305\left(\frac{10^3}{T} - \frac{10^3}{373.16}\right) + 8.2\lg\left(\frac{373.16}{T}\right) -$$
$$0.0024804(373.16 - T) \qquad (2.4.3\text{-}2)$$

其中 $T = 273 + \theta$

文献[4]附图32由式(2.4.3-1)所作成,但线条多,图形小,答案误差较大。为提高精度,本节介绍辅以算图的算法。

在式(2.4.3-1)中,

设 $$\theta_1 = 0.622(2500 + 1.846\theta) \qquad (2.4.3\text{-}3)$$

则 $$i_{sh} = 1.005\theta + \theta_1\frac{\varphi P_q''}{P - \varphi P_q''} \qquad (2.4.3\text{-}4)$$

由式(2.4.3-2)作成图2.4.3。

【例2.4.3-1】 已知 $\varphi = 0.48, \theta = 26℃, P = 630(\text{mmHg}) \times 133.32 = 83991.6\text{Pa}$,求 i_{sh}。(文献[4]546页)

【解】 在图2.4.3的 $\theta = 26$ 一点画水平线①,得 $P_q'' = 3330$。用式(2.4.3-3)计算 $\theta_1 = 0.622(2500 + 1.846 \times 26) = 1584.85$。

代入式(2.4.3-4)计算:

$$i_{sh} = 1.005 \times 26 + 1584.85 \times \frac{0.48 \times 3330}{83991.6 - 0.48 \times 3330} = 26.13 + 30.75 = 56.88\text{kJ/kg}$$

【例2.4.3-2】 已知 $\varphi = 0.60, \theta = 30℃, P = 745(\text{mmHg}) \times 133.32 = 99323.4\text{Pa}$,求 i_{sh}。

【解】 在图2.4.3的 $\theta = 30$ 一点画水平线②,得 $P_q'' = 4203$。用式(2.4.3-3)计算 $\theta_1 = 0.622(2500 + 1.846 \times 30) = 1589.45$。

代入式(2.4.3-4)计算:

$$i_{sh} = 1.005 \times 30 + 1589.45 \times \frac{0.60 \times 4203}{99323.4 - 0.60 \times 4203} = 30.15 + 41.41 = 71.56\text{kJ/kg}$$

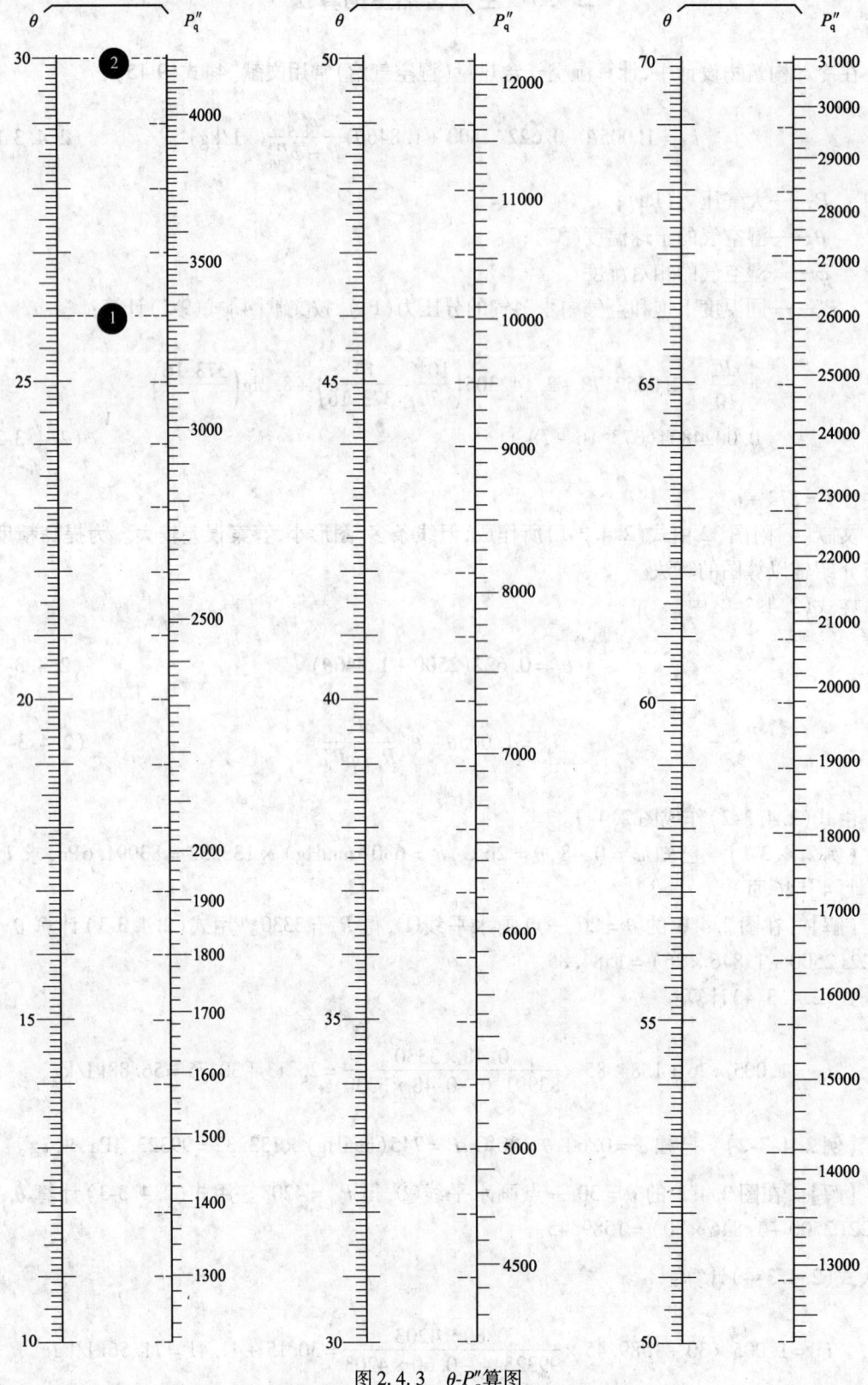

图 2.4.3　$\theta\text{-}P_q''$ 算图

2.5 城镇排水

2.5.1 消力槛深度图算法

文献[5]22页介绍试算消力槛深度的方法,如用下述图算法则能免去试算。

图算依据 由文献[5]表1-23序号1得

$$1.5h + \frac{q_0^2}{2g\varphi^2 h^2} - \frac{0.451q_0}{\sqrt{h}} - \left(H + h_1 - h_2 + \frac{v^2}{2g}\right) = 0$$

设已知值

$$\left.\begin{array}{l} A = q_0^2/2g\varphi^2 \\ B_1 = 0.451q_0 \\ C = H + h_1 - h_2 + \dfrac{v^2}{2g} \end{array}\right\} \quad (2.5.1\text{-}1)$$

将式(2.5.1-1)代入上式得

$$1.5h + \frac{A}{h^2} - \frac{B_1}{h^{1/2}} - C = 0$$

设

$$x = h/C \quad (2.5.1\text{-}2)$$

代入上式得

$$1.5x + \frac{A}{C^3 x^2} - \frac{B_1}{C(Cx)^{1/2}} - 1 = 0$$

乘 $x^{1/2}$ 得

$$(1.5x^{1.5} - x^{0.5}) + \frac{A}{C^3 x^{1.5}} - \frac{B_1}{C^{1.5}} = 0$$

上式符合式(附1-3)形式。为便于制图,乘以 C^3/A

得

$$\frac{B_1 C^{1.5}}{A} = -\frac{C^3}{A}(x^{0.5} - 1.5x^{1.5}) + \frac{1}{x^{1.5}}$$

在 x 取值范围内,上式括号内具有正值。

设

$$\left.\begin{array}{l} K_1 = B_1 C^{1.5}/A \\ K_2 = -C^3/A \end{array}\right\} \quad (2.5.1\text{-}3)$$

代入上式后,绘成图2.5.1。

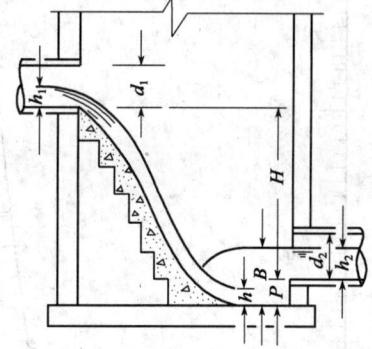

图2.5.1-1 跌水井示意

【例】 上游管段 $d_1 = 0.6\text{m}, i = 0.01, v = 2.3\text{m/s}, Q = 0.4\text{m}^3/\text{s}$,充满度 $h_1 = 0.6d_1$,跌落高度 $H = 2\text{m}$,下游出水管渠宽度 $d_2 = 0.8\text{m}, h_2 = 0.58\text{m}$,求消力槛深度 P。见图2.5.1-1。(文献[5]23页)

【解】 单宽流量 $q_0 = Q/d_2 = 0.4/0.8 = 0.5\text{m}^2/\text{s}$。将已知数代入式(2.5.1-1)及(2.5.1-3)计算:

$$A = \frac{0.5^2}{2 \times 9.81 \times 1^2} = 0.01274, \quad B_1 = 0.451 \times 0.5 = 0.2255$$

$$C = 2 + 0.36 - 0.58 + 2.3^2/(2 \times 9.81) = 2.05$$

$$K_1 = \frac{0.2255 \times 2.05^{1.5}}{0.01274} = 51.95, \quad K_2 = -\frac{2.05^3}{0.01274} = -676.2$$

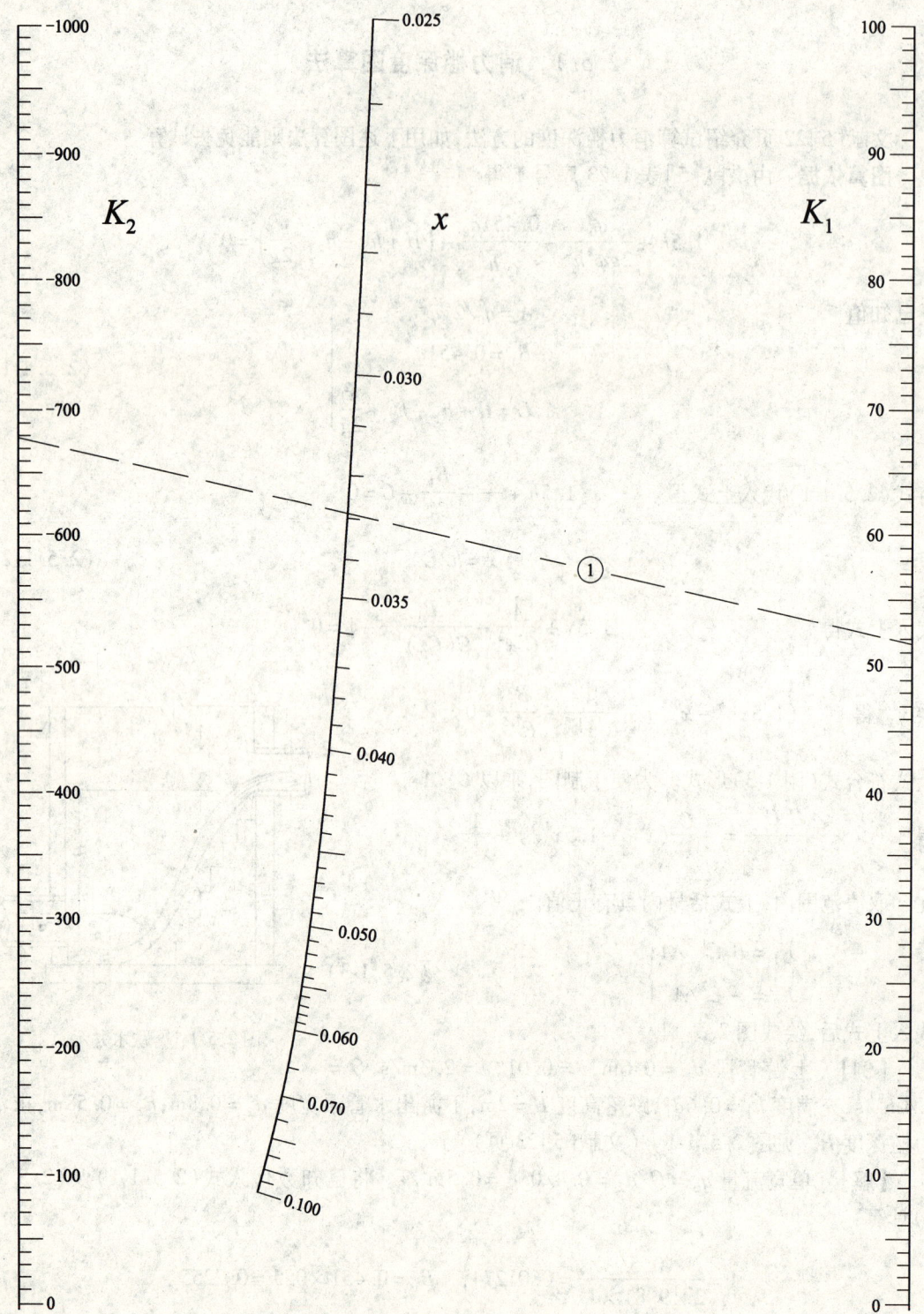

图 2.5.1 消力槛深度算图

用 K_1 和 K_2 值在图 2.5.1 画直线①,得 $x=0.0328$,代入式(2.5.1-2)计算:$h=0.0328\times 2.05=0.067\mathrm{m}$。则由文献[5]表 1-23 序号 3 和 4 得知消力槛深度为

$$P = B - h_2 = \frac{0.451q_0}{\sqrt{h}} - 0.5h - h_2 = 0.451 \times 0.5/\sqrt{0.067} - 0.5 \times 0.067 - 0.58 = 0.26\mathrm{m}$$

2.5.2 临界时间图算法

文献[5]265 页介绍污水处理问题中,计算临界时间 t_c 用试算法,下面介绍免去试算的方法。

由文献[5]式(4-12)得

$$L_0 = K_2 D_C / K_1 10^{-K_1 t_c} \tag{2.5.2-1}$$

由文献[5]式(4-13)得

$$10^{t_c(K_2-K_1)} = \frac{K_2}{K_1}\left[1 - \frac{D_0(K_2-K_1)}{K_1 L_0}\right]$$

$\therefore$

$$L_0 = \frac{D_0(K_2-K_1)}{K_1\left[1-\dfrac{K_1}{K_2}10^{t_c(K_2-K_1)}\right]} \tag{2.5.2-2}$$

式(2.5.2-1)等于式(2.5.2-2):

$$\frac{K_2 D_C}{10^{-K_1 t_c}} = \frac{D_0(K_2-K_1)}{1-\dfrac{K_1}{K_2}10^{t_c(K_2-K_1)}} \tag{2.5.2-3}$$

设

$$X = 10^{-K_1 t_c} \tag{2.5.2-4}$$

则

$$10^{t_c(K_2-K_1)} = 10^{-K_1 t_c - K_1 t_c(-K_2/K_1)} = X^{1-K_2/K_1} \tag{2.5.2-5}$$

将式(2.5.2-4)、式(2.5.2-5)代入式(2.5.2-3):

$$\frac{K_2 D_C}{X} = \frac{D_0(K_2-K_1)}{1 - \dfrac{K_1}{K_2}X^{1-K_2/K_1}}$$

即

$$X = \frac{K_2 D_C}{D_0(K_2-K_1)} - \frac{K_1 D_C}{D_0(K_2-K_1)}X^{1-K_2/K_1}$$

两边乘以 X^{K_2/K_1-1} 得到三项方程

$$X^{K_2/K_1} - \frac{K_2 D_C}{D_0(K_2-K_1)}X^{K_2/K_1-1} + \frac{K_1 D_C}{D_0(K_2-K_1)} = 0 \tag{2.5.2-6}$$

【例 2.5.2-1】 由文献[5]264 页例题所知,水温为 24.1℃时的耗氧常数 $K_1=0.225\mathrm{d}^{-1}$,复氧常数 $K_2=0.331\mathrm{d}^{-1}$,起始点的亏氧量 $D_0=3.31\mathrm{mg/L}$,临界点的亏氧量 $D_C=4.51\mathrm{mg/L}$。求临界时间 t_c 和起始点 L_0。

【解】 将已知数代入式(2.5.2-6),得三项方程

$$X^{1.471} - 4.2547 X^{0.471} + 2.8922 = 0 \tag{2.5.2-7}$$

用图 6.3.2 求解时,因方程系数超出算图范围,须先按式(6.4-1)和式(6.4-2)算出上下横尺标值

$$A = A_1 = \frac{14 \times (4.2547 - 0)}{4.2547 + 2.8922} = 8.3345, \quad B = B_1 = \frac{14(4.2547 - 1)}{4.2547 + 2.8922} = 6.3756$$

14 为图 6.3.2 的宽度(cm)。以 A 值和 B 值在图 6.3.2 画直线⑤,交曲线 $m/n = 1.471/0.471 = 3.123$,得 $X^n = X^{0.471} \approx 0.78$,则 $X = 0.78^{1/0.471} = 0.59$。用弦位法提高根的精度:

$$f(0.59) = 0.59^{1.471} - 4.2547 \times 0.59^{0.471} + 2.8922 = 0.0339$$

$$f(0.60) = 0.0190, \qquad f(0.62) = -0.0097$$

用 211 页的式(附 2-1)计算: $X = 0.60 + (0.62 - 0.60) \div (1 + 0.0097 \div 0.0190) = 0.6132$

用式(2.5.2-4)及式(2.5.2-1)计算:

$$t_c = \frac{\lg 0.6132}{-0.225} = 0.944 \text{d} \qquad L_0 = \frac{4.51 \times 0.331}{0.6132 \times 0.225} = 10.82 \text{mg/L}$$

【例 2.5.2-2】 某城市人口 35 万人,排水量标准 150L/(p·d),每人每日排放于污水中的 BOD_5 为 27g,换算成 BOD_u 为 40g。河水流量为 $3\text{m}^3/\text{s}$,河水夏季平均水温为 20℃,在污水排放口前,河水溶解氧含量为 6mg/L,BOD_5 为 2mg/L($BOD_u = 2.9$mg/L)。根据溶解氧含量求该河流的自净容量和城市污水应处理的程度。排放污水中的溶解氧含量很低,可忽略不计。(文献[61] 40 页)

【解】 先确定各项原始数值

排入河流的污水量为: $q = 350000 \times 0.150 = 52500 \text{m}^3/\text{d}$

污水排放口前河水的亏氧量为:

$D = C_0 - C_x = 9.17 - 6.0 = 3.17$mg/L,20℃时饱和溶解氧量为 9.17mg/L。

污水排入河流后的最高允许亏氧量为: $9.17 - 4.0 = 5.17$mg/L

根据文献[61]表 2-4,因水温为 20℃ ,∴ $k_1 = 0.1$,由文献[61]表 2-5,因流速较小,∴ 取 $k_2 = 0.2$,混合系数 α 取 0.5。

最高允许亏氧量为 5.17mg/L $= D_t$。

下面介绍免去试算,求 t_c 和 L_0 的方法。

将 $K_1 = 0.1, K_2 = 0.2, D_t = 5.17, D = D_0 = 3.17$ 代入式(2.5.2-6):

$$x^{0.2/0.1} - \frac{0.2 \times 5.17}{3.17(0.2 - 0.1)} x^{0.2/0.1 - 1} + \frac{0.1 \times 5.17}{3.17(0.2 - 0.1)} = 0$$

即 $x^2 - 3.2618x + 1.6309 = 0$, 解得 $x = 0.6165$

代入式(2.5.2-4)和式(2.5.2-1)计算:

$$t_c = \frac{\lg x}{-K_1} = \frac{\lg 0.6165}{-0.1} = 2.1 \text{d}$$

$$L_0 = \frac{0.2 \times 5.17}{0.1 \times 0.6165} = 16.8 \text{mg/L}$$

2.5.3 侧堰水力计算的图算法

文献[5]109页介绍侧堰直角引水的水力计算所用的 $h/E_s \sim F(h/E_s)$ 算图失之过小，不易求得答案，本图算法作出改进。依据文献[5]式(2-54)，即

$$F\left(\frac{h}{E_s},\frac{P}{E_s}\right)=\frac{2E_s-3P}{E_s-P}\sqrt{\frac{E_s-h}{h-P}}-3\arctan\sqrt{\frac{E_s-h}{h-P}} \tag{2.5.3-1}$$

设 $h_e=h/E_s$, $P_e=P/E_s$, $F=F(h/E_s,P/E_s)$

$$A=\frac{2E_s-3P}{E_s-P}=\frac{2-3P/E_s}{1-P/E_s}=\frac{3-3P/E_s-1}{1-P/E_s}=3-\frac{1}{1-P_e} \tag{2.5.3-2}$$

$$B=\sqrt{\frac{E_s-h}{h-P}}=\sqrt{\frac{1-h/E_s}{h/E_s-P/E_s}}=\sqrt{\frac{1-h_e}{h_e-P_e}} \tag{2.5.3-3}$$

$$B_1=3\arctan B \tag{2.5.3-4}$$

将上列6式代入式(2.5.3-1)得 $\qquad F=AB-B_1 \tag{2.5.3-5}$

由式(2.5.3-3)绘出图2.5.3-1、图2.5.3-2。按式(2.5.3-2)在 P_e 图尺左边绘出 A 图尺，按式(2.5.3-4)在 B 图尺右边绘出 B_1 图尺。为何 h_e 图尺是直线？因为由式(2.5.3-3)推导出 $1+1/B^2=(1-P_e)/(1-h_e)$，符合 N 字形乘法算图的公式形式，见附图2。

【例2.5.3】 有一矩形河渠，宽10m，流量为25m³/s，现从河渠一侧直角引水，侧堰流量为12m³/s，堰坎高0.9m，侧堰下端水深 h_2 为1.6m，侧堰流量系数为0.451，试求侧堰堰宽。

【解】 (1)由图2.5.3，侧堰下游流量 $Q_2=Q_1-Q=25-12=13$m³/s

(2)堰顶水头 $H_2=h_2-p=1.6-0.9=0.7$m

(3)侧堰下端流速 $v_2=Q_2/\omega_2=13/(10\times1.6)=0.815$m/s，$E_{S2}=h_2+v_2^2/2g=1.6+0.815^2/19.6=1.634$m，由 $E_{S1}=E_{S2}$ 的条件有：$h_1+v_1^2/2g=1.634$，即 $h_1+\left(\frac{25}{10h_1}\right)^2/2g=1.634$，$h_1+0.319/h_1^2-1.634=0$。

用算图解三次方程：$h_1^3-1.634h_1^2+0.319=0$，与 $x^3+ax^2+bx+c=0$ 对照，以 $b=0$，$c=0.319$ 在图6.1中画直线③，交曲线 $a=-1.634$，得 $x=1.5$m$=h_1$。

(4) $h_{e1}=h_1/E_{S1}=1.5/1.634=0.917$，$h_{e2}=h_2/E_{S2}=1.6/1.634=0.98$，$P_{e1}=P/E_{S1}=P_{e2}=0.9/1.634=0.55$。

用 h_{e1} 及 P_{e1} 值在图2.5.3-1中画直线①，得 $A=0.78$，$B=0.473$，$B_1=1.33$，代入式(2.5.3-5)计算 $F=0.78\times0.473-1.33=-0.96$。

同样，用 h_{e2} 及 p_{e2} 值在图2.5.3-1中画直线②，得 $A=0.78$，$B=0.216$，$B_1=0.637$ 代入式

(2.5.3-5)计算 $F = 0.78 \times 0.216 - 0.627 = -0.47$。

也可以用式(2.5.3-2)~式(2.5.3-5)验算:

$$A = 3 - \frac{1}{1-0.55} = 0.7778, \quad B = \sqrt{\frac{1-0.98}{0.98-0.55}} = 0.2157$$

$$B_1 = 3\arctan 0.2157 = 3 \times \frac{12.1722° \times 3.1416}{180°} = 0.6373$$

$\therefore \quad F = 0.7778 \times 0.2157 - 0.6373 = -0.4695$

故侧堰宽 $b = \frac{10}{0.415}[-0.47-(-0.96)] = 12\text{m}$

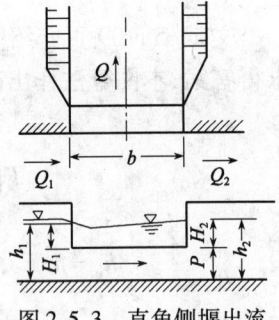

图2.5.3 直角侧堰出流

2.5.4 计量槽流量图算法

文献[5]568页介绍了计量槽在自由流条件下的流量计算公式

$$Q = 0.372W(3.28H_1)^{1.569W^{0.026}} \text{ (m}^3\text{/s)} \tag{2.5.4}$$

并且列出了不同喉宽 W 的流量公式14个,以及表10-4。图2.5.4系由式(2.5.4)所作成,包含上述14个公式和表10-4。文献[5]中式(10-1)应按本书式(2.5.4)更正。

【例2.5.4】 已知计量槽的喉宽 $W = 0.3\text{m}$,上游水深 $H_1 = 0.18\text{m}$,求流量 Q。

【解】 在图2.5.4画直线①,得 $Q = 0.05\text{m}^3/\text{s}$。

附:图2.5.4的绘制方法

将式(2.5.4)取对数 $\lg Q = \lg 0.372W + 1.569W^{0.026} \cdot \lg 3.28H_1$

设 $q = \lg Q, W_1 = 1.569W^{0.026}, W_2 = \lg 0.372W, h = \lg 3.28H_1$

绘算图 $q = W_2 + W_1 h$,如图2.5.4-1所示。当 $h = 0$ 时,$H_1 = 1/3.28 = 0.3049$,

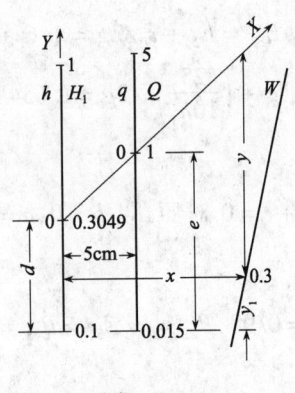

图2.5.4-1

由此点与 $q = 0$ 点连成 X 轴。求图尺系数:

q 尺 $b(\lg 5 - \lg 0.015) = 20.183\text{cm}, \quad \therefore b = 8\text{cm};$

h 尺 $c(\lg 1 - \lg 0.1) = 20\text{cm}, \quad \therefore c = 20\text{cm};$

W 尺 $x = \dfrac{a}{1-\dfrac{b}{c}W_1} = \dfrac{5}{1-0.4W_1}, y = \dfrac{8W_2}{1-0.4W_1}$

如 $W = 0.3$ 时,$W_1 = 1.5206, W_2 = -0.9523, x = 12.7629$,
$y = -19.4466$,

为便于量取 $W = 0.3$ 点的纵标,由下式求 y_1 值:

$$\frac{|y|+y_1-d}{e-d} = \frac{x}{5}, \quad \therefore y_1 = \frac{(e-d)x}{5} + d - |y|$$

式中 $d = 20(\lg 0.3049 - \lg 0.1) = 9.6831, e = 8(\lg 1 - \lg 0.015) = 14.5913$,代入上式算出 $y_1 = 2.7651\text{cm}$。

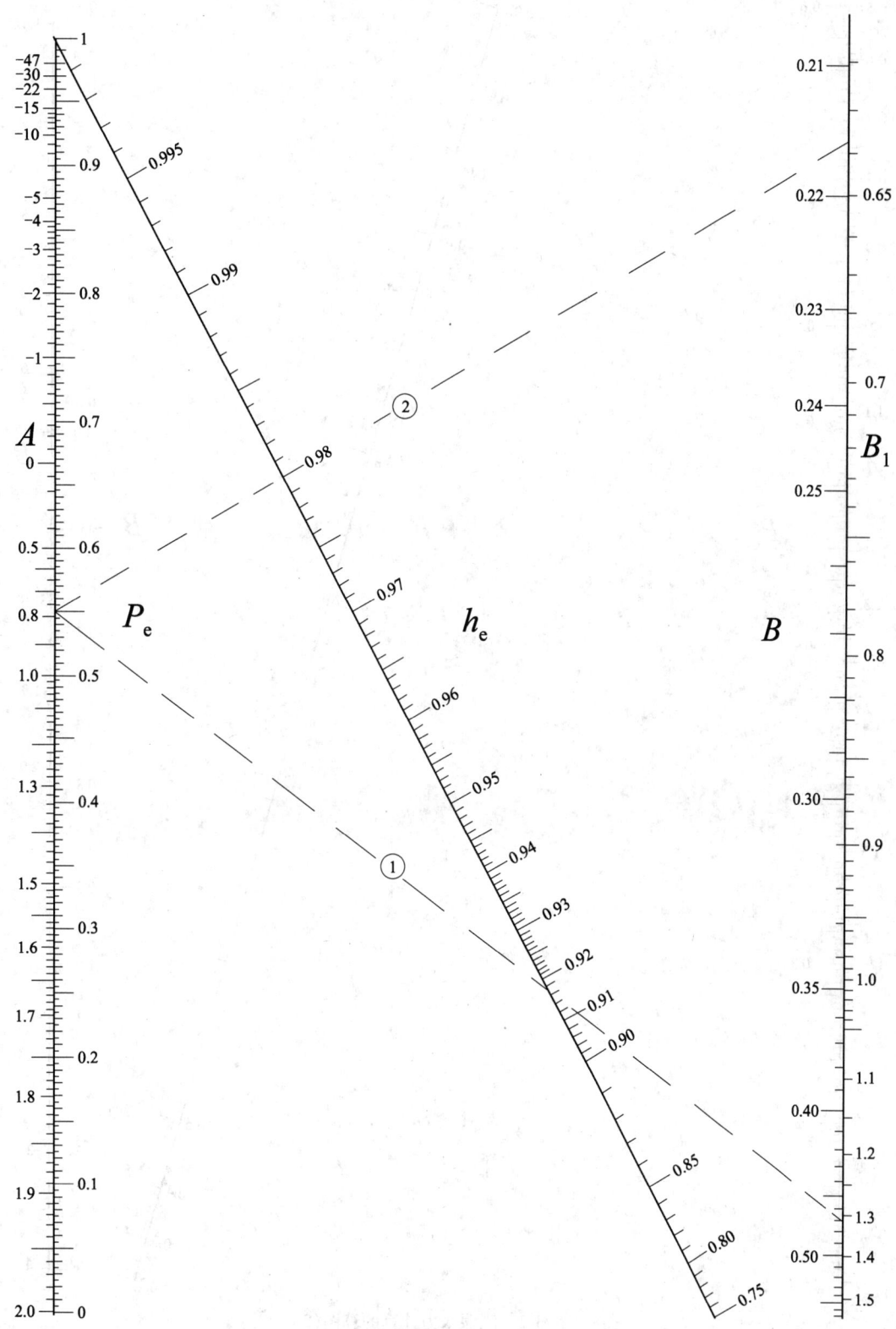

图 2.5.3-1 侧堰水力计算的算图(1)

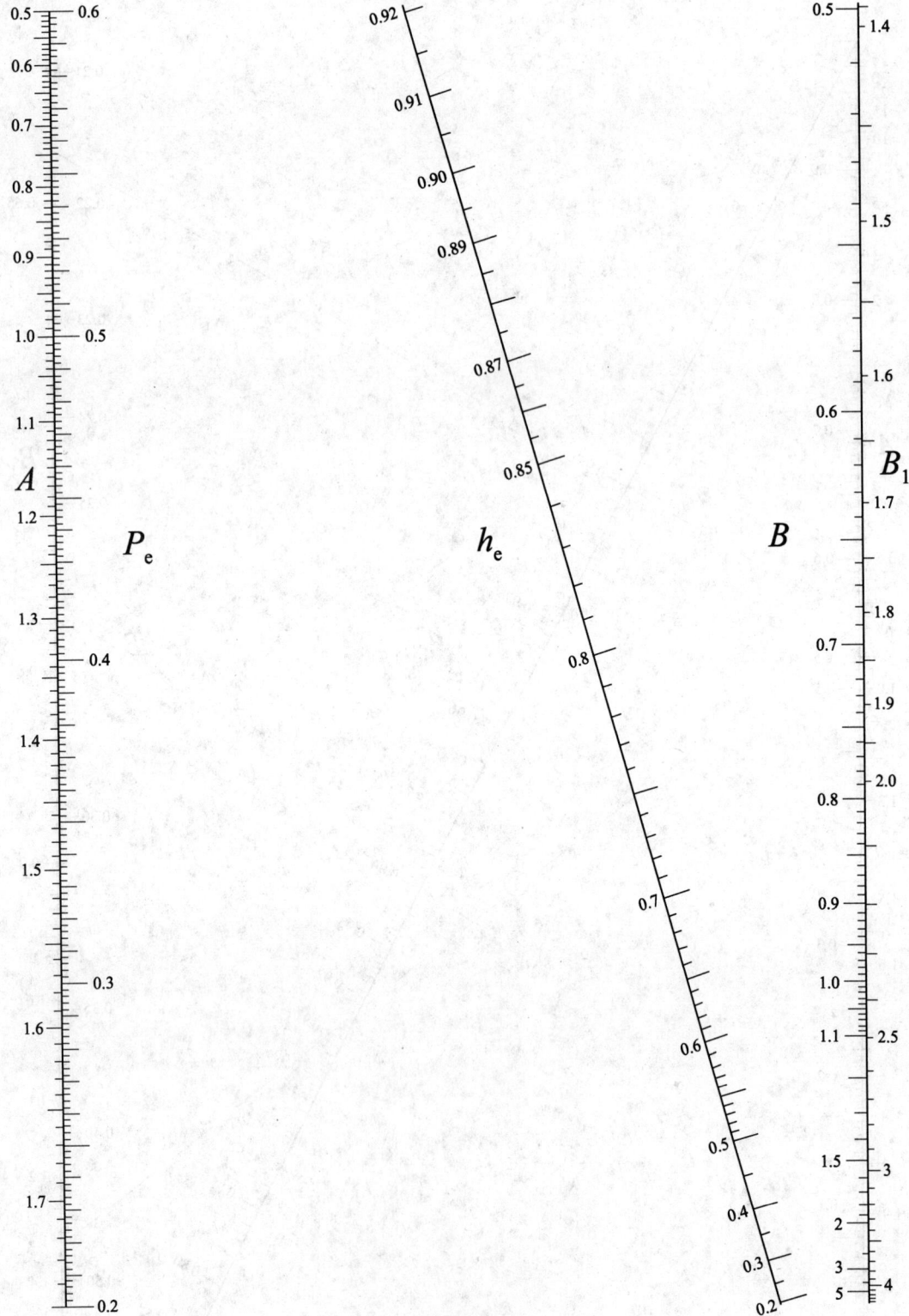

图 2.5.3-2 侧堰水力计算的算图(2)

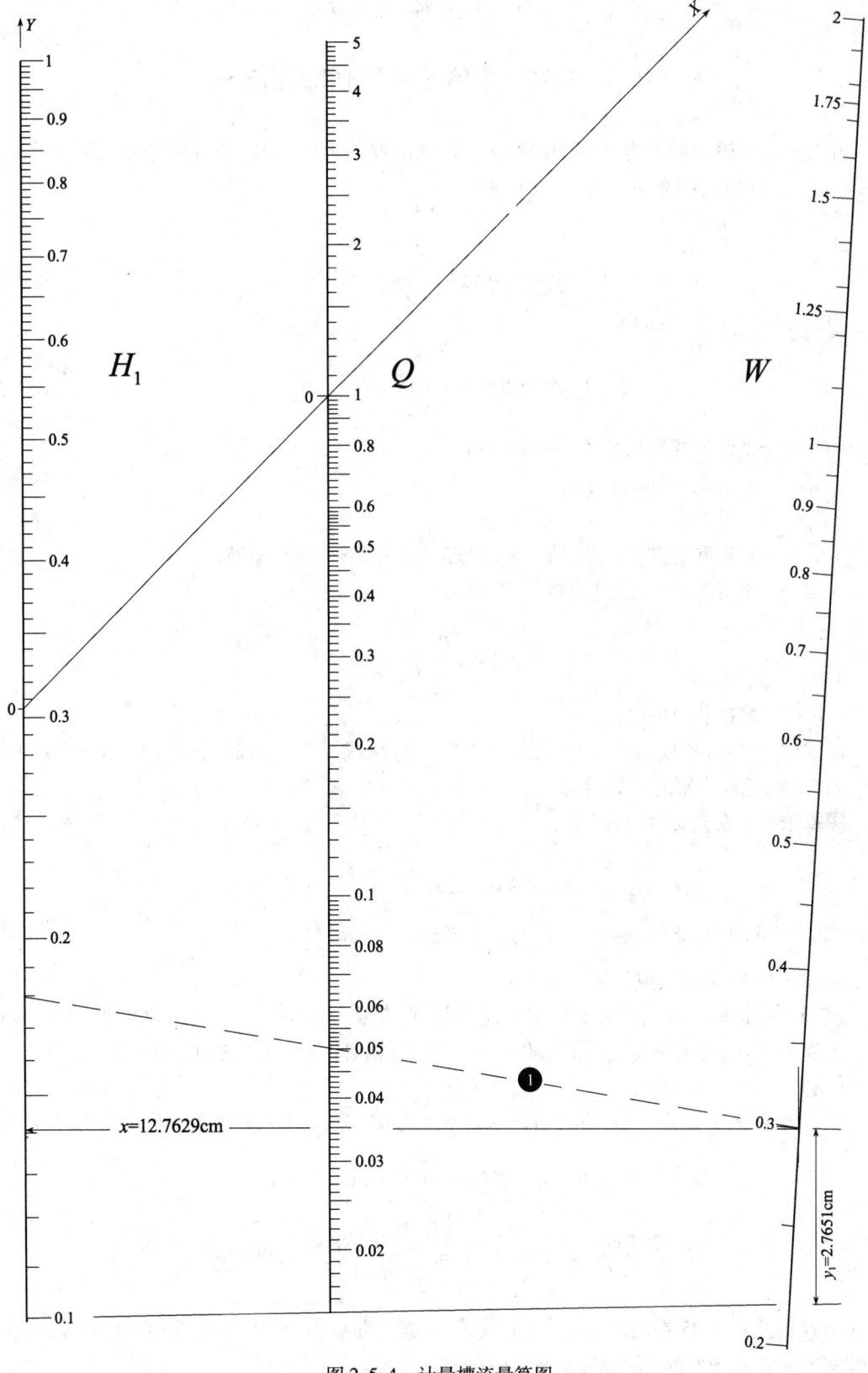

图 2.5.4 计量槽流量算图

2.6 工业排水

2.6.1 尾矿压力输送水力计算的图算法

在尾矿压力输送的水力计算中，常用 B.C 克诺罗兹方法，确定临界管径用文献[6]的式(2-39)和式(2-40)，即克诺罗兹公式(1)和(2)：

当 $d_p \leqslant 0.07$ mm 时，

$$Q_k = 0.157\beta D_L^2 (1 + 3.43 \sqrt[4]{C_d D_L^{0.75}}) \tag{2.6.1-1}$$

当 $0.07 < d_p \leqslant 0.15$ mm 时，

$$Q_k = 0.2\beta D_L^2 (1 + 2.48 \sqrt[3]{C_d} \sqrt[4]{D_L}) \tag{2.6.1-2}$$

式中 d_p——尾矿加权平均粒径(mm)；

Q_k——矿浆流量(m^3/s)；

D_L——临界管径(m)；

C_d——矿浆重量稠度的100倍。例如重量稠度为25%，则 $C_d = 25$；

β——相对密度修正系数，按下式计算：

$$\beta = \frac{\rho_g - 1}{1.70}$$

ρ_g——尾矿相对密度。

由式(2.6.1-1)绘成图 2.6.1-1，由式(2.6.1-2)绘成图 2.6.1-2。分别代替文献[6]的图 2-8 及图 2-9，免去求解时试算 D_L。

图算依据 在式(2.6.1-1)中

设 $Q = \dfrac{Q_k}{\beta} = 0.157 D_L^2 + 0.5385 D_L^{2.1875} C_d^{0.25}$

符合式(附1-3)形式：$F(t) = F_2(u) + F_1(u) \cdot F(v)$

所示式(2.6.1-1)可以绘成算图。

【例】 某选矿厂拟用钢管扬送尾矿，已知矿浆流量为 $0.088 m^3/s$，重量稠度为25%，尾矿相对密度为2.76，尾矿平均粒径为0.066mm，试计算钢管内径。（文献[6]174页）

【解】

求临界管径：考虑需一段泵扬送，泵水封水量为 $0.00176 m^3/s$，矿浆波动系数 K 取1.1，则

$$Q_k = 1.1 \times 0.088 + 0.00176 = 0.0986 m^3/s$$

$$\beta = \frac{2.76 - 1}{1.7} = 1.036, \quad Q = \frac{Q_k}{\beta} = \frac{0.0986}{1.035} = 0.0952 m^3/s$$

用 Q 值及 $C_d = 25$ 在图 2.6.1-1 画直线①，交缓变曲线 D_L 得 0.29m，选用公称直径 300mm（壁厚 8mm，内径 309mm）的标准直缝电焊钢管。

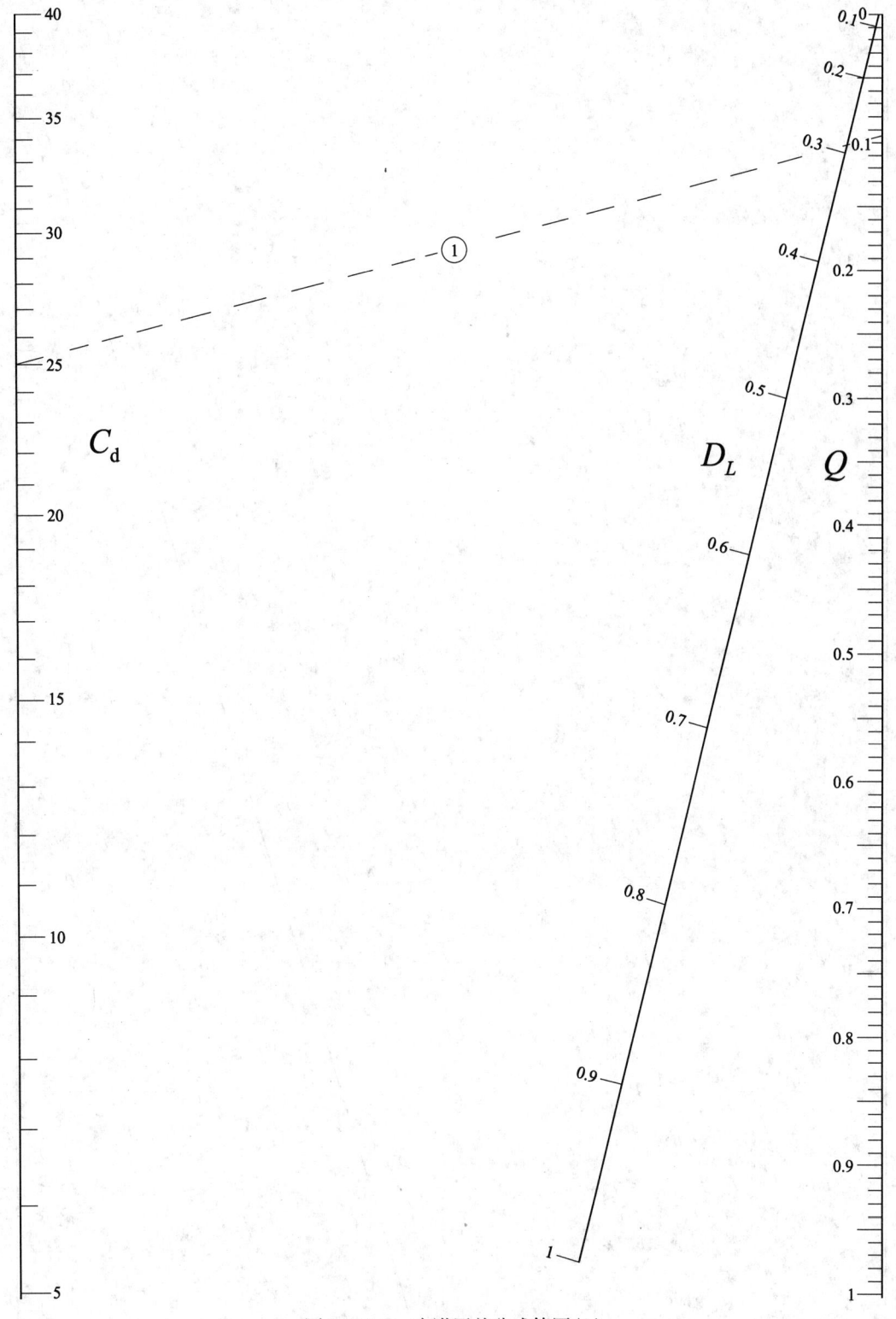

图 2.6.1-1 克诺罗兹公式算图(1)

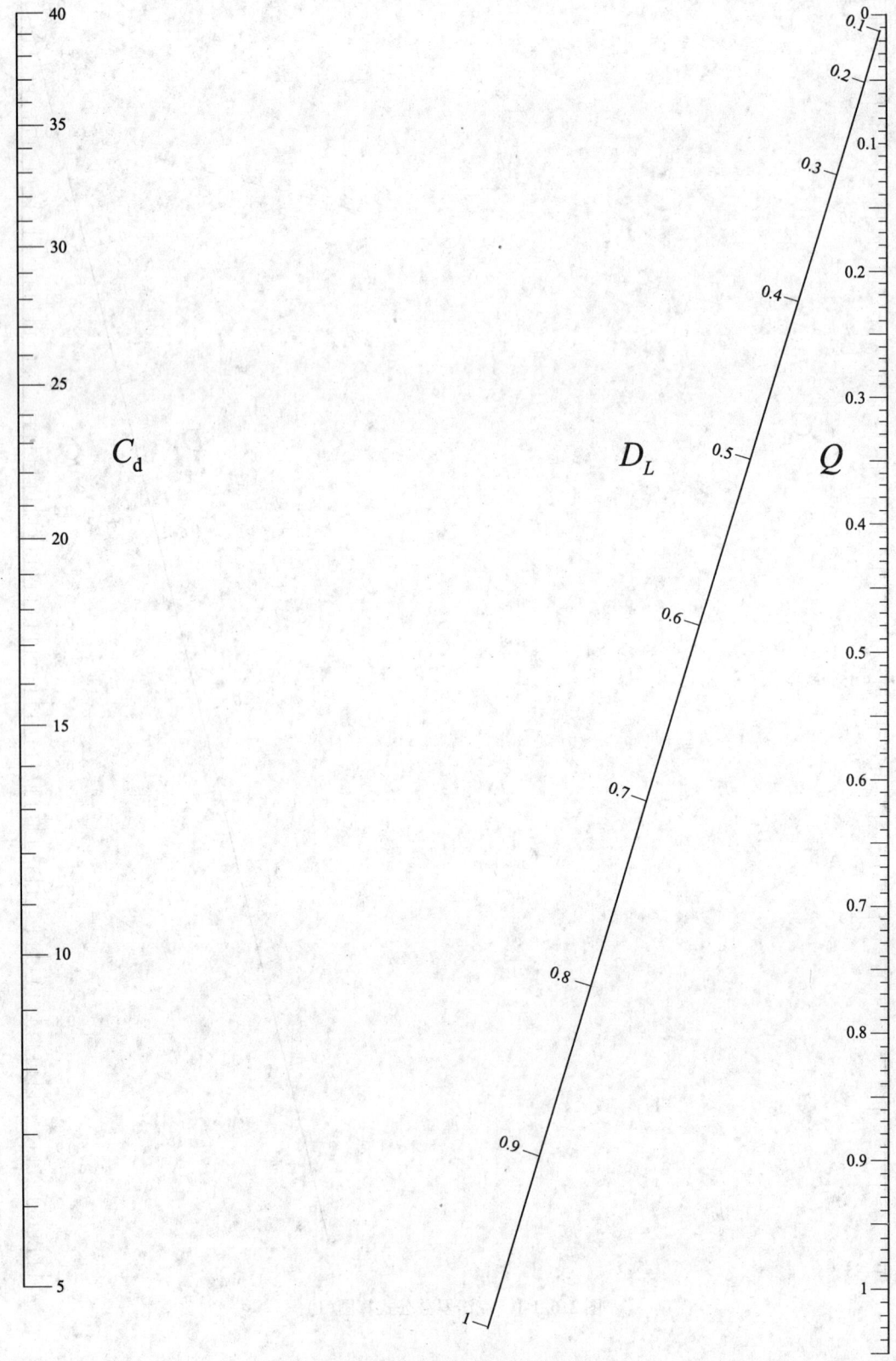

图 2.6.1-2 克诺罗兹公式算图(2)

2.6.2 尾矿自流输送水力计算的图算法

文献[6]178页论述尾矿自流输送水力计算中,确定矩形自流槽临界水深 h_L 所用的计算图的精度较小。为作出改进,在此介绍图算法。

当加权平均粒径 $d_p \leq 0.07\text{mm}$ 时,应用 B.C. 克诺罗兹公式

$$Q_k = 0.2\beta A(1 + 3.43 \sqrt[4]{C_d h_L^{0.75}})$$

式中 A 为过流断面面积,矩形 $A = mh_L^2$,m 为宽深比。比重修正系数 $\beta = (\rho_g - 1)/1.7$,其中 ρ_g 为尾矿相对密度。

设

$$Q_1 = \frac{Q_k}{m\beta} = 0.2h_L^2 + 0.686 C_d^{0.25} h_L^{2.1875} \qquad (2.6.2\text{-}1)$$

由式(2.6.2-1)作成图2.6.2。

【例】 $Q_k = 0.098\text{m}^3/\text{s}$,$\beta = 1$,重量稠度的100倍 $C_d = 30.8$,$d_p = 0.063\text{mm}$,取宽深比 $m = 3$,试计算自流槽的临界水深 h_L。

【解】 因 $d_p = 0.063 \leq 0.07\text{mm}$,故可用图2.6.2求解。
$Q_1 = 0.098/(3 \times 1) = 0.033$,用 Q_1 及 C_d 值在图2.6.2画直线①,交曲线得 $h_L = 0.156\text{m}$。

附:图2.6.2的绘制方法

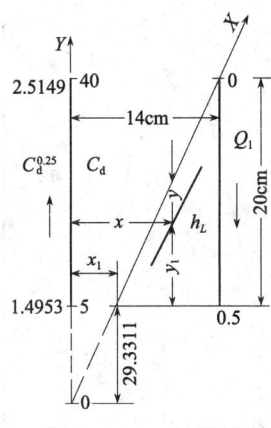

例2.6.2-1 计算示意

求 Q_1 图尺系数:$b(0 - 0.5) = 20\text{cm}$,$\therefore b = -40$;求 $C_d^{0.25}$ 图尺系数:$c(40^{0.25} - 5^{0.25}) = 20\text{cm}$,$c = 19.6155$。$h_L$ 图尺坐标:

$$x = \frac{a}{1 - \frac{b}{c}F_1} = \frac{14}{1 + \frac{40}{19.6155} \times 0.686 h_L^{2.1875}} = \frac{14}{1 + 1.4 h_L^{2.1875}}$$

$$y = \frac{bF_2}{1 - \frac{b}{c}F_1} = \frac{-40 \times 0.2 h_L^2}{1 + 1.4 h_L^{2.1875}}$$

由图2.6.2-1,$x_1/29.3311 = 14/(20 + 29.3311)$

$\therefore x_1 = 8.3241\text{cm}$。$\dfrac{|y| + y_1}{x - 8.3241} = \dfrac{29.3311}{8.3241} = 3.5236$

$\therefore y_1 = 3.5236 x - |y| - 29.3311$

图中 $29.3311\text{cm} = 1.4953 \times 19.6155$。

计算各 h_L 点的 x 值和 y_1 值(cm)　　表2.6.2

h_L	① $1 + 1.4 h_L^{2.1875}$	$x = \dfrac{14}{①}$	$y = \dfrac{-8h_L^2}{①}$	y_1
0.05	1.0020	13.9721	-0.0200	19.8810
⋮	⋮	⋮	⋮	⋮
0.5	1.3073	10.7091	-1.5299	6.8736
0.6	1.4580	9.6024	-1.9753	2.5286

说明:计算 y_1 值时用 y 的绝对值,因为几何计算不用负值。

将 Q_1 图尺选为向下递增,才使 b 为负值,从而使 $x < 14\text{cm}$。

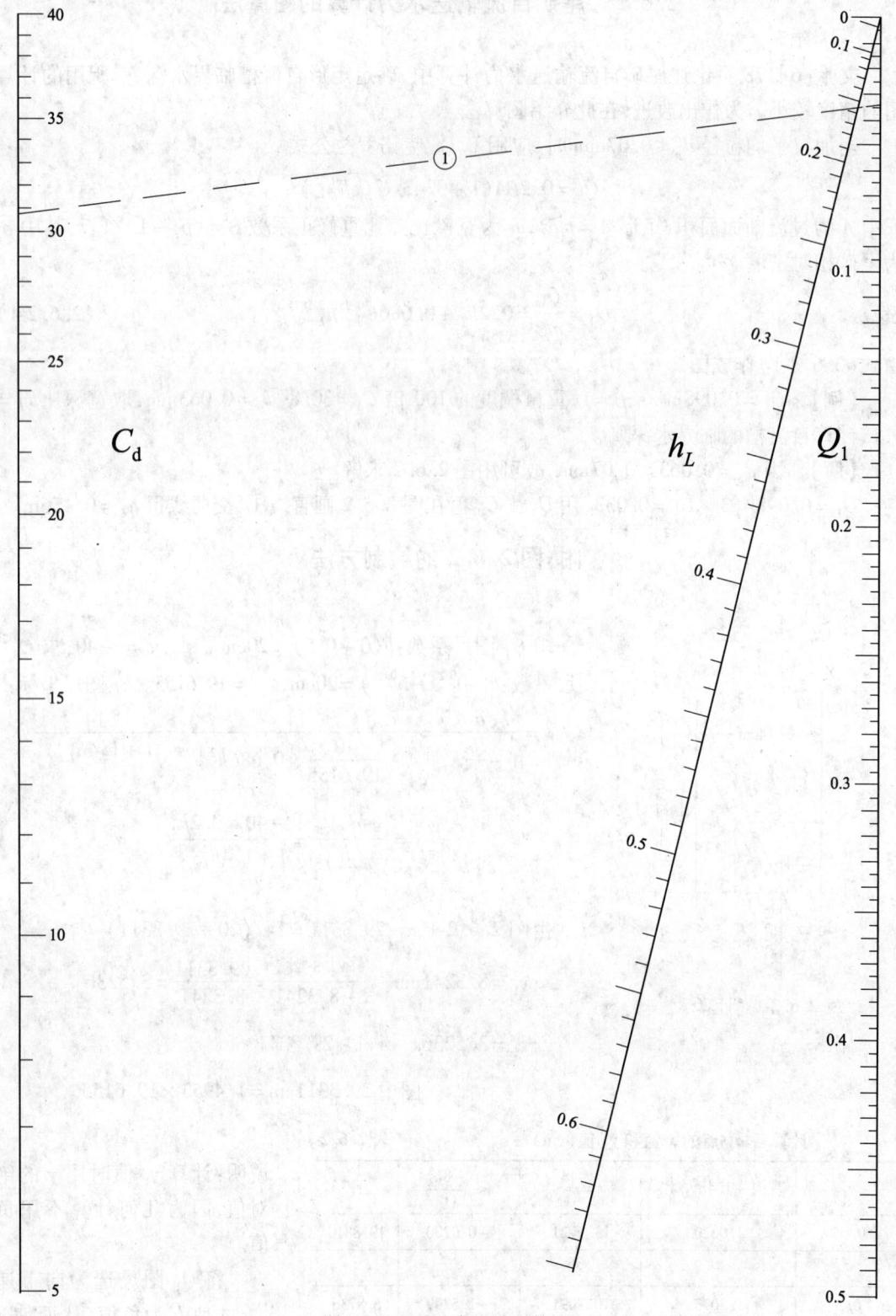

图 2.6.2 尾矿自流输送算图

2.7 城镇防洪

2.7.1 小流域暴雨汇流时间图算法

汇水面积小于 500km^2 的流域称为小流域。小流域洪峰流量计算常用水利科学研究院水文研究所的推理公式，本节在其基础上提出一种图算法。

图算依据 将全面汇流时的洪峰流量系数

$$\psi = 1 - \frac{\mu}{S_P}\tau^n$$

代入设计洪峰流量计算式

$$Q = 0.278\psi\frac{S_P}{\tau^n}F$$

得到水利科学研究院水文研究所简化公式

$$Q = 0.278\left(\frac{S_P}{\tau^n} - \mu\right)F \tag{2.7.1-1}$$

再将汇流参数公式

$$m = 0.278\frac{L}{\tau J^{1/3} Q^{1/4}}$$

与式(2.7.1-1)联立消去 Q，$\left(0.278\dfrac{L}{\tau m J^{1/3}}\right)^4 = 0.278F\left(\dfrac{S_P}{\tau^n} - \mu\right)$

即

$$\frac{0.278^3\left(\dfrac{L}{mJ^{1/3}}\right)^4}{FS_P\tau^4} = \frac{1}{\tau^n} - \frac{\mu}{S_P}$$

设

$$B = \frac{0.021485\left(\dfrac{L}{mJ^{1/3}}\right)^4}{FS_P} \tag{2.7.1-2}$$

代入上式得

$$\frac{\mu}{S_P} = \frac{1}{\tau^n} - \frac{B}{\tau^4} \tag{2.7.1-3}$$

上式乘以 S_P/μ，得

$$\frac{S_P}{\mu\tau^n} - \frac{S_P B}{\mu\tau^4} - 1 = 0 \tag{2.7.1-4}$$

设

$$Z = \frac{S_P B}{\mu\tau^4} \tag{2.7.1-5}$$

则

$$\tau = \left(\frac{BS_P}{Z\mu}\right)^{1/4} \tag{2.7.1-6}$$

代入式(2.7.1-4)第1项

$$\frac{S_P}{\mu\tau^n} = \frac{S_P}{\mu}\frac{1}{\left(\frac{BS_P}{Z\mu}\right)^{n/4}} = Z^{n/4}\left(\frac{S_P}{\mu}\right)^{1-\frac{n}{4}}B^{-\frac{n}{4}} \tag{2.7.1-7}$$

设

$$A_1 = \left(\frac{S_P}{\mu}\right)^{1-\frac{n}{4}}B^{-\frac{n}{4}} \tag{2.7.1-8}$$

将式(2.7.1-8)代入式(2.7.1-7)后,再和式(2.7.1-5)一同代入式(2.7.1-4),

得

$$A_1 Z^{n/4} = Z + 1$$

取对数得

$$\lg A_1 = -\frac{n}{4}\lg Z + \lg(Z+1)$$

符合式(附1-3)的形式: $F(t) = F(v)F_1(u) + F_2(v)$ \qquad (2.7.1-9)

所以可图,绘成图2.7.1。

【例2.7.1-1】 某山洪沟出口流量,设计为百年一遇洪水,山洪沟流域面积 $F = 194\text{km}^2$,沟长 $L = 32.1\text{km}$,平均坡降 $J = 9.32‰$,百年一遇最大24h设计雨量 $H_{24P} = 214.0\text{mm}$,暴雨递减指数 $n = 0.75$,汇流参数 $m = 0.96$,流域平均损失率 $\mu = 3.0\text{mm/h}$,求百年一遇设计洪峰流量。(文献[7]130页)

【解】 雨力 $S_P = H_{24P}(24)^{n-1} = 214 \times 24^{0.75-1} = 96.685\text{mm/h}$

将已知数代入式(2.7.1-2)和式(2.7.1-8)计算

$$B = \frac{0.021485\left(\frac{32.1}{0.96 \times 0.00932^{1/3}}\right)^4}{96.685 \times 194} = 730.0$$

$$A_1 = \left(\frac{96.685}{3}\right)^{1-0.75/4} \times 730^{-0.75/4} = 4.88$$

用 A_1 和 n 值在图2.7.1画直线①,交 Z 曲线得5.75,代入式(2.7.1-6)计算

$$\tau = \left(\frac{BS_P}{Z\mu}\right)^{1/4} = \left(\frac{730 \times 96.685}{5.75 \times 3}\right)^{1/4} = 7.9978 \approx 8.0\text{h}$$

代入式(2.7.1-1)计算出洪峰流量

$$Q_P = 0.278 \times 194\left(\frac{96.685}{8^{0.75}} - 3\right) = 934.4\text{m}^3/\text{s}$$

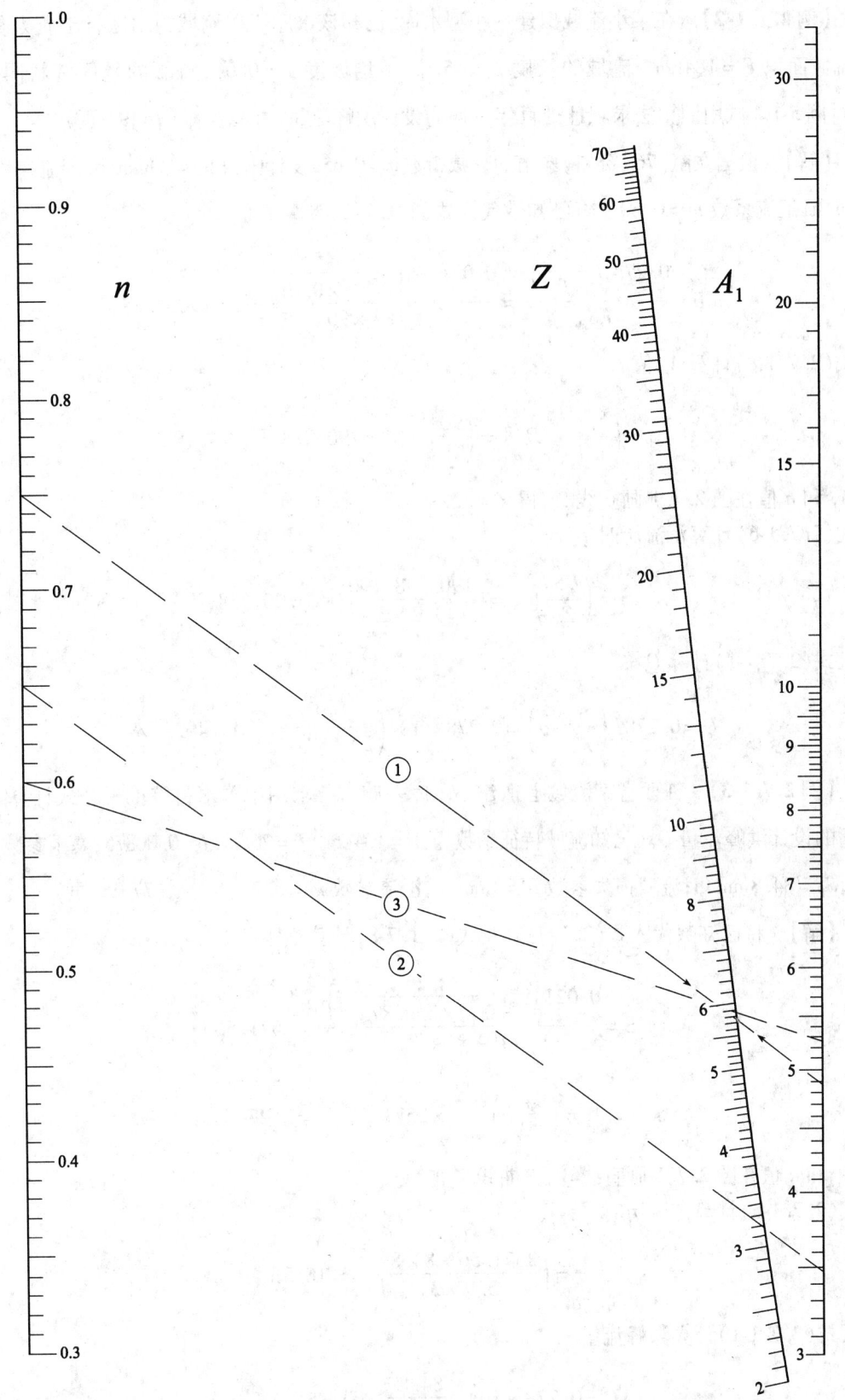

图 2.7.1 暴雨汇流时间算图

【例 2.7.1-2】 在某小流域拟建一小型水库,已知该水库所在流域为山区且土质为黏土。其流域面积 $F=184\text{km}^2$,流域的长度 $L=45\text{km}$,平均坡度 $J=0.01$,流域的暴雨资料同文献[76]例5-1。试用图算法求坝址处百年一遇的设计洪峰流量。(参文献[76]92页)

【解】 根据文献[76]资料,暴雨的衰减指数 $n=0.65$,设计雨力 $S_P=90\text{mm/h}$,产流参数 $\mu=3\text{mm/h}$,汇流系数 $m=0.60$。将已知数代入式(2.1.7-2)计算 B 值

$$B=\frac{0.278^3\left(\dfrac{L}{mJ^{1/3}}\right)^4}{FS_P}=\frac{0.021485\left(\dfrac{45}{0.60\times 0.01^{1/3}}\right)^4}{184\times 90}=19052.8$$

用式(2.7.1-8)计算 A_1 值

$$A_1=\left(\frac{S_P}{\mu}\right)^{1-\frac{n}{4}}B^{-\frac{n}{4}}=\left(\frac{90}{3}\right)^{1-\frac{0.65}{4}}\times 19052.8^{-\frac{0.65}{4}}=3.48$$

用 A_1 和 n 值在图2.7.1画直线②,得 $Z=3.2$
用式(2.7.1-6)计算汇流历时 τ

$$\tau=\left(\frac{BS_P}{Z\mu}\right)^{1/4}=\left(\frac{19052.8\times 90}{3.2\times 3}\right)^{0.25}=20.558$$

代入式(2.7.1-1)计算 Q

$$Q=0.278F\left(\frac{S_P}{\tau^n}-\mu\right)=0.278\times 184\left(\frac{90}{20.558^{0.65}}-3\right)=492\text{m}^3/\text{s}$$

【例 2.7.1-3】 江西省某流域上拟建小水库一座。要求用中国水科院推理公式计算百年一遇的设计洪峰流量 Q。已知流域特征参数为:$F=104\text{km}^2$,$L=26\text{km}$,$J=0.00875$;暴雨参数 $n=0.6$,$S_P=84.8\text{mm/h}$;流域损失参数 $\mu=3\text{mm/h}$,汇流参数 $m=0.7$。(文献[77]90页)

【解】 将已知数代入式(2.1.7-2)及式(2.1.7-8)计算

$$B=\frac{0.021485\left(\dfrac{26}{0.7\times 0.00875^{1/3}}\right)^4}{104\times 84.8}=2571.56$$

$$A_1=\left(\frac{84.8}{3}\right)^{1-\frac{0.6}{4}}\times 2571.56^{-\frac{0.6}{4}}=5.27$$

用 A_1 和 n 值在图2.7.1画直线③,交曲线 Z 得5.9。
用式(2.7.1-6)计算产流历时

$$\tau=\left(\frac{2571.56\times 84.8}{5.9\times 3}\right)^{0.25}=10.5\text{h}$$

代入式(2.7.1-1)计算洪峰流量

$$Q=0.278\times 104\left(\frac{84.8}{10.5^{0.6}}-3\right)=510\text{m}^3/\text{s}$$

2.7.2 最大壅水高度图算法

在文献[7]342页,计算桥墩对水流影响所产生的最大壅水高度 Δh_3(图2.7.2-1),方法二是求解方程(2.7.2-1)。本图算法免去求解时的迭代计算。

由文献[7]式(7-40)
$$\Delta h_3 = \frac{\alpha v_3^2}{2g}\left[\left(\frac{B}{\varepsilon \Sigma b}\right)^2 - \left(\frac{h_3}{h_3+\Delta h_3}\right)^2\right] \tag{2.7.2-1}$$

设
$$e = \frac{\alpha v_3^2}{2g} \tag{2.7.2-2}$$

$$d = \left(\frac{B}{\varepsilon \Sigma b}\right)^2 \tag{2.7.2-3}$$

$$Z = \left(\frac{h_3}{h_3+\Delta h_3}\right)^2 \tag{2.7.2-4}$$

由式(2.7.2-4)得
$$\Delta h_3 = h_3\left(\frac{1}{\sqrt{Z}}-1\right) = h_3 Z_1 \tag{2.7.2-5}$$

式中 $Z_1 = (1/\sqrt{Z}) - 1$

将式(2.7.2-2)~式(2.7.2-5)代入式(2.7.2-1)

得
$$h_3\left(\frac{1}{\sqrt{Z}}-1\right) = e(d-Z) \tag{2.7.2-6}$$

由式(2.7.2-6)绘成图2.7.2。图中将 Z 曲尺改注成相应的 Z_1 分度,以便例题应用。

【例】 如图2.7.2-2所示,已知矩形沟渠宽60m,有两个3m宽的圆头桥墩,流量1100m³/s,无桥墩时的水深 h_3 为4.4m,求建墩后对上游的壅水高度 Δh_3。(文献[7]345页)

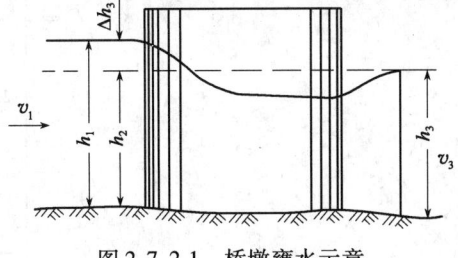

图2.7.2-1 桥墩壅水示意

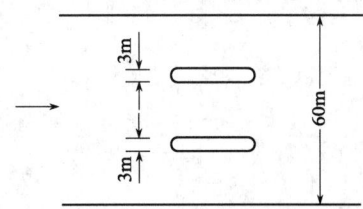

图2.7.2-2 河渠墩座示意

【解】 先算出桥墩下游为正常水深的断面平均流速 v_3

$$v_3 = \frac{Q}{Bh_3} = \frac{1100}{60 \times 4.4} = 4.17 \text{m/s}$$

将已知值代入式(2.7.2-2)和式(2.7.2-3)计算:

$$\frac{h_3}{e} = \frac{h_3 \cdot 2g}{\alpha v_3^2} = \frac{4.4 \times 19.6}{1 \times 4.17^2} = 4.96, \quad d = \left(\frac{B}{\varepsilon \Sigma b}\right)^2 = \left(\frac{60}{0.95 \times 54}\right)^2 = 1.37$$

用 d 和 h_3/e 值在图2.7.2画直线①,交曲线得 $Z_1 = 0.114$,代入式(2.7.2-5)计算:

$$\Delta h_3 = h_3 Z_1 = 4.4 \times 0.114 = 0.50 \text{m}$$

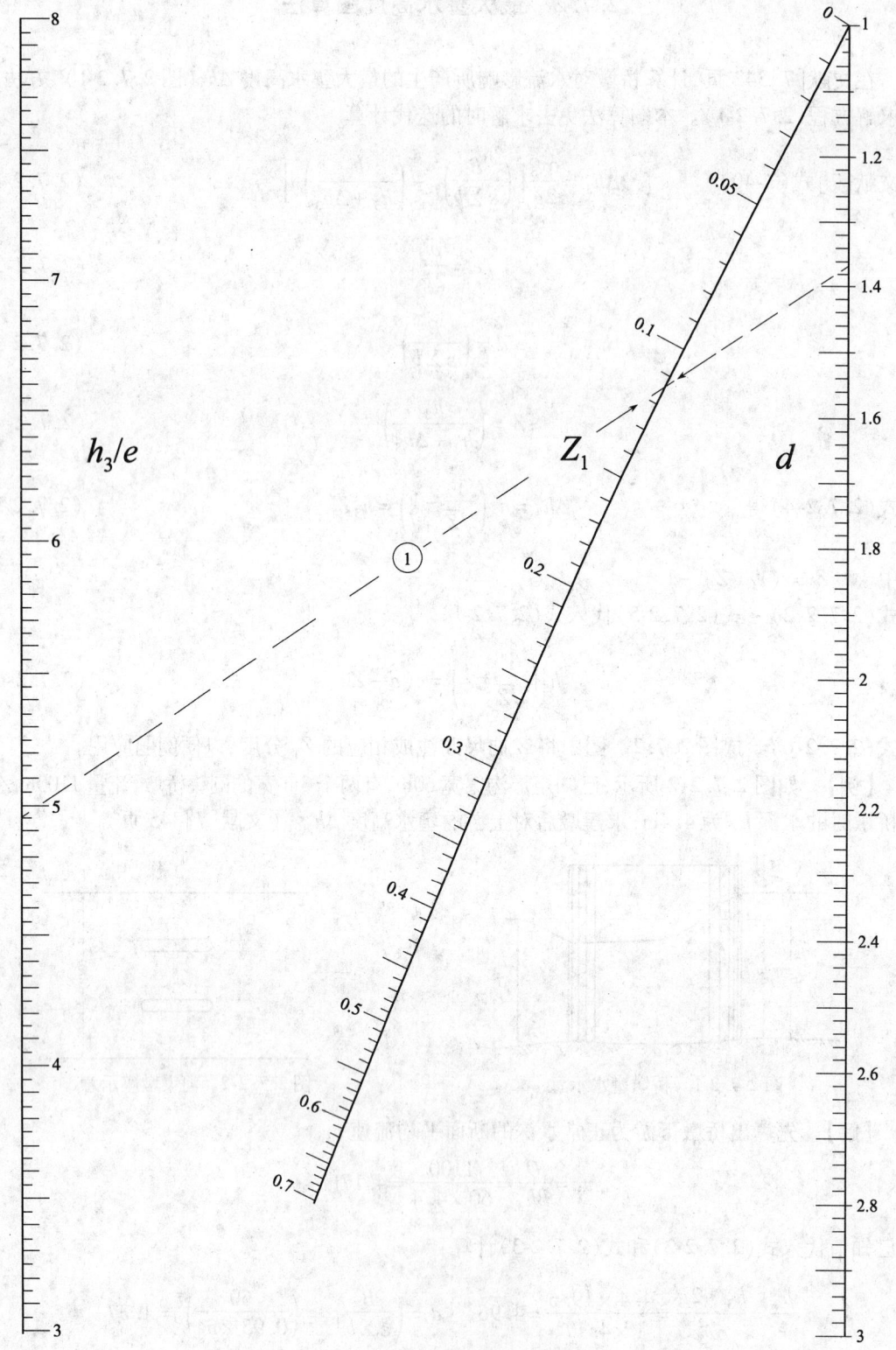

图 2.7.2 最大壅水高度算图

2.8 对《城市供水行业 2000 年技术进步发展规划》的一点改进[1]

文献[8]是我国供水行业技术进步的导向性专著,本节图算法改进了该书第 433 页关于测定管道粗糙系数 n 的计算方法,适用于多种管径,免得计算者绘制 C-n 曲线。

图算依据 仍用巴甫洛夫斯基公式

$$C = R^y/n \tag{2.8-1}$$

式中

$$y = 2.5\sqrt{n} - 0.13 - 0.75(\sqrt{n} - 0.10)\sqrt{R} \tag{2.8-2}$$

将式(2.8-2)代入式(2.8-1),取对数得

$$\lg C + \lg n = [2.5\sqrt{n} - 0.13 - 0.75(\sqrt{n} - 0.10)\sqrt{R}]\lg R$$

$$\lg C + (0.13 - 0.075\sqrt{R})\lg R = \sqrt{n}(2.5 - 0.75\sqrt{R})\lg R - \lg n \tag{2.8-3}$$

设已知值

$$A = \lg C + (0.13 - 0.075\sqrt{R})\lg R \tag{2.8-4}$$

式中

$$R = D/4 \tag{2.8-5}$$

将式(2.8-4)(2.8-5)代入式(2.8-3),

得

$$A = \underbrace{\sqrt{n}}_{}\underbrace{(2.5 - 0.75\sqrt{D/4})\lg(D/4)}_{} - \underbrace{\lg n}_{} \tag{2.8-6}$$

符合式(附 1-3)形式: $F(t) = F_1(n) \quad F(D) \quad + F_2(n)$

所以式(2.8-6)可图,绘成图 2.8。

【例】 仍用文献[8]第 433 页例题数据,已知 $C = 71.26$,$D = 1\text{m}$,代入式(2.8-4)计算:

$$A = \lg 71.26 + (0.13 - 0.075\sqrt{0.25})\lg 0.25 = 1.797$$

用 A 值和 D 值在图 2.8 画直线①,交曲线得 $n = 0.0116$.

附:图 2.8 的绘制方法

绘 D 图尺:给水干管内径 D 常在 $0.3 \sim 2\text{m}$,由式(2.8-6),

$$F(D)_{\min} = (2.5 - 0.75\sqrt{0.3/4})\lg(0.3/4) = -2.5812 \approx -2.6$$

$$F(D)_{\max} = (2.5 - 0.75\sqrt{2/4})\lg(2/4) = -0.5929 \approx -0.6$$

在图 2.8 中,$F(D)$ 图尺长 20cm,由式(附 1-4)得

$$20 = c \cdot F(D) = c[-2.6 - (-0.6)], \quad \therefore c = -10$$

系数 c 为负号,表示 $F(D)$ 图尺方向与 Y 轴相反,见图 2.8 左下角。

---

[1] 本文发表在《华东给水排水》2001 年第 3 期。

$F(D)$图尺是均匀分度。按式 $F(D)=(2.5-0.75\sqrt{D/4})\lg(D/4)$ 列出表 2.8-1

$F(D)$ 与 D 值关系计算表   表 2.8-1

D	$D/4$	① $=\lg(D/4)$	② $=\sqrt{D/4}$	$F(D)=①(2.5-0.75②)$
0.3	0.075	-1.1249	0.2739	-2.5812
⋮	⋮	⋮	⋮	⋮
2	0.5	-0.3010	0.7071	-0.5920

用表中的 $F(D)$ 值点出相应的 D 刻度,就成 D 图尺。

绘 A 图尺:给水管的粗糙系数 n 常为 0.011~0.014,用式(2.8-6)计算上下限:

$$A_{\max}=\sqrt{0.011}(-0.6)-\lg 0.011=1.8957$$

$$A_{\min}=\sqrt{0.014}(-2.6)-\lg 0.014=1.5463$$

取 $A=1.5$~1.9。在图 2.8 中 A 图尺长 20cm,由式(附 1-4)得

$$20=bF(A)=b(1.9-1.5),\quad\therefore b=50$$

A 图尺起点坐标值为 $50(1.5-1.5)=0$,终点坐标值为 $50(1.9-1.5)=20$cm。A 图尺是均匀分度。

绘 n 曲线图尺:取平行图尺 A 和 D 的间距 $a=13$cm。代已知值入式(附 1-4):

$$x_n=\frac{ac}{c-bF_1(n)}=\frac{13\times(-10)}{-10-50\sqrt{n}}=\frac{13}{1+5\sqrt{n}}$$

$$y_n=\frac{bcF_2(n)}{c-bF_1(n)}=\frac{-10\times 50(-\lg n)}{-10-50\sqrt{n}}=\frac{-50\lg n}{1+5\sqrt{n}}$$

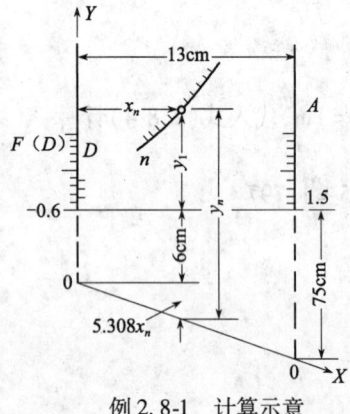

例 2.8-1 计算示意

由图 2.8-1 所知,$F(D)$ 图尺下部端值为 -0.6,距 X 轴为 $-0.6c=6$cm。A 图尺下部端值为 1.5,距 X 轴为 $1.5b=75$cm。

$$(y_n-y_1-6)/x_n=(75-6)/13=5.308$$

$$\therefore y_1=y_n-6-5.308x_n$$

列出表 2.8-2,用 x_n 和 y_1 值作出 n 图尺的点,然后将透明纸上的 n 曲线放在附图 1 绘出细分点。

x_n 值和 y_1 值计算表   表 2.8-2

n	① $=1+5\sqrt{n}$	$x_n=13/①$	② $=5.308x_n$	$y_n=-50\lg n/①$	$y_1=y_n-6-②$
0.011	1.5244	8.5280	45.2666	64.2419	12.9753
⋮	⋮	⋮	⋮	⋮	⋮
0.024	1.7746	7.3256	38.8843	45.6381	0.7538
0.025	1.7906	7.2603	38.5377	44.7353	0.1976

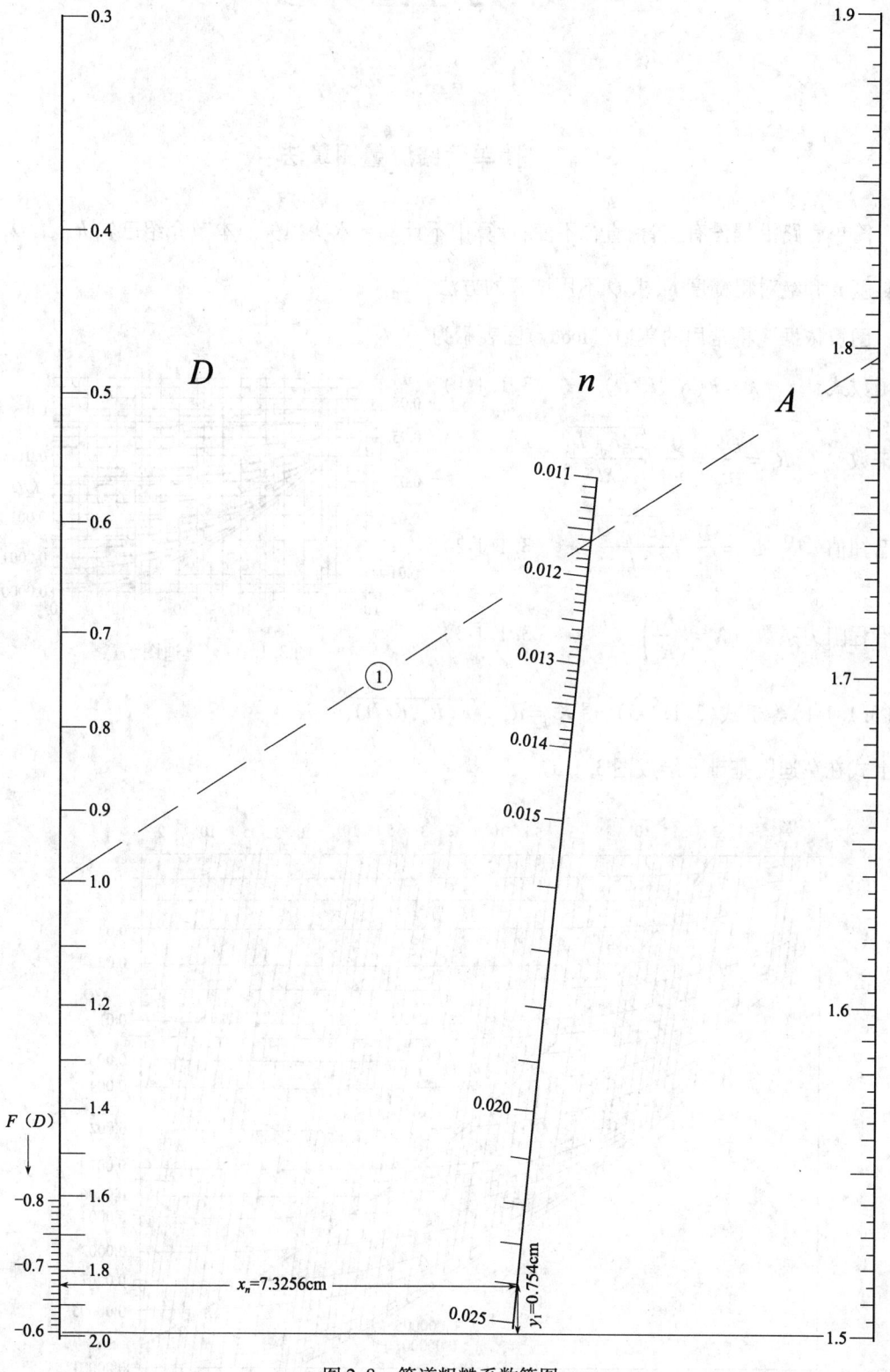

图 2.8 管道粗糙系数算图

3 水力学图算法

3.1 管 流

3.1.1 简单管路流量图算法

简单管路沿程没有支管,直径不变,计算中不计局部水头损失。本节介绍已知 $h_{沿}$, l, D, 运动黏度 ν 和绝对粗糙度 K,求 Q 不用试算的方法。

图算依据 将常用的莫迪(Moody)图表示为

隐函数式 $\quad \lambda = F(R_e, K/D) \quad$ (3.1.1-1)

雷诺数 $\quad R_e = \dfrac{DV}{\nu} = \dfrac{D}{\nu}\sqrt{\dfrac{2gh_{沿}D}{\lambda l}}$

设已知值 $\quad K_1 = \dfrac{D}{\nu}\sqrt{\dfrac{2gh_{沿}D}{l}} \quad$ (3.1.1-2)

则沿程阻力系数 $\quad \lambda = \left(\dfrac{K_1}{R_e}\right)^2 \quad$ (3.1.1-3)

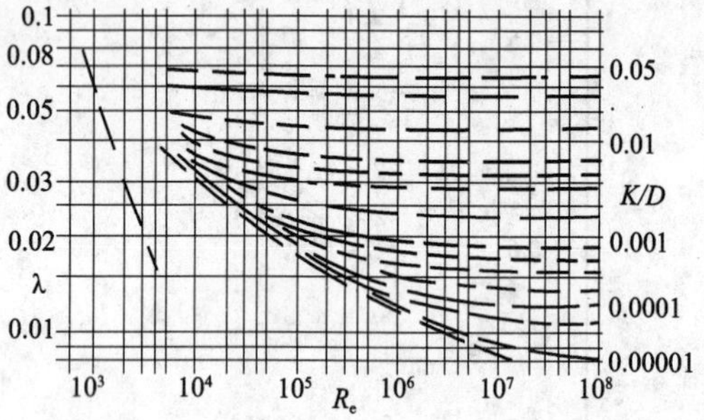

图 3.1.1-1 莫迪图示意

式(3.1.1-1)等于式(3.1.1-3),得 $K_1 = R_e\sqrt{F(R_e, K/D)}$

由上式在莫迪图基础上绘成图 3.1.1。

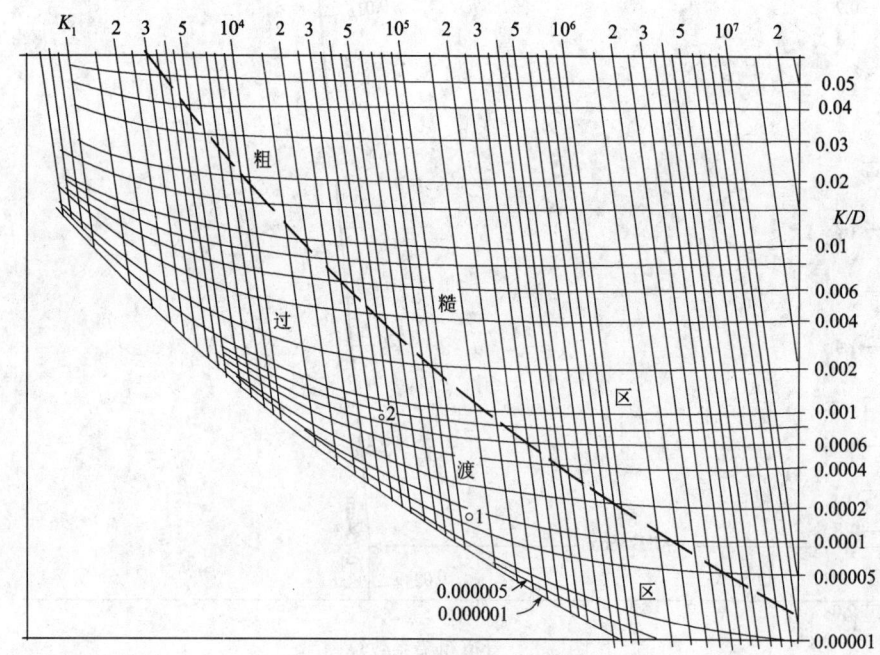

图 3.1.1 简单管路流量算图

求解时,先算出相对造率 K/D,再由式(3.1.1-2)算出 K_1,在图 3.1.1 中画出一点。如果此点位于粗糙区,用式(3.1.1-4)计算;如果此点位于过渡区,用式(3.1.1-5)计算。

卡门公式
$$\frac{1}{\sqrt{\lambda}} = -2\lg\frac{K}{3.7D} \tag{3.1.1-4}$$

柯莱布鲁克—怀特公式
$$\frac{1}{\sqrt{\lambda}} = -2\lg\left(\frac{K}{3.7D} + \frac{2.51}{K_1}\right) \tag{3.1.1-5}$$

算出 $1/\sqrt{\lambda}$ 值后,用下式计算
$$Q = \frac{\pi}{4}D^2V = \frac{\pi D^2}{4} \cdot \frac{R_e \nu}{D} = \frac{\pi D \nu}{4} \cdot \frac{K_1}{\sqrt{\lambda}} = 0.7854\frac{K_1 D \nu}{\sqrt{\lambda}} \tag{3.1.1-6}$$

【例 3.1.1-1】 温度为 20℃ 的水在 $D = 0.5\text{m}$ 的焊接钢管中流动。已知水力坡度 $i = 0.006$,$K/D = 0.046/500 = 0.00009$,求管中流量。(文献[14]189 页)

【解】 将已知值代入式(3.1.1-2)计算
$$K_1 = \frac{0.5}{1 \times 10^{-6}}\sqrt{\frac{2g \times 0.006 \times 0.5}{1}} = 1.212 \times 10^5$$

在图 3.1.1 画斜线 $K_1 = 1.212 \times 10^5$ 与曲线 $K/D = 0.00009$ 的交点 1,位于过渡区,用式(3.1.1-5)计算
$$\frac{1}{\sqrt{\lambda}} = -2\lg\left(\frac{0.00009}{3.7} + \frac{2.51}{1.212 \times 10^5}\right) = 8.69$$

代入式(3.1.1-6)计算
$$Q = 0.7854 \times 1.212 \times 10^5 \times 0.5 \times 10^{-6} \times 8.69 = 0.41\text{m}^3/\text{s}$$

【例 3.1.1-2】 一条新的钢管输水管道,管径 $D = 0.15\text{m}$,管长 $l = 1200\text{m}$,测得沿程水头损失 $h_f = 37\text{m}$,水温为 20℃,试求管中流量 Q。(文献[16]120 页)

【解】 取新钢管的 $K = 0.0001\text{m}$。由水温为 20℃ 查文献[16]附表 1-2,得 $\nu = 1.003 \times 10^{-6}\text{m}^2/\text{s}$。相对糙率为 $K/D = 0.0001/0.15 = 0.00067$。

用式(3.1.1-2)计算
$$K_1 = \frac{0.15}{1.003 \times 10^{-6}}\sqrt{\frac{2g \times 37 \times 0.15}{1200}} = 4.5 \times 10^4$$

在图 3.1.1 画线直线 $K_1 = 4.5 \times 0^4$ 与曲线 $K/D = 0.00067$ 的交点 2,位于过渡区,用式(3.1.1-5)计算
$$\frac{1}{\sqrt{\lambda}} = -2\lg\left(\frac{0.00067}{3.7} + \frac{2.51}{4.5 \times 10^4}\right) = 7.25$$

代入式(3.1.1-6)计算
$$Q = 0.7854 \times 4.5 \times 10^4 \times 0.15 \times 1.003 \times 10^{-6} \times 7.25 = 0.0386\text{m}^3/\text{s}$$

3.1.2 简单管路直径图算法

本节介绍已知 $h_沿, l, Q, \nu$ 和 K, 求 D 的图算法,是由图3.1.2-1与图3.1.2-2配合使用。图3.1.2-1出自文献[36]所引资料,坐标中的单位能头损失 $S = h/l$。

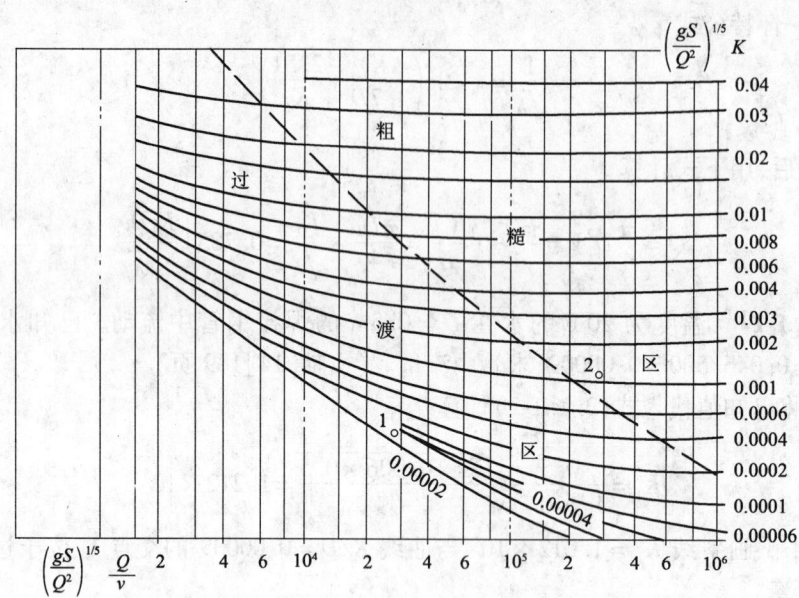

图 3.1.2-1 简单管路直径算图

图算依据 已知 $\quad h_沿 = \dfrac{\lambda l v^2}{2gD}$, 即 $v^2 = \dfrac{2gDh_沿}{\lambda l}$ (3.1.2-1)

又 $\quad Q^2 = \left(\dfrac{\pi}{4}D^2 v\right)^2$, 即 $D^4 = \dfrac{Q^2}{(\pi/4)^2 v^2}$ (3.1.2-2)

将式(3.1.2-1)代入式(3.1.2-2)得 $\quad D^5 = \dfrac{\lambda Q^2 l}{12.1 h}$ (3.1.2-3)

设已知值 $\quad K_2 = \dfrac{Q^2 l}{12.1 h}$ (3.1.2-4)

则 $\quad D = K_2^{1/5} \lambda^{1/5}$ (3.1.2-5)

由式(3.1.1-5)及式(3.1.1-3)得 $\quad 10^{\frac{-1}{2\sqrt{\lambda}}} = \dfrac{K}{3.7D} + \dfrac{2.51}{R_e \sqrt{\lambda}}$ (3.1.2-6)

由式(3.1.1-6)得雷诺数 $\quad R_e = \dfrac{4Q}{\pi D \nu}$ (3.1.2-7)

将式(3.1.2-5)及式(3.1.2-7)代入式(3.1.2-6):

$$10^{\frac{-1}{2\sqrt{\lambda}}} = \dfrac{K}{3.7 K_2^{1/5} \lambda^{1/5}} + \dfrac{2.51 K_2^{1/5} \lambda^{1/5}}{\dfrac{4Q}{\pi \nu} \lambda^{1/2}}$$

即 $\quad \lambda^{1/5} 10^{\frac{-1}{2\lambda^{1/2}}} = \dfrac{K}{3.7 K_2^{1/5}} + \dfrac{2.51 K_2^{1/5} \pi \nu \lambda^{-\frac{1}{10}}}{4Q}$ (3.1.2-8)

设已知值
$$K_3 = K/3.7K_2^{1/5}$$
$$K_4 = 2.51\pi\nu K_2^{1/5}/4Q \quad (3.1.2\text{-}9)$$

代入式(3.1.2-8)得
$$\lambda^{1/5}10^{\frac{-1}{2\lambda^{1/2}}} = K_3 + K_4\lambda^{-\frac{1}{10}} \quad (3.1.2\text{-}10)$$

由式(3.1.2-10)作成图3.1.2-2。用该图之前,须在图3.1.2-1判别例题属于哪一区。如在粗糙区,则式(3.1.2-10)的K_4为0,因为粗糙区用式(3.1.1-4)。

【例3.1.2-1】 清洁的、新熟铁管用来输送$Q = 0.25\text{m}^3/\text{s}$的油,$\nu = 9.29 \times 10^{-6}\text{m}^2/\text{s}$,在管长3000m上有能头损失$h = 23\text{m}$,试计算其管径$D$。(文献[14]190页)

【解】 查文献[14]表4.3,$K = 0.046\text{mm}$。先算出图3.1.2-1的坐标值:

$$\left(\frac{gh}{lQ^2}\right)^{1/5} K = \left(\frac{9.8 \times 23}{3000 \times 0.25^2}\right)^{1/5} \times 0.000046 = 0.0000477$$

$$\left(\frac{gh}{lQ^2}\right)^{1/5} \frac{Q}{\nu} = \left(\frac{9.8 \times 23}{3000 \times 0.25^2}\right)^{1/5} \times \frac{0.25}{9.29 \times 10^{-6}} = 2.79 \times 10^4$$

由以上两值在图3.1.2-1画出点1,位于过渡区,须算出K_3和K_4值。

由式(3.1.2-4)
$$K_2^{1/5} = \left(\frac{0.25^2 \times 3000}{12.1 \times 23}\right)^{1/5} = 0.924$$

代入式(3.1.2-9)计算

$$K_3 = \frac{0.000046}{3.7 \times 0.924} = 0.0000135, \quad K_4 = \frac{2.51\pi \times 9.29 \times 10^{-6} \times 0.924}{4 \times 0.25} = 0.0000677$$

用K_3及K_4值在图3.1.2-2画直线①,交曲线得$\lambda^{1/5} = 0.4538$,代入式(3.1.2-5)计算
$$D = 0.924 \times 0.4538 = 0.419\text{m}, \quad 采用 D = 450\text{mm}$$

【例3.1.2-2】 一长为2400m的等直径水平铸铁管,已知总水头$h = 30\text{m}$,出口为大气压,需通过温度$t = 20℃$,流量$Q = 250\text{L/s}$的水,试确定输水管直径。(文献[29]5-54页)

【解】 查文献[29]表5.5-2,$K = 0.001\text{m}$。算出图3.1.2-1的坐标值:

$$\left(\frac{gh}{lQ^2}\right)^{1/5} K = \left(\frac{9.8 \times 30}{2400 \times 0.25^2}\right)^{1/5} \times 0.001 = 0.00114$$

由文献[29]表5.1.17,查得$\nu = 1.01 \times 10^{-6}\text{m}^2/\text{s}$,故

$$\left(\frac{gh}{lQ^2}\right)^{1/5} \frac{Q}{\nu} = \left(\frac{9.8 \times 30}{2400 \times 0.25^2}\right)^{1/5} \frac{0.25}{1.01 \times 10^{-6}} = 2.83 \times 10^5$$

在图3.1.2-1画出点2,位于粗糙区,故K_4为0。用式(3.1.2-4)和(3.1.2-9)计算

$$K_2^{1/5} \left(\frac{0.25^2 \times 2400}{12.1 \times 30}\right)^{1/5} = 0.838, \quad K_3 = \frac{0.001}{3.7 \times 0.838} = 0.0003225$$

在图3.1.2-2画直线②,交曲线得$\lambda^{1/5} = 0.4777$,代入式(3.1.2-5)计算
$$D = 0.838 \times 0.4777 = 0.400\text{m} = 400\text{mm}$$

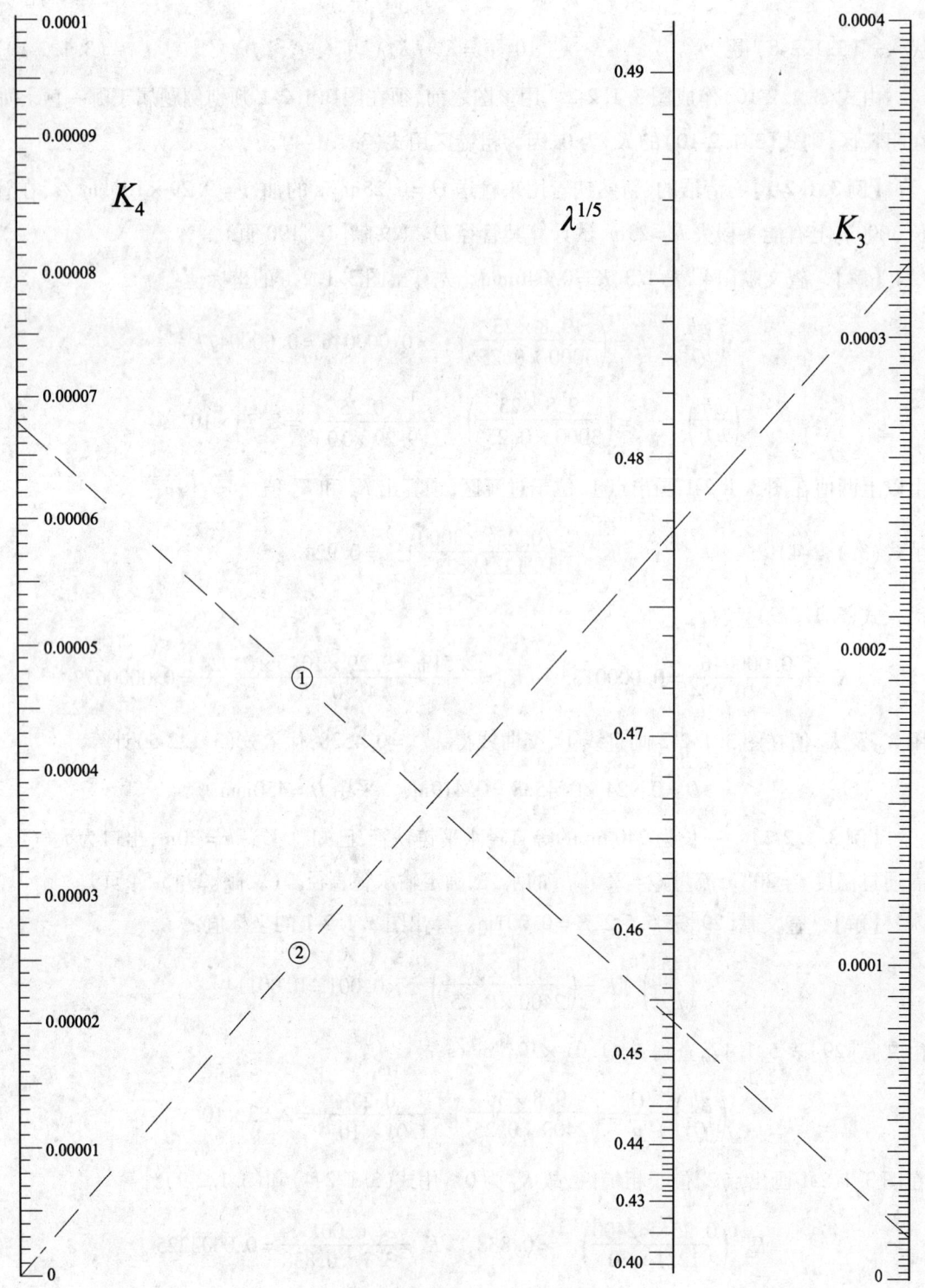

图 3.1.2-2 沿程阻力系数算图

3.1.3 三叉管的计算方法

《城市基础设施工程规划手册》[34]是一本使用较广的专著,该书的城市给水管网规划一章介绍多水源供水问题的分叉管路计算方法,列出的三种工况中有两种需要试算才能求解。其他水力学书籍中也有此类试算。其实,这种试算可以免去,介绍如下。

工况一: 已知各输水管比阻 A_i、管长 l_i 及三个水库水面标高 Z_A、Z_B、Z_C,求各管中的流量 Q_1、Q_2、Q_3。这是个典型的三水库问题,见图3.1.3。

解法:

$$Q_1 = Q_2 + Q_3 \tag{3.1.3-1}$$

$$H_1 = Z_A - Z_B = A_1 l_1 Q_1^2 + A_2 l_2 Q_2^2 \tag{3.1.3-2}$$

$$H_2 = Z_A - Z_C = A_1 l_1 Q_1^2 + A_3 l_3 Q_3^2 \tag{3.1.3-3}$$

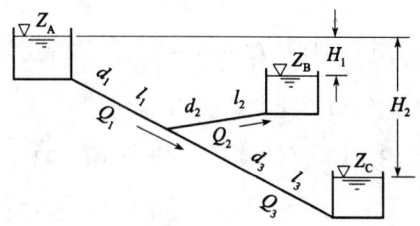

图3.1.3 三叉管示意

将式(3.1.3-2)的 Q_2 及式(3.1.3-3)的 Q_3 代入式(3.1.3-1):

$$Q_1 = \sqrt{\frac{H_1 - A_1 l_1 Q_1^2}{A_2 l_2}} + \sqrt{\frac{H_2 - A_1 l_1 Q_1^2}{A_3 l_3}} = \sqrt{K_3 - K_4 Q_1^2} + \sqrt{K_5 - K_6 Q_1^2} \tag{3.1.3-4}$$

式中设已知值

$$\left.\begin{array}{l} K_3 = H_1/A_2 l_2 \\ K_4 = A_1 l_1/A_2 l_2 \\ K_5 = H_2/A_3 l_3 \\ K_6 = A_1 l_1/A_3 l_3 \end{array}\right\} \tag{3.1.3-5}$$

将式(3.1.3-4)平方得

$$Q_1^2 + (K_3 - K_4 Q_1^2) - 2Q_1\sqrt{K_3 - K_4 Q_1^2} = K_5 - K_6 Q_1^2$$

$$Q_1^2(1 - K_4 + K_6) + (K_3 - K_5) = 2Q_1\sqrt{K_3 - K_4 Q_1^2}$$

再将上式平方得

$$Q_1^4[(1 - K_4 + K_6)^2 + 4K_4] + 2Q_1^2[(1 - K_4 + K_6)(K_3 - K_5) - 2K_3] + (K_3 - K_5)^2 = 0 \tag{3.1.3-6}$$

用简式概括为 $AQ_1^4 + BQ_1^2 + C = 0$

式中

$$\left.\begin{array}{l} A = (1 - K_4 + K_6)^2 + 4K_4 \\ B = 2[(1 - K_4 + K_6)(K_3 - K_5) - 2K_3] \\ C = (K_3 - K_5)^2 \end{array}\right\} \tag{3.1.3-7}$$

已知 $K_3 \sim K_6$ 时,算出 A、B、C 值,解二次方程可得 Q_1。

【例3.1.3-1】 A 水库向 B、C 水库供水,已知 $d_1 = 0.8\text{m}$,$l_1 = 5\text{km}$;$d_2 = 0.6\text{m}$,$l_2 = 10\text{km}$;

$d_3 = 0.5, l_3 = 15\text{km}$。管壁粗糙系数 $n = 0.0125$,高差 $H_1 = Z_A - Z_B = 30\text{m}$,$H_2 = Z_A - Z_C = 40\text{m}$。试求三管道的流量 Q_1、Q_2 及 Q_3。(文献[16]157页)

【解】 管道沿程水头损失 $h_f = \dfrac{\lambda l}{2gd}\left(\dfrac{4Q}{\pi d^2}\right)^2 = A_i l Q^2$

式中
$$A_i = \dfrac{1}{2g\left(\dfrac{\pi}{4}\right)^2}\dfrac{\lambda}{d^5} \qquad (3.1.3\text{-}8)$$

由文献[14]197页知,$\lambda = 8g/C^2$ 及满宁公式的 $C = \dfrac{1}{n}R^{1/6}$,满流 $R = d/4$,

代入式(3.1.3-8)得 $A_i = 10.2935 n^2/d^{5.3333}$ \qquad (3.1.3-9)

用式(3.1.3-9)计算, $A_1 = 10.2935 \times 0.0125^2/0.8^{5.3333} = 0.00529$

$A_2 = 10.2935 \times 0.0125^2/0.6^{5.3333} = 0.02452$

$A_3 = 10.2935 \times 0.0125^2/0.5^{5.3333} = 0.06484$

将已知数代入式(3.1.3-5)计算:

$K_3 = 30/(0.02452 \times 10000) = 0.12235$, $K_4 = 0.00529 \times 5000/(0.02452 \times 10000) = 0.10787$

$K_5 = 40/(0.06484 \times 15000) = 0.04113$, $K_6 = 0.00529 \times 5000/(0.06484 \times 15000) = 0.02720$

代入式(3.1.3-7)计算: $A = (1 - 0.10787 + 0.0272)^2 + 4 \times 0.10787 = 1.27665$

$B = 2[(1 - 0.10787 + 0.0272)(0.12235 - 0.04113) - 2 \times 0.12235] = -0.34006$

$C = (0.12235 - 0.04113)^2 = 0.00660$

故得方程 $1.27665 Q_1^4 - 0.34006 Q_1^2 + 0.00660 = 0$,解得 $Q_1^2 = 0.2453$,$Q_1 = 0.4953\text{m}^3/\text{s}$

由式(3.1.3-4) $Q_2 = \sqrt{K_3 - K_4 Q_1^2} = 0.3097\text{m}^3/\text{s}$,$Q_3 = \sqrt{K_5 - K_6 Q_1^2} = 0.1856\text{m}^3/\text{s}$

工况二:已知各输水管比阻 A_i,管长 l_i,水库 A、B 的水位标高 Z_A、Z_B,流量 Q_3,求水库 C 的水面标高 Z_C、流量 Q_1 与 Q_2。

解法:将式(3.1.3-1)代入式(3.1.3-2)、式(3.1.3-3)得

$$H_1 = A_1 l_1 (Q_2 + Q_3)^2 + A_2 l_2 Q_2^2 \qquad (3.1.3\text{-}10)$$

$$H_2 = A_1 l_1 (Q_2 + Q_3)^2 + A_3 l_3 Q_3^2 \qquad (3.1.3\text{-}11)$$

由式(3.1.3-10)解出未知数 Q_2,代入式(3.1.3-11)求出 H_2,则 $Z_C = Z_A - H_2$。

【例3.1.3-2】 利用上例的 A_1、l_1、H_1、Q_3、A_2 及 l_2 各值,代入式(3.1.3-10)计算 Q_2:

$30 = 0.00529 \times 5000(Q_2 + 0.1856)^2 + 0.02452 \times 10000 Q_2^2$

即 $1.1342 = (Q_2 + 0.1856)^2 + 9.2703 Q_2^2$,解得 $Q_2 = 0.3097\text{m}^3/\text{s}$

∴ $Q_1 = Q_2 + Q_3 = 0.3097 + 0.1856 = 0.4953\text{m}^3/\text{s}$

代入式(3.1.3-11)计算 $H_2 = 0.00529 \times 5000 \times 0.4953^2 + 0.06484 \times 15000 \times 0.1856^2 \approx 40\text{m}$

∴ $Z_C = Z_A - 40$

【例3.1.3-3】 如图3.1.3,已知 $n = 0.012$ 的三根管道,$l_1 = 3000\text{m}$,$d_1 = 1\text{m}$;$l_2 = 600\text{m}$,$d_2 = 0.45\text{m}$;$l_3 = 1000\text{m}$,$d_3 = 0.6\text{m}$。将 n 及 d 值代入式(3.1.3-9)算出 $A_1 = 0.00148$,$A_2 =$

0.1050,$A_3 = 0.0226$。$H_1 = Z_A - Z_B = 30 - 18 = 12\text{m}$,$H_2 = Z_A - Z_C = 30 - 9 = 21\text{m}$。求 Q_1、Q_2、Q_3。(文献[14]276页)

【解】 将已知数代入式(3.1.3-5)及式(3.1.3-7)计算:

$K_3 = 12/(0.105 \times 600) = 0.1905$, $K_4 = 0.00148 \times 3000/(0.105 \times 600) = 0.0705$

$K_5 = 21/(0.0226 \times 1000) = 0.9292$, $K_6 = 0.00148 \times 3000/(0.0226 \times 1000) = 0.1965$

$A = (1 - 0.0705 + 0.1965)^2 + 4 \times 0.0705 = 1.5499$

$B = 2[(1 - 0.0705 + 0.1965)(0.1905 - 0.9292) - 2 \times 0.1905] = -2.4256$

$C = (0.1905 - 0.9292)^2 = 0.5457$

解二次方程 $1.5499 Q_1^4 - 2.4256 Q_1^2 + 0.5457 = 0$,得 $Q_1^2 = 1.2926$,$Q_1 = 1.1369 \text{m}^3/\text{s}$

$$Q_2 = \sqrt{K_3 - K_4 Q_1^2} = \sqrt{0.1905 - 0.0705 \times 1.2926} = 0.3152 \text{m}^3/\text{s}$$

$$Q_3 = \sqrt{K_5 - K_6 Q_1^2} = \sqrt{0.9292 - 0.1965 \times 1.2926} = 0.8217 \text{m}^3/\text{s}$$

3.1.4 三项方程算图在管流计算中的应用

【例3.1.4-1】 某渠道与河道相交,用钢筋混凝土的倒虹吸管穿过河道与下游渠道相连接,如图3.1.4-1所示。管长 $l = 50\text{m}$,沿程阻力系数 $\lambda = 0.025$,管道折角 $\alpha = 30°$。当上游水位为110m,下游水位为107m,通过流量 $Q = 3\text{m}^3/\text{s}$ 时,求管径 d。(文献[40]209页)

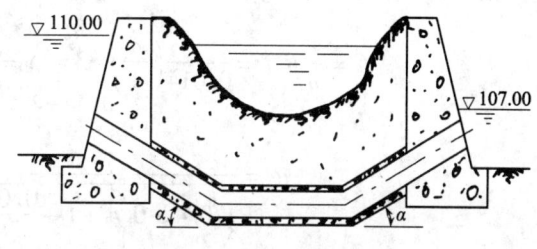

图3.1.4-1 倒虹管图(1)

【解】 因倒虹吸管出口在下游水面以下,为管道淹没出流。

由式 $Q = \mu_c \omega \sqrt{2gZ_o}$ 及 $\mu_c = \dfrac{1}{\sqrt{\lambda \dfrac{1}{d} + \Sigma\zeta}}$

得 $Z_o = \dfrac{Q^2}{2g\omega^2\mu_c^2} = \dfrac{Q^2}{2g\omega^2}\left(\lambda\dfrac{l}{d} + \Sigma\zeta\right) = 0.0826\dfrac{Q^2}{d^4}\left(\lambda\dfrac{l}{d} + \Sigma\zeta\right)$

已知 $Z_o \approx Z = 110 - 107 = 3\text{m}$ 及 Q, l, λ 值。由文献[40]表4.3取管道进口 $\zeta_\text{进} = 0.5$,30°折角转弯 $\zeta_\text{弯} = 0.2$,出口 $\zeta_\text{出} = 1.0$,代入上式得

$$3 = 0.0826 \times \dfrac{3^2}{d^4}\left(0.025 \times \dfrac{50}{d} + 0.5 + 2 \times 0.2 + 1\right),\text{即} d^5 - 0.47d - 0.31 = 0$$

上式与三项方程 $x^m + ax^n + b = 0$ 对照,$m = 5$,$n = 1$,$a = -0.47$,$b = -0.31$。用 a 和 b 值在

图 6.3.2 画直线①，与曲线 $m/n=5$ 相交，得 $x^n=d=0.94\text{m}$。

【例 3.1.4-2】 一河下圆形断面混凝土倒虹吸管（图 3.1.4-2），已知：粗糙系数 $n=0.014$，上下游水位差 $Z=1.5\text{m}$，流量 $Q=0.5\text{m}^3/\text{s}$，$l_1=20\text{m}$，$l_2=30\text{m}$，$l_3=20\text{m}$，折角 $\theta=30°$，试求管径 d。（文献[16]149 页）

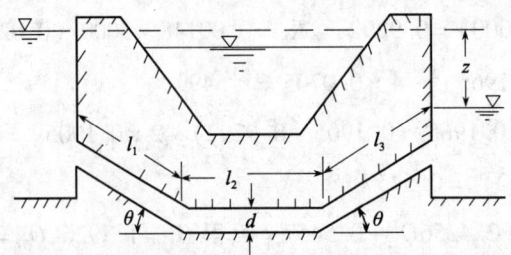

图 3.1.4-2 倒虹管图（2）

【解】 $$Q=\mu_s A\sqrt{2gz},\quad \mu_s=\frac{1}{\sqrt{\zeta_e+2\zeta_{be}+\zeta_0+\lambda\dfrac{1}{d}}}$$

$$\alpha=180°-\alpha'=180°-60°=120°,\quad \zeta_e=0.5+0.3\cos120°+0.2\cos^2 120°=0.4$$

查文献[16]附表 4.4，$\zeta_{be}=0.2$，$2\zeta_{be}=0.4$，$\zeta_0=1$

$$C=\frac{1}{n}R^{1/6}=\frac{1}{0.014}\left(\frac{d}{4}\right)^{1/6},\quad \lambda=\frac{8g}{c^2}=\frac{8\times 9.8}{\left[\dfrac{1}{0.014}\left(\dfrac{d}{4}\right)^{1/6}\right]^2}=\frac{0.0244}{d^{1/3}}$$

$$\therefore\quad \mu_s=\frac{1}{\sqrt{0.4+0.4+1+\dfrac{0.0244}{d^{1/3}}\cdot\dfrac{70}{d}}}=\frac{1}{\sqrt{1.8+\dfrac{1.71}{d^{4/3}}}}$$

$$Q=\frac{0.7854d^2\sqrt{19.6\times 1.5}}{\sqrt{1.8+\dfrac{1.71}{d^{4/3}}}},\quad 即\ 0.5=\frac{4.26d^2}{\sqrt{1.8+\dfrac{1.71}{d^{4/3}}}}$$

整理得 $\quad 72.59d^{16/3}-1.8d^{4/3}-1.71=0$

设 $D=d^{4/3}$ 代入上式得 $\quad D^4-0.024797D-0.023557=0$

以 $a=-0.0248$，$b=-0.0236$ 在图 6.3.2 画直线②，交曲线 $m/n=4$，得 $x^n=D=0.42\sim 0.44$

用迭代法提高精度：

$$D_1=\sqrt[4]{0.024797\times 0.42+0.023557}=0.4293$$

$$D_2=\sqrt[4]{0.024797\times 0.4293+0.023557}=0.4300$$

$$D=0.43,\quad d=D^{3/4}=0.53\text{m}$$

【例3.1.4-3】 有一条虹吸管,如图3.1.4-3,已知 $l_1=30\text{m}, l_2=35\text{m}, H_1=2.5\text{m}$,沿程水头损失系数 $\lambda=0.024$,局部水头损失系数 $\zeta_1=8.5, \zeta_2=3$,设计流量 $Q=0.016\text{m}^3/\text{s}$,试求直径 d 的值。(文献[27]189页)

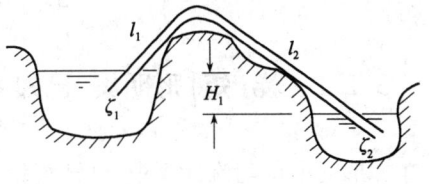

图3.1.4-3 虹吸管

【解】 两水池流速极小,可以略去。

因此 $H_1=\left(\lambda\dfrac{l_1+l_2}{d}+\zeta_1+\zeta_2\right)\dfrac{V^2}{2g}, \quad V=4Q/\pi d^2$

将已知数据代入上式,化简得:$118141d^5-11.5d-1.56=0$,须缩小系数才能用算图。设 $d=\dfrac{x}{10}$,代入上式:$118141\left(\dfrac{x}{10}\right)^5-11.5\left(\dfrac{x}{10}\right)-1.56=0$,即 $x^5-0.9746x-1.322=0$。在图6.3.1用 $a=-0.9746, b=-1.322$,画直线⑤,交曲线 $m/n=5/1=5$,得 $x^n=x=1.2\text{m}, \therefore d=0.12\text{m}$。

【例3.1.4-4】 如图3.1.4-4所示,长 $L=50\text{m}$ 的自流管将水引至抽水井,水泵将水从水井输送至水塔。水库和水井的液面高差 $H=0.5\text{m}$。水泵抽水量 $Q=0.036\text{m}^3/\text{s}$,已知 $\zeta_1=6, \lambda=0.03$,试求自流管直径 D。(文献[27]213页)

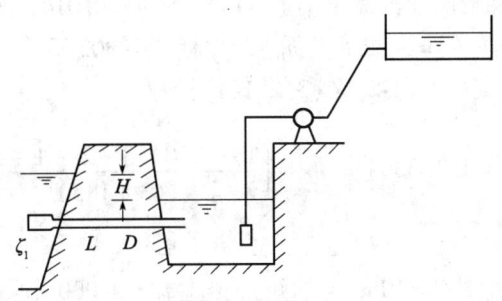

图3.1.4-4 水泵自流引水

【解】 对水库和水井液面应用伯努利方程,有

$$H=\left(\zeta_1+\lambda\dfrac{L}{D}\right)\dfrac{1}{2g}\left(\dfrac{4Q}{\pi D^2}\right)^2$$

代入已知数据得 $D^5-0.001285D-0.0003213=0$,系数太小,不便用图6.3.1,所以,设 $x=5D$ 代入,$\left(\dfrac{x}{5}\right)^5-0.001285\left(\dfrac{x}{5}\right)-0.0003213=0$,即 $x^5-0.8031x-1.0041=0$,在图6.3.1用 $a=-0.8031, b=-1.0041$ 画直线⑥,交曲线 $m/n=5/1=5$,得 $x=1.13$,则 $D=0.226\text{m}$。

迭代计算提高精度: $D_1=\sqrt[5]{0.001285\times 0.226+0.0003213}=0.22767$

$D_2=\sqrt[5]{0.001285\times 0.22767+0.0003213}=0.22783$

$D_3=D_4=0.22785, \quad \therefore D=0.2279\text{m}$

3.2 明渠均匀流

3.2.1 梯(矩)形明渠:已知 Q,i,m,n 和 β 时,求 b 和 h_0 的代数解法

在梯形明渠均匀流计算中,已知流量 Q,底坡 i,边坡系数 m,粗糙系数 n 和宽深比 β 时,求底宽 b 和正常水深 h_0 可用下述代数解法。

由满宁公式得
$$Q = \frac{1}{n}i^{1/2}R^{2/3}A = \frac{1}{n}i^{1/2}\frac{(bh_0 + mh_0^2)^{5/3}}{(b + 2h_0\sqrt{1+m^2})^{2/3}}$$

即
$$\left(\frac{nQ}{i^{1/2}}\right)^{3/2} = \frac{(bh_0 + mh_0^2)^{5/2}}{b + 2h_0\sqrt{1+m^2}} \tag{3.2.1-1}$$

已知
$$\beta = b/h_0$$

设
$$K = \left(\frac{nQ}{i^{1/2}}\right)^{3/2} \tag{3.2.1-2}$$

将 K 和 β 代入式(3.2.1-1)
$$K = \frac{(\beta + m)^{5/2} h_0^4}{\beta + 2\sqrt{1+m^2}} \tag{3.2.1-3}$$

∴
$$h_0 = \left[\frac{K(\beta + 2\sqrt{1+m^2})}{(\beta + m)^{5/2}}\right]^{1/4} \tag{3.2.1-4}$$

【例3.2.1-1】 有一梯形断面混凝土渠道,$m=1.5$,$n=0.014$,$i=0.00016$,通过流量 $Q=30\text{m}^3/\text{s}$ 时作均匀流,取 $\beta=b/h_0=3$,求 b 及 h_0。(文献[24]302页)

【解】 将已知数代入式(3.2.1-2)及(3.2.1-4)计算

$$K = \left(\frac{0.014 \times 30}{0.00016^{1/2}}\right)^{3/2} = 191.3304, \quad h_0 = \left[\frac{191.3304(3 + 2\sqrt{1+1.5^2})}{(3+1.5)^{5/2}}\right]^{1/4} = 2.33\text{m}$$

$$b = 3 \times 2.33 = 6.99\text{m}$$

【例3.2.1-2】 设计流量 $Q=10\text{m}^3/\text{s}$ 的矩形渠道,$i=0.0001$,采用一般混凝土护面($n=0.014$)。试按水力最佳断面设计渠宽 b 和水深 h_0。(文献[26]129页)

【解】 将 m 值代入水力最佳断面宽深比公式:$\beta = 2(\sqrt{1+m^2} - m) = 2(\sqrt{1+0} - 0) = 2$,将已知数代入式(3.2.1-2)及(3.2.1-4)计算

$$K = \left(\frac{10 \times 0.014}{0.0001^{1/2}}\right)^{3/2} = 52.383, \quad h_0 = \left[\frac{52.383(2+2)}{2^{5/2}}\right]^{1/4} = 2.47\text{m}$$

$$b = 2 \times 2.47 = 4.94\text{m}$$

【例3.2.1-3】 某抽水站流量 $10\text{m}^3/\text{s}$,渠道为梯形断面,$m=1$,$n=0.02$,$i=1/3000$,宽深比 $\beta=5$。试计算此渠道的断面尺寸。

【解】 将已知数代入式(3.2.1-2)及(3.2.1-4)计算

$$K = \left[\frac{10 \times 0.02}{(1/3000)^{1/2}}\right]^{3/2} = 36.26, \quad h_0 = \left[\frac{36.26(5 + 2\sqrt{2})}{(5+1)^{5/2}}\right]^{1/4} = 1.34\text{m}$$

$$b = 5 \times 1.34 = 6.70\text{m}$$

3.2.2 梯(矩)形明渠:已知 Q, i, m, n 和 h_0 时,求 b 的图算法

由式(3.2.1-3)
$$\frac{K}{h_0^4} = \frac{(\beta + m)^{5/2}}{\beta + 2\sqrt{1+m^2}}$$

设
$$A = \beta + m$$

则
$$b = \beta h_0 = h_0(A - m) \tag{3.2.2-1}$$

代入上式
$$\frac{K}{h_0^4} = \frac{A^{5/2}}{A - m + 2\sqrt{1+m^2}}$$

$$\frac{K}{h_0^4}\left(2\sqrt{1+m^2} - m\right) = A^{5/2} - \frac{AK}{h_0^4} \tag{3.2.2-2}$$

设
$$B = \frac{K}{h_0^4}\left(2\sqrt{1+m^2} - m\right) \tag{3.2.2-3}$$

$$C = K/h_0^4 \tag{3.2.2-4}$$

代入式(3.2.2-2),得 $B = A^{5/2} - AC$,作成图3.2.2。

【例3.2.2-1】 某河道上建一座矩形断面的钢筋混凝土渡槽,渡槽分4跨,每跨长30m,总长120m。根据渡槽两端渠道尺寸及渠底高程,选定渡槽的底坡 $i = 1/2000$,槽内水深 $h_0 = 1.98$m。当设计流量 $Q = 11.5\text{m}^3/\text{s}$ 时,试设计渡槽的宽度 b。

【解】 取钢筋混凝土渡槽的糙率 $n = 0.014$。将已知数代入式(3.2.1-2)、式(3.2.1-4)及式(3.2.2-3)计算

$$K = \left[\frac{11.5 \times 0.014}{\left(\frac{1}{2000}\right)^{1/2}}\right]^{3/2} = 19.32$$

$$C = \frac{19.32}{1.98^4} = 1.257, \quad B = 1.257(2\sqrt{1+0} - 0) = 2.514$$

用 B 和 C 值在图3.2.2画直线①,交曲线得 $A = 1.88$,代入式(3.2.2-1)计算

$$b = 1.98(1.88 - 0) = 3.72\text{m}$$

【例3.2.2-2】 有一梯形断面渠道,水深 $h_0 = 1.4$m,边坡系数 $m = 2.0$,粗糙系数 $n = 0.025$,底坡 $i = 0.0005$,流量 $Q = 8\text{m}^3/\text{s}$ 时作均匀流,求底宽 b。(文献[24]302页)

【解】 将已知数代入式(3.2.1-2)、式(3.2.2-4)及式(3.2.2-3)计算

$$K = \left(\frac{0.025 \times 8}{0.0005^{1/2}}\right)^{3/2} = 26.7496$$

$$C = 26.7496/1.4^4 = 6.9631, \quad B = 6.9631(2\sqrt{1+2^2} - 2) = 17.2136$$

用 B 和 C 值在图3.2.2画直线②,交曲线得 $A = 4.81$,代入式(3.2.2-1)计算

$$b = 1.4(4.81 - 2) = 3.93\text{m}$$

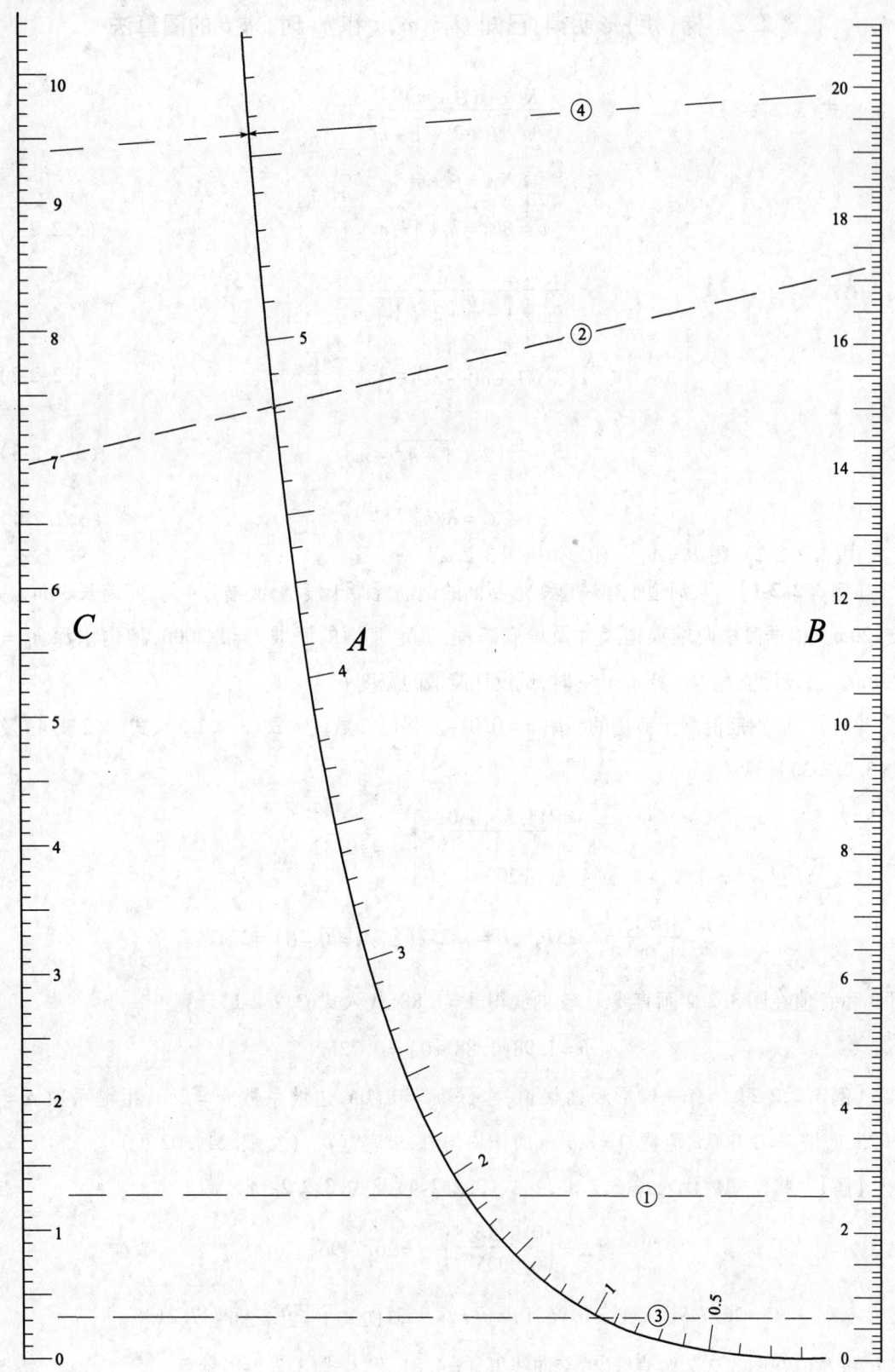

图 3.2.2 梯(矩)形明渠底宽算图

3.2.3 梯形明渠:已知 Q, i, m, n 和 b 时,求 h_0 的图算法

推导可图公式:将式(3.2.1-2)及 $h_0 = b/\beta$ 代入式(3.2.1-1)得

$$K = \frac{\left(\dfrac{b^2}{\beta} + m\dfrac{b^2}{\beta^2}\right)^{5/2}}{b + 2\dfrac{b}{\beta}\sqrt{1+m^2}} = \frac{b^5\left(\dfrac{1}{\beta} + \dfrac{m}{\beta^2}\right)^{5/2}}{b\left(1 + \dfrac{2}{\beta}\sqrt{1+m^2}\right)}$$

∴ $$\frac{K}{b^4} = \frac{\left(1 + \dfrac{m}{\beta}\right)^{5/2}}{\beta^{5/2}\left(1 + \dfrac{2}{\beta}\sqrt{1+m^2}\right)} \tag{3.2.3-1}$$

设 $\qquad\qquad\qquad A = 1 + m/\beta$

则 $\qquad\qquad\qquad h_0 = b/\beta = b(A-1)m \tag{3.2.3-2}$

代入式(3.2.3-1), $\qquad \dfrac{K}{b^4} = \dfrac{A^{5/2}}{\left(\dfrac{m}{A-1}\right)^{5/2}\left[1 + \dfrac{2(A-1)}{m}\sqrt{1+m^2}\right]}$

$$\frac{Km^{5/2}}{b^4} = (A^2 - A)^{5/2} - \frac{2K}{b^4}(A-1)m^{3/2}\sqrt{1+m^2} \tag{3.2.3-3}$$

设 $\qquad\qquad\qquad B = Km^{5/2}/b^4 \tag{3.2.3-4}$

$$C = \frac{2K}{b^4}m^{3/2}\sqrt{1+m^2} \tag{3.2.3-5}$$

代入式(3.2.3-3),得 $B = (A^2 - A)^{5/2} - C(A-1) \tag{3.2.3-6}$

由式(3.2.3-6)绘成图 3.2.3。

【例 3.2.3-1】 一水渠为梯形断面,$n = 0.025, m = 1, i = 1/800, b = 6.0\text{m}, Q = 70\text{m}^3/\text{s}$。超高 $d = 0.5\text{m}$,试确定堤顶高度。(文献[24]291 页)

【解】 先求正常水深 h_0。将已知数代入式(3.2.1-2)、(3.2.3-4)及(3.2.3-5)计算

$$K = \left[\frac{70 \times 0.025}{\left(\dfrac{1}{800}\right)^{1/2}}\right]^{3/2} = 348.2367$$

$$B = \frac{348.2367 \times 1^{5/2}}{6^4} = 0.2687, \quad C = \frac{2 \times 348.2367}{6^4} \times 1^{3/2}\sqrt{1+1} = 0.7599$$

用 B 和 C 值在图 3.2.3 的 I 图尺画直线①,得 $A = 1.55$,代入式(3.2.3-2)计算

$$h_0 = 6(1.55 - 1)/1 = 3.3\text{m}$$

加上超高即得堤顶高度为 $3.3 + 0.5 = 3.80\text{m}$。

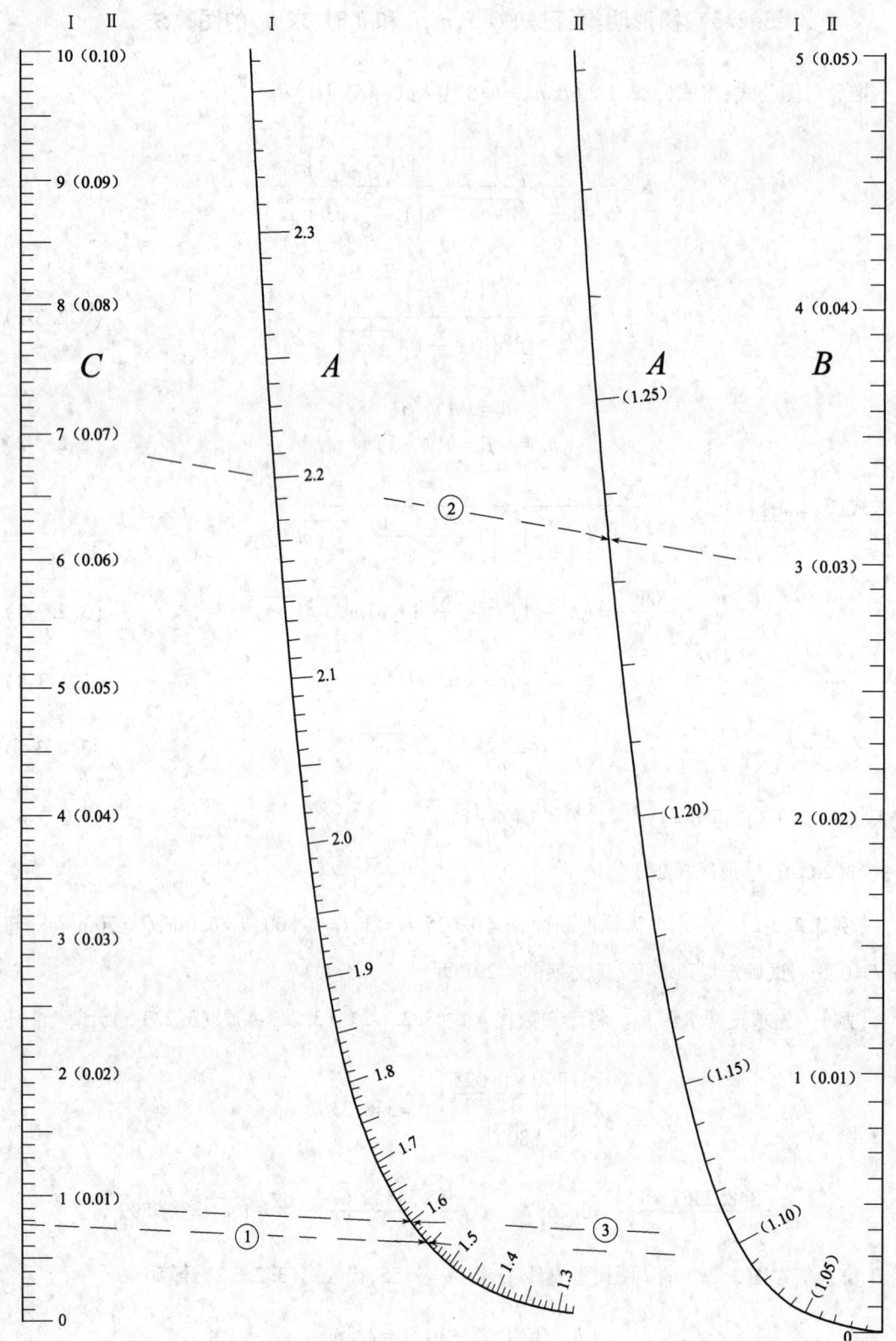

图3.2.3 梯形明渠正常水深算图

【例 3.2.3-2】 有一梯形断面渠道,底宽 $b=10\mathrm{m}$,边坡系数 $m=1.5$,糙率 $n=0.025$,底坡 $i=0.0005$,已知流量 $Q=20\mathrm{m}^3/\mathrm{s}$,求正常水深 h_0。(文献[27]307 页)

【解】 将已知数代入式(3.2.3-2)、(3.2.3-4)及(3.2.3-5)计算

$$K = \left(\frac{20 \times 0.025}{0.0005^{1/2}}\right)^{3/2} = 105.74$$

$$B = \frac{105.74 \times 1.5^{5/2}}{10^4} = 0.02914$$

$$C = \frac{2 \times 105.74 \times 1.5^{3/2} \sqrt{1+1.5^2}}{10^4} = 0.0700$$

用 B 和 C 值在图 3.2.3 的 II 图尺画直线②,得 $A=1.235$,代入式(3.2.3-2)计算

$$h_0 = 10(1.235-1)/1.5 = 1.57\mathrm{m}$$

3.2.4 矩形明渠:已知 Q,i,n 和 b 时,求 h_0 的图算法

矩形明渠的边坡系数 $m=0$,不能用式(3.2.3-4)和(3.2.3-5)计算 B 和 C 值,因此就不能用图 3.2.3。改将 $m=0$ 代入式(3.2.3-1)得

$$b^4/K = \beta^{3/2}(2+\beta) \tag{3.2.4-1}$$

图 3.2.4 即由式(3.2.4-1)所做成。

【例 3.2.4-1】 已知矩形明渠的流量 Q 为 $20.3\mathrm{m}^3/\mathrm{s}$,底宽 b 为 $8\mathrm{m}$,粗糙系数 n 为 0.028,底坡 i 为 $1/8000$。试求正常水深 h_0。(文献[26]例 6-1)

【解】 将已知数代入式(3.2.1-2)及(3.2.4-1)计算

$$K = \left[\frac{20.3 \times 0.028}{(1/8000)^{1/2}}\right]^{3/2} = 362.49$$

$$\frac{b^4}{K} = \frac{8^4}{362.49} = 11.30$$

用 b^4/K 值在图 3.1.4 查得点①的 $\beta=2$,则 $h_0=b/\beta=8/2=4\mathrm{m}$。

【例 3.2.4-2】 有一矩形断面的引水渡槽,底宽 $b=1.5\mathrm{m}$,底坡 $i=0.00421$,通过设计流量 $Q=7.65\mathrm{m}^3/\mathrm{s}$,槽身为混凝土($n=0.014$),试求正常水深 h_0。(文献[24]292 页)

【解】 将已知数代入式(3.2.1-2)及(3.2.4-1)计算

$$K = \left(\frac{7.65 \times 0.014}{0.00421^{1/2}}\right)^{3/2} = 2.12$$

$$\frac{b^4}{K} = \frac{1.5^4}{2.12} = 2.388$$

用 b^4/K 值在图 3.2.4 查得点②的 $\beta=0.881$,则 $h_0=b/\beta=1.5/0.881=1.70\mathrm{m}$。

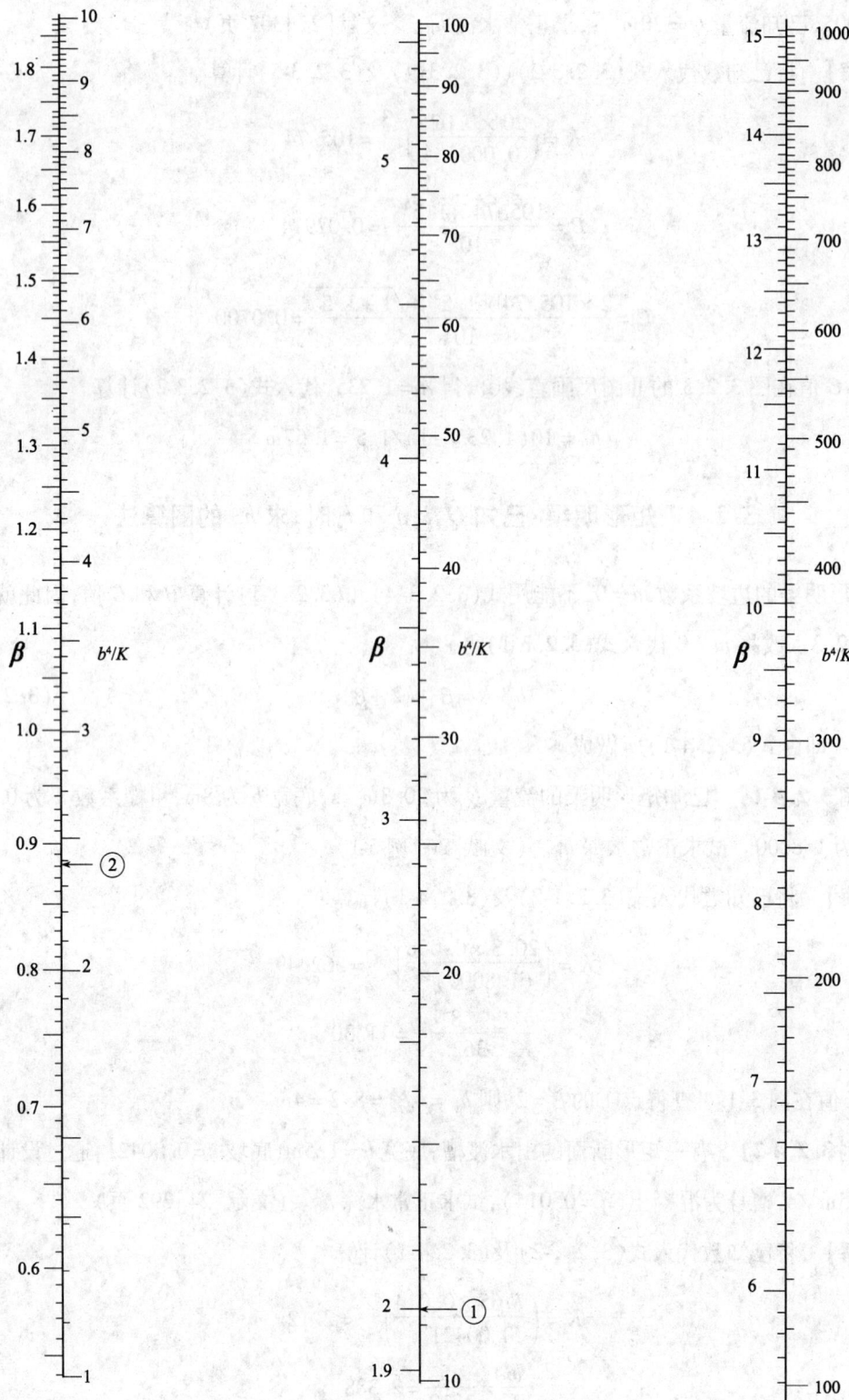

图 3.2.4 矩形明渠正常水深算图

3.3 明渠非均匀流

3.3.1 梯形明渠临界水深图算法

水力学中计算梯形明渠临界水深 h_c 常用试算法,本节介绍免去试算的图算法。

已知
$$\frac{\alpha Q^2}{g} = \frac{A_c^3}{B} = \frac{[(b+mh_c)h_c]^3}{b+2mh_c}$$

式中 h_c 是未知数。

设
$$K = \alpha Q^2/g \tag{3.3.1-1}$$
$$\beta = b/h_c$$

将式(3.3.1-1)及 $\beta = b/h_c$ 代入上式

$$K = \frac{\left(\frac{b^2}{\beta} + \frac{mb^2}{\beta^2}\right)^3}{b + 2m\frac{b}{\beta}} = \frac{b^6\left(\frac{1}{\beta} + \frac{m}{\beta^2}\right)^3}{b\left(1 + 2\frac{m}{\beta}\right)}$$

∴
$$\frac{K}{b^5} = \frac{\left(1 + \frac{m}{\beta}\right)^3}{\beta^3\left(1 + \frac{2m}{\beta}\right)} \tag{3.3.1-2}$$

设
$$C = 1 + \frac{m}{\beta} = 1 + \frac{mh_c}{b} \tag{3.3.1-3}$$

∴
$$h_c = (C-1)b/m \tag{3.3.1-4}$$

将式(3.3.1-3)代入式(3.3.1-2):

$$\frac{K}{b^5} = \frac{C^3}{\left(\frac{m}{C-1}\right)^3\left[1 + \frac{2m(C-1)}{m}\right]}$$

即
$$\frac{Km^3}{b^5} = \frac{[C(C-1)]^3}{2C-1} \tag{3.3.1-5}$$

设
$$D = Km^3/b^5 \tag{3.3.1-6}$$

将式(3.3.1-1)代入得
$$D = \alpha Q^2 m^3/gb^5 \tag{3.3.1-7}$$

将式(3.3.1-6)之 D 代入式(3.3.1-5),绘成图3.3.1。

【例3.3.1】 梯形断面渠道边坡系数 $m=1.5$,底宽 $b=10\text{m}$,流量 $Q=50\text{m}^3/\text{s}$,试求临界水深 h_c。(文献[24]315页)

【解】 用式(3.3.1-7)计算 $D = \dfrac{1 \times 50^2 \times 1.5^3}{9.81 \times 10^5} = 0.0086$

用 D 值在图3.3.1查得点①的 C 值为1.192,代入式(3.3.1-4)计算

$$h_c = \frac{10(1.192-1)}{1.5} = 1.28\text{m}$$

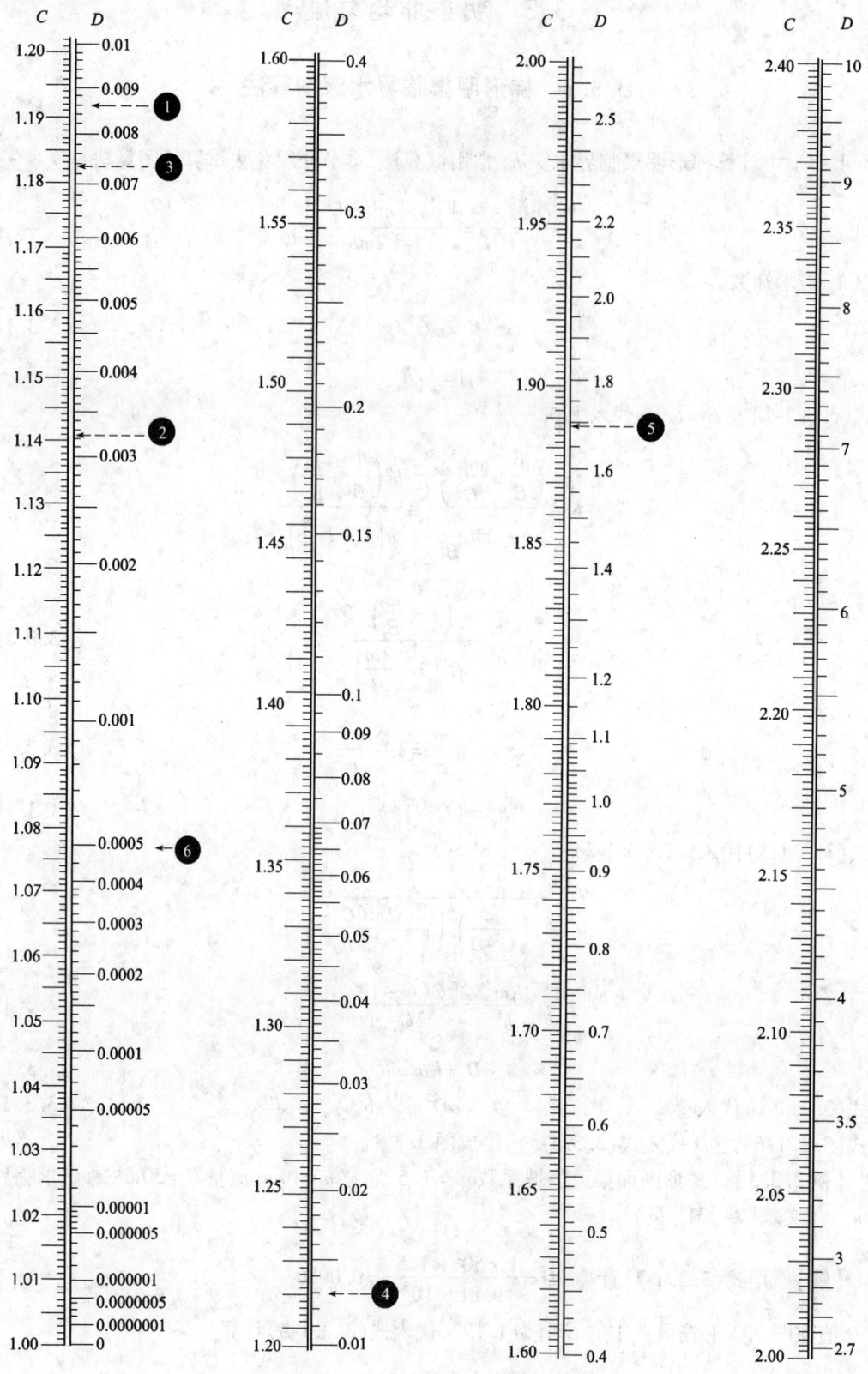

图 3.3.1 梯形明渠临界水深算图

3.3.2 平底梯形明渠跃后水深图算法

计算平底梯形明渠水跃后的水深 h_2 的方法常用试算法或图解法,但以文献[27]295页证明的式(3.3.2-1)更为简捷适用。

$$\eta^4 + \left(\frac{5}{2}\beta+1\right)\eta^3 + \left(\frac{3}{2}\beta+1\right)(\beta+1)\eta^2 + \left[\left(\frac{3}{2}\beta+1\right)\beta - \frac{3\sigma^2}{\beta+1}\right]\eta - 3\sigma^2 = 0 \quad (3.3.2\text{-}1)$$

式中 $\beta = \dfrac{b}{mh_1}, \quad \eta = \dfrac{h_2}{h_1}, \quad \sigma = \dfrac{Q}{mg^{1/2}h_1^{5/2}}$

本节将式(3.3.2-1)绘成图3.3.2,已知 β 和 σ 值时画直线求出 η,从而算出 h_2。

【例3.3.2-1】 有一梯形断面平底渠道,底宽 $b=2\text{m}$,边坡系数 $m=1.5$,渠道的流量 $Q=10\text{m}^3/\text{s}$。当渠中发生水跃时,跃前水深 $h_1=0.65\text{m}$,求跃后水深 h_2。(文献[24]331页)

【解】 $\beta = \dfrac{2}{1.5\times0.65} = 2.05, \quad \sigma = \dfrac{10}{1.5\times9.8^{1/2}\times0.65^{5/2}} = 6.25$

用 β 和 σ 值在图3.3.2画直线①,得 $\eta=2.4$,则 $h_2=2.4\times0.65=1.56\text{m}$。

【例3.3.2-2】 有一平底梯形渠道,底宽 $b=7\text{m}$,边坡系数 $m=1.5$,流量 $Q=45\text{m}^3/\text{s}$。第一共轭水深 $h_1=0.8\text{m}$,求第二共轭水深 h_2。(文献[24]337页)

【解】 $\beta = \dfrac{7}{1.5\times0.8} = 5.8333, \quad \sigma = \dfrac{45}{1.5\times9.8^{1/2}\times0.8^{5/2}} = 16.7330$

用 β 和 σ 值在图3.3.2画直线②,得 $\eta=2.4$,则 $h_2=2.94\times0.8=2.35\text{m}$。
验算:将 β、η 和 σ 值代入式(3.3.2-1)计算

$2.94^4 + 2.94^3(2.5\times5.8333+1) + 2.94^2(1.5\times5.8333+1)\times6.8333 + 2.94\times[(1.5\times$

$5.8333+1)\times5.8333 - 3\times16.733^2/6.8333] - 3\times16.733^2 = 835.3062 - 839.9799 = -4.6737$

$4.6737/839.98 = 0.0056$,相对误差小,故 h_2 值是可取的。

附:三元表值算图及图3.3.2的绘制方法

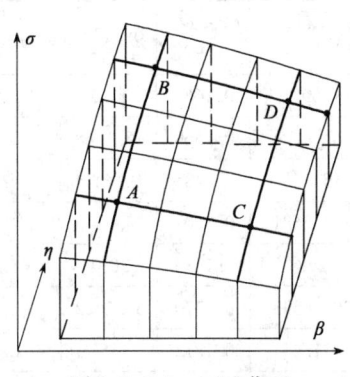

图3.3.2-1 三元曲面

有些三元函数式不符合可图公式形式,有些如式(3.3.2-1)这种可用四次方程算图求解但不简便,还有些三元表值的公式尚未算出。这些显函数或隐函数关系可算出三元表值,并可作出近似算图。罗河教授在1947年就创立了实验关系共线图的绘法,见文献[9]。编者在此作进一步阐述,举例说明。

式(3.3.2-1)按照文献[33]的方法判别,不符合三元可图公式形式。但因它只有变量 β、σ 和 η,就能作出三元表值算图,见图3.3.2。

(1)算出曲面主要数值

$\sigma = f(\eta, \beta)$ 表示一曲面,见图 3.3.2-1,可用曲面上 4 条井字形或口字形曲线近似表示曲面,每条曲线的 σ 值具有单调增大或减小的特点。即可由表 3.3.2-5 的两行两列数值作出算图 3.3.2。

列表计算时,先将式(3.3.2-1)改写为

$$\sigma^2 = \frac{\beta+1}{3(\beta+1+\eta)}\left[\eta^4 + \left(\frac{5}{2}\beta+1\right)\eta^3 + \left(\frac{3}{2}\beta+1\right)(\beta+1)\eta^2 + \left(\frac{3}{2}\beta+1\right)\beta\eta\right] \quad (3.3.2\text{-}2)$$

根据一些例题,取 $\beta = 1 \sim 9, \eta = 2 \sim 4$ 相应的 $\sigma = 3.39 \sim 33.102$(见表 3.3.2-5)。

当 $\beta = 9$ 时,式(3.3.2-2)成为

$$\sigma^2 = \frac{10}{3(\eta+10)}(\eta^4 + 23.5\eta^3 + 145\eta^2 + 130.5\eta)$$

$\beta = 9$ 时计算 σ 值　　　　　　表 3.3.2-1

η	① = η^2	② = η^3	③ = η^4	④ = 23.5②	⑤ = 145①	⑥ = 130.5η	⑦ = ③ + ④ + ⑤ + ⑥	⑧ = 10/3 (η+10)	⑨ = ⑧⑦	$\sigma = \sqrt{⑨}$
2	4	8	16	188	580	261	1045	0.2778	290.301	17.038
2.25	5.0625	11.3906	25.6289	267.6791	734.06	293.63	1320.00	0.2721	359.444	18.959
2.5	6.25	15.6250	39.0625	367.1875	906.25	326.25	1638.75	0.2667	437.055	20.906
2.75	7.5625	20.7969	57.1914	488.7272	1096.56	358.88	2001.36	0.2614	523.155	22.873
3	9	27	81	634.5	1305	391.5	2412	0.2564	618.437	24.868
3.25	10.5625	34.3281	111.5664	806.7104	1531.56	424.13	2873.97	0.2516	723.090	26.890
3.5	12.25	42.8750	150.0625	1007.5625	1776.25	456.75	3390.63	0.2469	837.193	28.934
3.75	14.0625	52.7344	197.7539	1239.2584	2039.06	489.38	3965.45	0.2424	961.226	31.004
4	16	64	256	1504	2320	522	4602	0.2381	1095.714	33.102

当 $\beta = 1$ 时,式(3.3.2-2)成为

$$\sigma^2 = \frac{2}{3(\eta+2)}(\eta^4 + 3.5\eta^3 + 5\eta^2 + 2.5\eta)$$

$\beta = 1$ 时计算 σ 值　　　　　　表 3.3.2-2

η	① = η^2	② = η^3	③ = η^4	④ = 3.5②	⑤ = 5①	⑥ = 2.5η	⑦ = ③ + ④ + ⑤ + ⑥	⑧ = 2/3 (η+2)	⑨ = ⑧⑦	$\sigma = \sqrt{⑨}$
2	4	8	16	28	20	5	69	0.1667	11.5	3.391
2.25	5.0625	11.3906	25.6289	39.8671	25.3125	5.625	96.4335	0.1569	15.1568	3.889
2.5	6.25	15.6250	39.0625	54.6875	31.25	6.25	131.25	0.1481	19.4444	4.410
2.75	7.5625	20.7969	57.1914	72.7892	37.8125	6.875	174.6681	0.1404	24.5148	4.951
3	9	27	81	94.5	45	7.5	228	0.1333	30.4	5.514
3.25	10.5625	34.3281	111.5664	120.1484	52.8125	8.125	292.6523	0.1270	37.1622	6.096
3.5	12.25	42.8750	150.0625	150.0625	61.25	8.75	371.25	0.1212	45	6.708
3.75	14.0625	52.7344	197.7539	184.5703	70.3125	9.375	462.0117	0.1159	53.5666	7.319
4	16	64	256	224	80	10	570	0.1111	63.3270	7.958

当 $\eta = 4$ 时,式(3.3.2-2)成为

$$\sigma^2 = \frac{\beta+1}{3(\beta+5)}\left[256 + 64\left(\frac{5}{2}\beta+1\right) + 16\left(\frac{3}{2}\beta+1\right)(\beta+1) + 4\beta\left(\frac{3}{2}\beta+1\right)\right]$$

$\eta = 4$ 时计算 σ 值 表 3.3.2-3

β	① = $\frac{5}{2}\beta+1$	② = $\frac{3}{2}\beta+1$	③ = $\beta+1$	④ = 64①	⑤ = 16②③	⑥ = 4β②	⑦ = 256 + ④+⑤+⑥	⑧ = ③⑦	⑨ = $\frac{⑧}{\beta+5}$	$\sigma = \sqrt{⑨/3}$
1	3.5	2.5	2	224	80	10	570	1140	190	7.958
1.5	4.75	3.25	2.5	304	130	19.5	709.5	1773.75	272.88	9.537
2	6	4	3	384	192	32	864	2592	370.29	11.110
2.5	7.25	4.75	3.5	464	266	47.5	1033.5	3617.25	482.30	12.679
3	8.5	5.5	4	544	352	66	1218	4872	609	14.248
3.5	9.75	6.25	4.5	624	451	87.5	1417.5	6378.75	750.44	15.816
4	11	7	5	704	560	112	1632	8160	906.67	17.385
5	13.5	8.5	6	864	816	170	2106	12636	1263.60	20.523
6	16	10	7	1024	1120	240	2640	18480	1680	23.664
7	18.5	11.5	8	1184	1472	322	3234	25872	2156	26.808
8	21	13	9	1344	1872	416	3888	34992	2691.69	29.954
9	23.5	14.5	10	1504	2320	522	4602	46020	3287.14	33.102

当 $\eta = 2$ 时,式(3.3.2-2)成为

$$\sigma^2 = \frac{\beta+1}{3(\beta+3)}\left[16 + 8\left(\frac{5}{2}\beta+1\right) + 4\left(\frac{3}{2}\beta+1\right)(\beta+1) + 2\beta\left(\frac{3}{2}\beta+1\right)\right]$$

$\eta = 2$ 时计算 σ 值 表 3.3.2-4

β	① = $\frac{5}{2}\beta+1$	② = $\frac{3}{2}\beta+1$	③ = $\beta+1$	④ = 8①	⑤ = 4②③	⑥ = 2β②	⑦ = 16 + ④+⑤+⑥	⑧ = ③⑦	⑨ = $\frac{⑧}{\beta+3}$	$\sigma = \sqrt{⑨/3}$
1	3.5	2.5	2	28	20	5	69	138	34.5	3.391
1.5	4.75	3.25	2.5	38	32.5	9.75	96.25	240.625	53.4722	4.222
2	6	4	3	48	48	16	128	384	76.8	5.060
2.5	7.25	4.75	3.5	58	66.5	23.75	164.25	574.875	104.5227	5.903
3	8.5	5.5	4	68	88	33	205	820	136.6667	6.749
3.5	9.75	6.25	4.5	78	112.5	43.75	250.25	1126.125	173.25	7.599
4	11	7	5	88	140	56	300	1500	214.2857	8.452
5	13.5	8.5	6	108	204	85	413	2478	309.75	10.161
6	16	10	7	128	280	120	544	3808	423.1111	11.876
7	18.5	11.5	8	148	368	161	693	5544	554.40	13.594
8	21	13	9	168	468	208	860	7740	703.6364	15.315
9	23.5	14.5	10	188	580	261	1045	10450	870.8333	17.038

把表 3.3.2-1～表 3.3.2-4 的 σ 值列于表 3.3.2-5，这就是代表曲面的口字形数值。

两行两列 σ 值汇总　　　　　　　表 3.3.2-5

η \ β	1	1.5	2	2.5	3	3.5	4	5	6	7	8	9
2	3.391	4.222	5.060	5.903	6.749	7.599	8.452	10.161	11.876	13.594	15.315	17.038
2.25	3.889											18.959
2.5	4.410											20.906
2.75	4.951											22.873
3	5.514											24.868
3.25	6.096											26.890
3.5	6.708											28.934
3.75	7.319											31.004
4	7.958	9.537	11.110	12.679	14.248	15.816	17.385	20.523	23.664	26.808	29.954	33.102

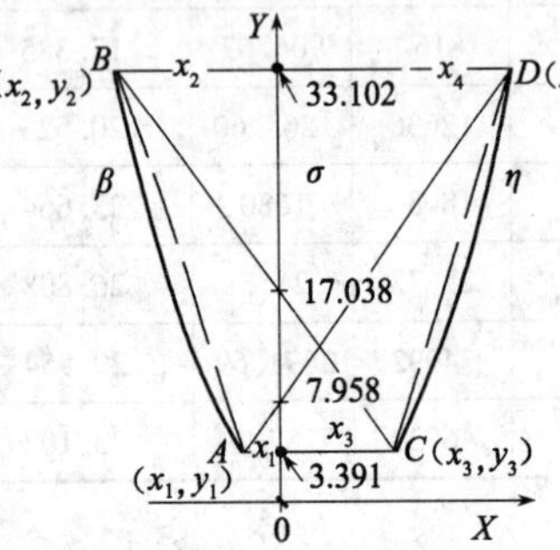

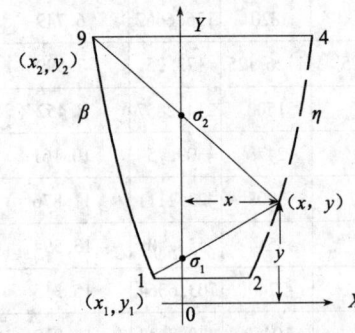

图 3.3.2-2　坐标计算示意

(2) 确定算图 4 角的坐标

为使图形比较均衡，在图 3.3.2-2 中取 σ 为直线，均匀分度，图高 $(33.102 - 3.391) \times 0.7 = 20.80\text{cm}$。取 $\beta = 1$（A 点）、9（B 点）及 $\eta = 2$（C 点）、4（D 点），这四点构成等腰梯形。由图 3.3.2-2 知

$$x_2 - x_1 = x_1 - x_3 \tag{3.3.2-3}$$

$$x_2 + x_4 = a \tag{3.3.2-4}$$

$$x_1 / x_4 = b \tag{3.3.2-5}$$

$$x_3 / x_2 = c \tag{3.3.2-6}$$

取图宽 $a = 14\text{cm}$。用图 3.3.2-2 所注数字计算

$$b = \frac{7.958 - 3.391}{33.102 - 7.958} = 0.18163, \quad c = \frac{17.038 - 3.391}{33.102 - 17.038} = 0.84954$$

$$x_3 = c x_2 = c(a - x_4) = c(a - x_1/b) \tag{3.3.2-7}$$

将式(3.3.2-4)～(3.3.2-6)之 x_4、x_3、x_2 代入式(3.3.2-3)得

$$x_1 = \frac{ab(c+1)}{b+c+2} \tag{3.3.2-8}$$

将 a、b、c 值代入(3.3.2-8)、(3.3.2-5)、(3.3.2-4)及(3.3.2-6)计算得 A、B、C、D 四点的横标为：$x_1 = 1.552, x_4 = 8.542, x_2 = 5.458, x_3 = 4.636\text{cm}$。$BD$ 及 AC 平行于 x 轴。

(3) 绘 η 及 β 曲线图尺

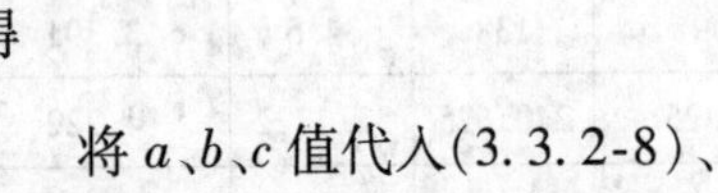

先以 $\beta = 1$ 和 9 为投射点，绘 η 图尺。η 曲线上任意一点坐标为 x 和 y。由图 3.3.2-3 的相似三角形得

$$\frac{y - y_1}{\sigma - y_1} = \frac{x_1 + x}{x_1}$$

$$\therefore \quad y = (\sigma_1 - y_1) x / x_1 + \sigma_1 \tag{3.3.2-9}$$

$$\frac{y_2 - y}{\sigma_2 - y} = \frac{x_2 + x}{x}$$

$$\therefore \quad y = \frac{x}{x_2}(\sigma_2 - y_2) + \sigma_2 \tag{3.3.2-10}$$

图 3.3.2-3　β 投射点计算图

式(3.3.2-9)=(3.3.2-10)得
$$x = \frac{\sigma_2 - \sigma_1}{\frac{\sigma_1 - y_1}{x_1} - \frac{\sigma_2 - y_2}{x_2}} \tag{3.3.2-11}$$

η 曲线坐标计算表　　　　　　　表3.3.2-6

①$=\frac{y_1}{x_1}$	②$=\frac{y_2}{x_2}-$①	③$=\eta$	④$=\sigma_1$	⑤$=\sigma_2$	⑥$=\sigma_2-\sigma_1$	⑦$=\sigma_1/x_1$	⑧$=\sigma_2/x_2$	⑨$=$②$+$⑦$-$⑧	$x=$⑥$/$⑨	$y=($⑦$-$①$)x+$④
$\frac{3.391}{1.552}=$ 2.185	$\frac{33.102}{5.458}-$ 2.185 $=$ 3.880	2	3.391	17.038	13.647	2.185	3.122	2.943	4.637	3.391
		2.25	3.889	18.959	15.070	2.506	3.474	2.912	5.175	5.550
		2.5	4.410	20.906	16.496	2.841	3.830	2.891	5.706	8.153
		2.75	4.951	22.873	17.922	3.190	4.191	2.879	6.225	11.207
		3	5.514	24.868	19.354	3.553	4.556	2.877	6.727	14.717
		3.25	6.096	26.890	20.794	3.928	4.927	2.881	7.218	18.677
		3.5	6.708	28.934	22.226	4.322	5.301	2.901	7.661	23.080
		3.75	7.319	31.004	23.685	4.716	5.680	2.916	8.122	27.876
		4	7.958	33.102	25.144	5.128	6.065	2.943	8.544	33.103

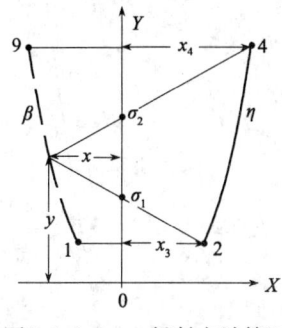

图3.3.2-4　η 投射点计算图

再以 η=2 和 4 为投射点，绘 β 图尺。由图3.3.2-4 知，β 曲线上任意一点的坐标为 x 和 y。

将式(3.3.2-9)及(3.3.2-10)中的 x_1 换成 x_3，x_2 换成 x_4，便可按表3.3.2-7 计算 x 和 y。

用 x 和 y 值在图3.3.2 中绘出 β 曲线。η 和 β 的 y 值须乘0.7 绘在毫米方格底上，因上页 σ 值已乘以0.7。下表中 β=3 的坐标举例注在图3.3.2。

β 曲线坐标计算表　　　　　　　表3.3.2-7

①$=\frac{y_1}{x_3}$	②$=\frac{y_2}{x_4}-$①	③$=\eta$	④$=\sigma_1$	⑤$=\sigma_2$	⑥$=\sigma_2-\sigma_1$	⑦$=\sigma_1/x_3$	⑧$=\sigma_2/x_4$	⑨$=$②$+$⑦$-$⑧	$x=$⑥$/$⑨	$y=($⑦$-$①$)x+$④
$\frac{3.391}{4.680}=$ 0.725	$\frac{33.102}{8.544}-$ ①$=$ 3.149	1	3.391	7.958	4.567	0.725	0.931	2.943	1.552	3.391
		1.5	4.222	9.537	5.315	0.902	1.116	2.935	1.811	4.543
		2	5.060	11.110	6.050	1.081	1.300	2.930	2.065	5.795
		2.5	5.903	12.679	6.776	1.261	1.484	2.926	2.316	7.144
		3	6.749	14.248	7.499	1.442	1.668	2.923	2.566	8.589
		3.5	7.599	15.816	8.217	1.624	1.851	2.922	2.812	10.227
		4	8.452	17.385	8.933	1.806	2.035	2.920	3.059	11.759
		5	10.161	20.523	10.362	2.171	2.402	2.918	3.551	15.300
		6	11.876	23.664	11.788	2.538	2.770	2.917	4.041	19.202
		7	13.594	26.808	13.214	2.905	3.138	2.916	4.532	23.474
		8	15.315	29.854	14.639	3.272	3.506	2.915	5.021	28.103
		9	17.038	33.102	16.064	3.641	3.874	2.916	5.509	33.102

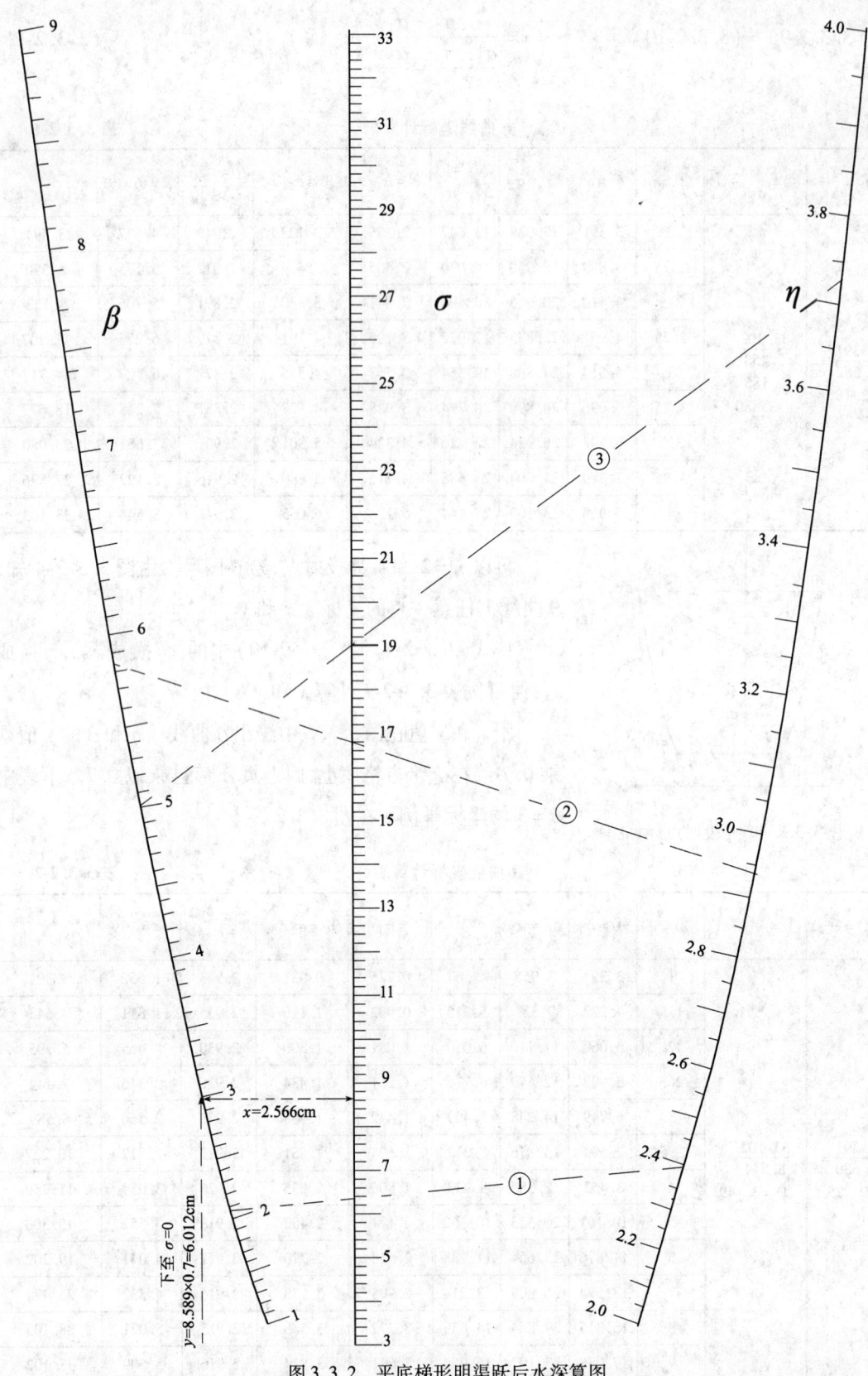

图 3.3.2 平底梯形明渠跃后水深算图

3.3.3 矩形明渠水跃共轭水深图算法

水跃是明渠水流从急流过渡到缓流时水面骤然跃起的局部水力现象。判别水跃发生位置的方法：假定跃前断面发生在收缩断面，即跃前水深 h_1 等于收缩断面水深 h_{c01}。由图 3.3.3-2 求得跃后水深 h_2，即 h_{c02}。用 h_{c02} 与下游河渠水深 h_t 相比较，$h_t = h_{c02}$ 时为临界水跃，$h_t < h_{c02}$ 时为远离水跃，$h_t > h_{c02}$ 时为淹没水跃。

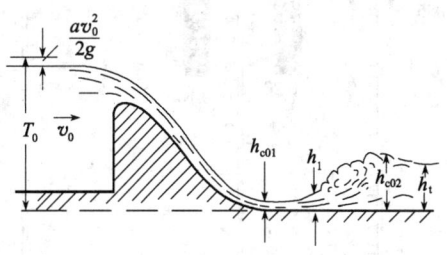

图 3.3.3-1 底流式衔接基本关系

对于建筑物下游为矩形断面平坡棱柱体渠道，底流衔接的两个基本关系式为：

$$T_0 = h_1 + \frac{q^2}{2g\varphi^2 h_1^2} \tag{3.3.3-1}$$

和

$$h_2 = \frac{h_1}{2}\left(\sqrt{1 + \frac{8q^2}{gh_1^3}} - 1\right) \tag{3.3.3-2}$$

矩形明渠临界水深 $h_c = \sqrt[3]{\frac{\alpha q^2}{g}}$，取 $\alpha = 1$，得 $h_c^3 = \frac{q^2}{g}$ (3.3.3-3)

将式(3.3.3-3)代入(3.3.3-1)，乘以 $h_1^2/T_0 h_c^2$，得

$$\frac{h_1^2}{h_c^2} = \frac{h_1^3}{T_0 h_c^2} + \frac{h_c}{2\varphi^2 T_0} = \frac{h_c}{T_0}\left(\frac{h_1^3}{h_c^3} + \frac{1}{2\varphi^2}\right)$$

∴

$$\frac{h_c}{T_0} = \frac{\left(\dfrac{h_1}{h_c}\right)^2}{\dfrac{1}{2\varphi^2} + \left(\dfrac{h_1}{h_c}\right)^3} \tag{3.3.3-4}$$

再将式(3.3.3-3)代入(3.3.3-2)，

得

$$\frac{h_2}{h_1} = \frac{1}{2}\left[\sqrt{1 + 8\left(\frac{h_c}{h_1}\right)^3} - 1\right] \tag{3.3.3-5}$$

由式(3.3.3-4)及(3.3.3-5)作成图 3.3.3-2。作图时分别取 φ 为 0.95 及 0.90。

【例 3.3.3-1】 某水库溢洪道进口为矩形断面的曲线型实用堰。上游有总水头 $T_0 = 10.31\text{m}$，单宽流量 $q = 13.9\text{m}^2/\text{s}$，流速系数 $\varphi = 0.95$，下游水深 $h_t = 4.7\text{m}$。试求收缩断面水深，并判别下游发生何种水跃。（文献[25]例 11.1）

【解】 将 q 值代入式(3.3.3-3)算出 $h_c = 2.7\text{m}$，$h_c/T_0 = 2.7/10.31 = 0.2619$，$\varphi = 0.95$，在图 3.3.3-2 的 h_c/T_0 图尺左边取一点 0.2619，画水平线②得 $h_1/h_c = 0.403$，$h_2/h_1 = 5.05$

∴ $h_{c01} = h_1 = 0.403 \times 2.7 = 1.09\text{m}$，$h_{c02} = h_2 = 1.09 \times 5.05 = 5.50\text{m}$

$h_{c02} > h_t$，所以下游发生远离水跃。

如果例题中不知 T_0，但知 h_1 及 h_c 值，也可在图 3.3.3-2 画水平线求得 h_2/h_1 值，算出 h_2。如果题中 $\varphi = 0.90$，则在 h_c/T_0 图尺右边取点画水平线。

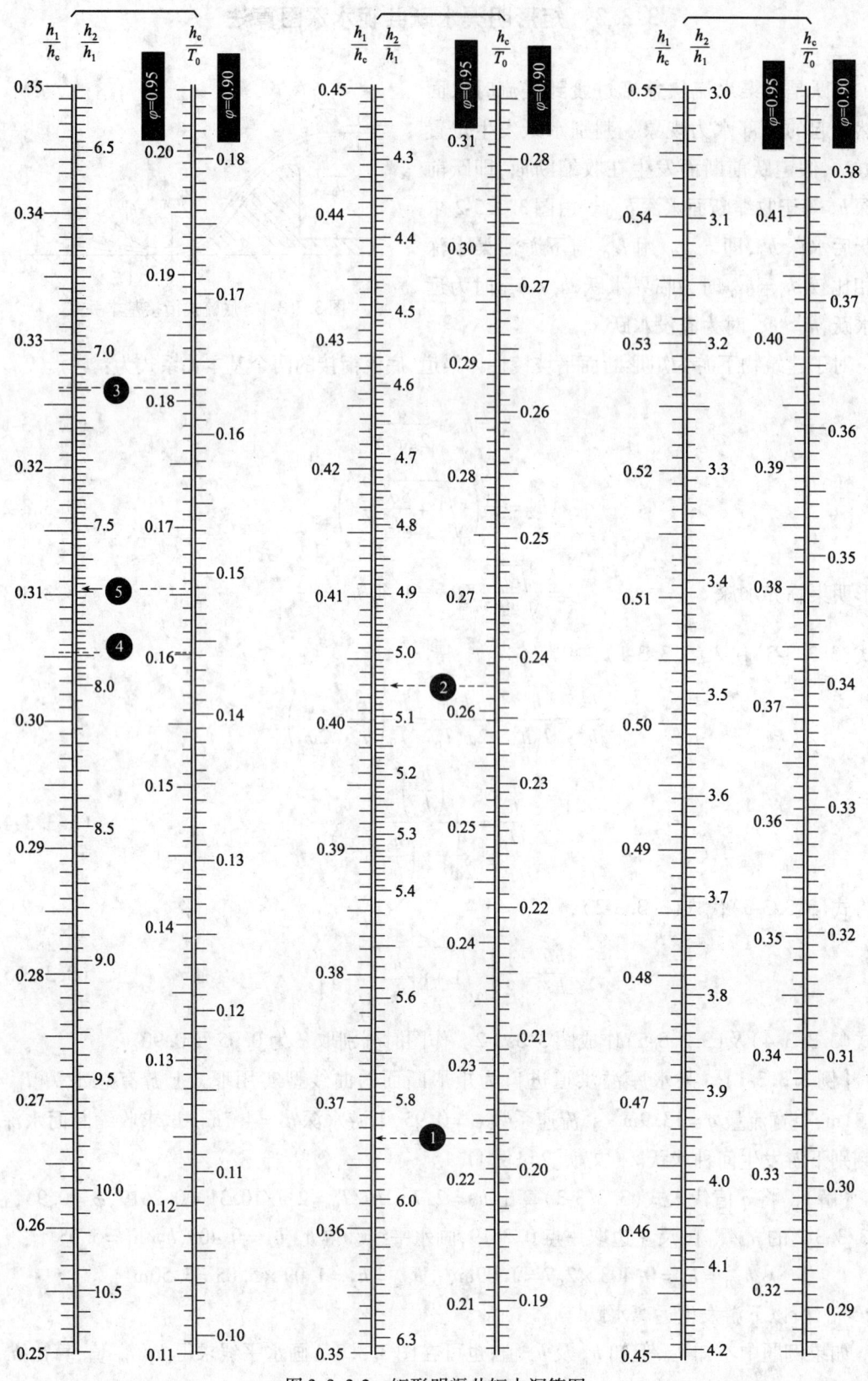

图 3.3.3-2 矩形明渠共轭水深算图

3.4 消 能 流

3.4.1 消力池深度图算法

水工建筑物下游的消能设施常用消力池(图3.4.1-1)。计算消力池深度 d 的方法,往常用试算法或图解法,本节提出的图算法则能求出比较精确的池深。

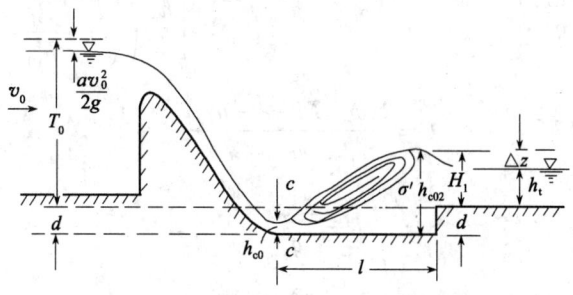

图 3.4.1-1 消力池

推导公式:由文献[12][16][25]所知,计算消力池深度应用下列四式:

$$d = \sigma' h_{c02} - \Delta z - h_t \tag{3.4.1-1}$$

$$T_0 + d = h_{c0} + \frac{q^2}{2g\varphi^2 h_{c0}^2} \tag{3.4.1-2}$$

$$h_{c02} = \frac{h_{c0}}{2}\left(\sqrt{1 + \frac{8q^2}{gh_{c0}^3}} - 1\right) \tag{3.4.1-3}$$

$$\Delta z = \frac{q^2}{2g}\left[\frac{1}{(\varphi_1 h_t)^2} - \frac{1}{(\sigma' h_{c02})^2}\right] \tag{3.4.1-4}$$

设已知值

$$\left.\begin{array}{l} A = \dfrac{q^2}{2g(\varphi_1 h_t)^2} \\ B = \dfrac{q^2}{2g\sigma'^2} \end{array}\right\} \tag{3.4.1-5}$$

代入式(3.4.1-4)得

$$\Delta z = A - \frac{B}{h_{c02}^2}$$

将上式代入(3.4.1-1)

$$d = \sigma' h_{c02} - A + \frac{B}{h_{c02}^2} - h_t$$

将上式代入(3.4.1-2)

$$A + h_t - T_0 = \sigma' h_{c02} + \frac{B}{h_{c02}^2} - \frac{q^2}{2g\varphi^2 h_{c0}^2} - h_{c0}$$

将式(3.4.1-3)代入上式,取 $\sigma' = 1.05$,得

$$A + h_t - T_0 = 1.05 \times \frac{h_{c0}}{2}\left(\sqrt{1 + \frac{8q^2}{gh_{c0}^3}} - 1\right) + \frac{B}{\left[\frac{h_{c0}}{2}\left(\sqrt{1 + \frac{8q^2}{gh_{c0}^3}} - 1\right)\right]^2} - h_{c0} - \frac{q^2}{2g\varphi^2 h_{c0}^2} \tag{3.4.1-6}$$

设已知值 $$B_1 = 8q^2/g$$

则 $$B = \frac{q^2}{2g\sigma'^2} = \frac{8q^2}{g} \times \frac{1}{16 \times 1.05^2} = 0.05669 B_1$$

将 B_1 代入式(3.4.1-6),乘以 $-2g\varphi^2/q^2$,得

$$\frac{2g\varphi^2(T_0 - A - h_t)}{q^2} = \frac{2g\varphi^2}{q^2}\left\{-0.525 h_{c0}\left(\sqrt{1+\frac{B_1}{h_{c0}^3}}-1\right) - \frac{0.05669 B_1}{\left[\frac{h_{c0}}{2}\left(\sqrt{1+\frac{B_1}{h_{c0}^3}}-1\right)\right]^2} + h_{c0}\right\} + \frac{1}{h_{c0}^2}$$

设 $$C = \frac{2g\varphi^2(T_0 - A - h_t)}{q^2}$$

$$D = \frac{2g\varphi^2}{q^2}$$

$$x = \frac{B_1}{h_{c0}^3} \quad (3.4.1\text{-}7)$$

代入上式,再乘以 $B_1^{2/3}$ 得

$$CB_1^{2/3} = DB_1 x^{-1/3}\left[-0.25(\sqrt{1+x}-1) - \frac{0.22676 x}{(\sqrt{1+x}-1)^2} + 1\right] + x^{2/3} \quad (3.4.1\text{-}8)$$

设 $$E = CB_1^{2/3} = \frac{17.12562\varphi^2(T_0 - A - h_t)}{q^{2/3}} \quad (3.4.1\text{-}9)$$

式中 $$DB_1 = 16\varphi^2 \quad (3.4.1\text{-}10)$$

将式(3.4.1-9)及(3.4.1-10)代入(3.4.1-8),分别取 $\varphi = 0.95$ 及 0.90,绘成图 3.4.3-3。

【例 3.4.1-1】 图 3.4.1-2 为修筑于河道中的溢流坝,坝顶高程为 110.00m,溢流面长度中等,河床高程为 100.00m,上游水位为 112.96m,下游水位为 104.00m,通过溢流坝的单宽流量 $q = 11.3 \text{m}^2/\text{s}$。判别下游是否要做消能工。若需要则作消力池水力计算。

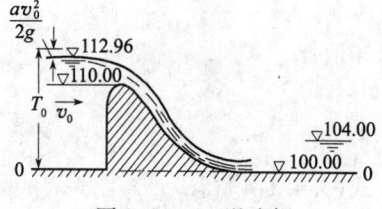

图 3.4.1-2 溢流坝

(文献[25]58页)

【解】 (1)判别下游是否要做消能工

$$T = 112.96 - 100.00 = 12.96\text{m}, \quad v_0 = q/T = 11.3/12.96 = 0.87\text{m/s}$$

$\alpha v_0^2/2g = 1 \times 0.87^2/19.6 = 0.04\text{m}$,上游总水头 $T_0 = 12.96 + 0.04 = 13.00\text{m}$

临界水深 $$h_c = \sqrt[3]{\frac{\alpha q^2}{g}} = \sqrt[3]{\frac{1 \times 11.3^2}{9.81}} = 2.35\text{m}, \quad \frac{h_c}{T_0} = \frac{2.35}{13} = 0.1808$$

坝溢流面长度为中等,由[25]表11.1查得$\varphi = 0.95$,用h_c/T_0及φ值在图3.3.3-2画水平线③,得

$$h_1/h_c = 0.3262, \quad h_2/h_1 = 7.1, \quad \therefore h_2 = 7.1h_1 = 7.1 \times 0.3262 \times 2.35 = 5.44\text{m},$$

即$h_{c02} = 5.44\text{m}$,而下游水深$h_t = 104 - 100 = 4\text{m} < h_{c02}$。所以坝下游发生远离水跃,需做消能工。计算消力池长度同文献[25],此处从略。

(2)计算消力池深度

用式(3.4.1-5)计算 $\quad A = \dfrac{q^2}{2g(\varphi_1 h_t)^2} = \dfrac{11.3^2}{19.62(0.95 \times 4)^2} = 0.4507$

用式(3.4.1-9)计算 $\quad E = \dfrac{17.1256 \times 0.95^2(13 - 0.4507 - 4)}{11.3^{2/3}} = 26.24$

用E值在图3.4.3-3画水平线①,得$x = 280.6$,用式(3.4.1-7)计算

$$h_{c0} = \sqrt[3]{\dfrac{B_1}{x}} = \sqrt[3]{\dfrac{1}{280.6} \times \dfrac{8 \times 11.3^2}{9.81}} = 0.719\text{m}$$

代入式(3.4.1-2)计算消力池深度

$$d = -13 + 0.719 + \dfrac{11.3^2}{19.62 \times 0.95^2 \times 0.719^2} = 1.67\text{m}$$

【例3.4.1-2】 在山洪沟上修筑一个单级跌水,设计流量$Q = 8.70\text{m}^3/\text{s}$,跌水高度$P = 3.10\text{m}$,上游渠道水深$H = 1.52\text{m}$,流速$v_0 = 1.20\text{m/s}$,下游渠道水深$h_t = 1.86\text{m}$,试计算消力池深度。(参文献[7]381页)

【解】 由P值查文献[7]表8-6,取流速系数φ为0.90。

计算跌水口宽度$b = Q/\varepsilon M H_0^{2/3}$,$H_0 = H + \alpha v_0^2/2g = 1.52 + 1.05 \times 1.2^2/19.62 = 1.60\text{m}$,采用$\varepsilon = 0.90$,$M = 1.62$,代入式中算出$b = 2.95\text{m}$,采用$b = 3$,则单宽流量$q = Q/b = 2.9\text{m}^2/\text{s}$。

将已知数代入式(3.4.1-5)计算

$$A = \dfrac{q^2}{2g(\varphi h_t)^2} = \dfrac{2.9^2}{19.62(0.9 \times 1.86)^2} = 0.153$$

用式(3.4.1-9)计算

$$E = \dfrac{17.1256\varphi^2(P + H_0 - A - h_t)}{q^{2/3}} = \dfrac{17.1256 \times 0.9^2 \times (3.10 + 1.60 - 0.153 - 1.86)}{2.9^{2/3}} = 18.35$$

用E值在图3.4.3-3画水平线②,得$x = 193.8$。

用式(3.4.1-7)计算

$$h_{c0} = h_1 = \sqrt[3]{\dfrac{B_1}{x}} = \sqrt[3]{\dfrac{1}{193.8} \times \dfrac{8 \times 2.9^2}{9.81}} = 0.328$$

代入式(3.4.1-2)计算消力池深度

$$d = -(3.10 + 1.60) + 0.328 + 2.9^2/(2g \times 0.9^2 \times 0.328^2) = 0.548 \approx 0.5\text{m}$$

3.4.2 消力槛淹没系数公式

消力槛计算中经常用消力槛淹没系数表(表 3.4.2-1)。为了便于绘成算图,先求出此表的函数式。

淹没系数表　　　　　　表 3.4.2-1

$(h_t-c)/H_0$	1	0.95	0.90	0.85	0.80	0.75	0.70	0.65	0.60	0.55	0.50	0.45
$x = 1 - (h_t-c)/H_0$	0	0.05	0.10	0.15	0.20	0.25	0.30	0.35	0.40	0.45	0.50	0.55
$y = \sigma$	0	0.535	0.710	0.800	0.865	0.908	0.940	0.960	0.975	0.985	0.995	1.000

用表 3.4.2-1 的 x 和 y 值在图 3.4.2-1 绘成曲线,其形状适合用双曲线方程来配线[15]。

以 x 与 $(x-0.05)/(y-0.535)$ 为坐标作图,在图 3.4.2-1 成直线关系。

设
$$\frac{x-0.05}{y-0.535} = a + bx$$

列出表 3.4.2-2,用最小二乘法求出 a 和 b:

$n\sum xy_1 = 25.3208$, $\quad n\sum x^2 = 12.6250$

$(\sum x)^2 = 10.5625$, $\quad \sum x \cdot \sum xy_1 = 8.22926$

$\sum y_1 \cdot \sum x^2 = 8.47769$, $\quad \sum x \cdot \sum y_1 = 21.82375$

最后求得

$$a = \frac{8.22926 - 8.47769}{10.5625 - 12.6250} = 0.12045$$

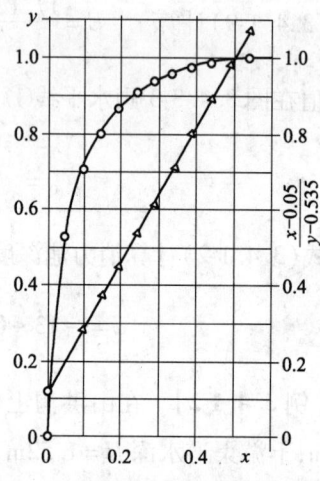

图 3.4.2-1　曲线配直

最小二乘法计算表　　　　　表 3.4.2-2

x	y	$x-0.05$	$y-0.535$	$y_1 = \dfrac{x-0.05}{y-0.535}$	xy_1	x^2	$y_{计}$	相对误差 %	平均相对误差 %
0.10	0.710	0.05	0.175	0.2857	0.02857	0.0100	0.707	-0.42	
0.15	0.800	0.10	0.265	0.3774	0.05661	0.0225	0.802	0.25	
0.20	0.865	0.15	0.330	0.4545	0.09090	0.0400	0.861	-0.46	
0.25	0.908	0.20	0.373	0.5362	0.12496	0.0625	0.902	-0.66	
0.30	0.940	0.25	0.405	0.6173	0.18519	0.0900	0.932	-0.85	
0.35	0.960	0.30	0.425	0.7059	0.24707	0.1225	0.955	-0.52	0.517
0.40	0.975	0.35	0.440	0.7995	0.31820	0.1600	0.973	-0.21	
0.45	0.985	0.40	0.450	0.8889	0.40001	0.2025	0.988	0.30	
0.50	0.995	0.45	0.460	0.9783	0.48915	0.2500	1.000	0.50	
0.55	1.000	0.50	0.465	1.0753	0.59142	0.3025	1.010	1.00	
$\sum$3.25				6.7150	2.53208	1.2625			

$$b = \frac{21.82375 - 25.32080}{10.5625 - 12.6250} = 1.69554$$

于是经验配线公式为

$$\frac{x - 0.05}{y - 0.535} = 0.12045 + 1.69554x$$

即

$$y_{\text{计}} = \frac{x - 0.05}{0.12045 + 1.69554x} + 0.535$$

得到表 3.4.2-1 的显函数式

$$\sigma = \frac{1 - \dfrac{h_t - c}{H_{10}} - 0.05}{0.12045 + 1.69554\left(1 - \dfrac{h_t - c}{H_{10}}\right) + 0.535} \tag{3.4.2-1}$$

上式的常数未合并,以便下节使用。

3.4.3 消力槛高度图算法

消力槛又称消力墙,也是一种常用的消能设施(图 3.4.3-1)。往常要试算槛高 c,下面介绍免去试算的图算法。

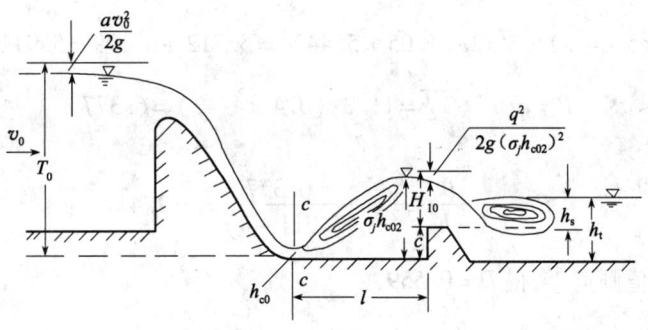

图 3.4.3-1 消力槛

在槛高未定时,不知道过槛水流属自由溢流或淹没溢流,所以一般先按自由溢流计算,然后以下游水深 h_t 校核。当 $(h_t - c)/H_{10} > 0.45$ 时,为淹没溢流。

已知

$$c = \sigma_j h_{c02} + \frac{q^2}{2g(\sigma_j h_{c02})^2} - H_{10} \tag{3.4.3-1}$$

$$q = m'\sigma \sqrt{2g} H_{10}^{3/2} \tag{3.4.3-2}$$

(1)设已知值

$$A = \sigma_j h_{c02} + q^2/2g(\sigma_j h_{c02})^2 \tag{3.4.3-3}$$

代入式(3.4.3-1)得

$$A = H_{10} + c \tag{3.4.3-4}$$

为简化式(3.4.2-1)而设

$$D = 1 - \frac{h_t - c}{H_{10}} = \frac{A - h_t}{H_{10}} \qquad (3.4.3\text{-}5)$$

(2)设已知值

$$B = \frac{q}{m'\sqrt{2g}}$$

代入式(3.4.3-2)得

$$B = \sigma H_{10}^{3/2} \qquad (3.4.3\text{-}6)$$

(3)将式(3.4.2-1)代入(3.4.3-6):

$$B = \left[\frac{1 - \frac{h_t - c}{H_{10}} - 0.05}{0.12045 + 1.69554\left(1 - \frac{h_t - c}{H_{10}}\right)} + 0.535 \right] H_{10}^{3/2}$$

再将式(3.4.3-5)代入上式,得到图3.4.3-4的公式:

设 $$E = \frac{B}{(A - h_t)^{3/2}} = \frac{1}{D^{3/2}} \left(\frac{D - 0.05}{0.12045 + 1.69554D} + 0.535 \right) \qquad (3.4.3\text{-}7)$$

【例3.4.3-1】 按照例3.4.1-1中所给的溢流坝,如下游采用消力槛消能,试进行消力槛的水力计算(消力槛的流量系数$m' = 0.40$)。(文献[25]63页)

【解】 (1)计算消力槛高度c

已知$q = 11.3\text{m}^2/\text{s}, h_{c02} = 5.44\text{m}$,代入式(3.4.3-3)计算

$$A = 1.05 \times 5.44 + 11.3^2/2g(1.05 \times 5.44)^2 = 5.712 + 0.199 = 5.911$$

$$B = q/m'\sqrt{2g} = 11.3/(0.4 \times 4.43) = 6.377$$

代入式(3.4.3-7)计算

$$E = \frac{B}{(A - h_t)^{3/2}} = \frac{6.377}{(5.911 - 4)^{1.5}} = 2.414$$

在图3.4.3-4用E值画点①,得$D = 0.559$

用式(3.4.3-5)计算

$$H_{10} = \frac{A - h_t}{D} = \frac{5.911 - 4}{0.559} = 3.419$$

用式(3.4.3-4)计算槛高

$$c = A - H_{10} = 5.911 - 3.419 = 2.49\text{m},\text{采用}\ c = 2.5\text{m}。$$

(2)计算消力池长度

消力池长度 $l = l_0 + 0.8l_j$, 曲线型实用堰$l_0 = 0$, $l_j = 6.9(h_2 - h_1)$

由$h_c/T_0 = 2.35/13 = 0.1808$及$\varphi = 0.95$,在图3.3.3-2画水平线③,

得 $h_1/h_c = 0.3262$, $h_2/h_1 = 7.1$, $\therefore h_1 = h_{c0} = 0.3262 \times 2.35 = 0.77\text{m}$

$$h_2 = 7.1 h_1 = 7.1 \times 0.3262 \times 2.35 = 5.44\text{m}$$

则 $l_j = 6.9(5.44 - 0.77) = 32.22\text{m}$, 池长$l = 0.8 \times 32.55 = 25.78\text{m}$

【例3.4.3-2】 某隧洞出口接扩散段，下接矩形消能池，如图3.4.3-2。已知护坦面上总水头 $T_0 = 11.6$m，下游水深 $h_t = 3.5$m，护坦段单宽流量 $q = 8.3\text{m}^2/\text{s}$，出口至消能池的流速系数 $\varphi = 0.95$。(1)判别下游水流衔接形式，要否设置消能设备？(2)如设置消力槛，求槛高和池长。（文献[13]214页）

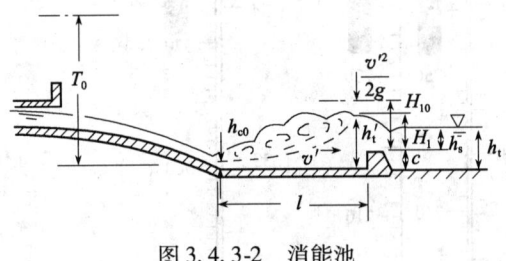

图3.4.3-2 消能池

【解】 (1)判别衔接形式

临界水深 $h_c = \sqrt[3]{\dfrac{q^2}{g}} = \sqrt[3]{\dfrac{8.3^2}{9.8}} = 1.92$m，$\dfrac{h_c}{T_0} = \dfrac{1.92}{11.6} = 0.1655$，用 h_c/T_0 及 φ 值，在图3.3.3-2 画水平线⑤，得 $h_1/h_c = 0.3105$，$h_1/h_2 = 7.69$，∴ $h_{c0} = h_1 = 0.3105 \times 1.92 = 0.596$m，$h_{c02} = h_2 = 7.69 \times 0.596 = 4.58$m $> h_t$，将发生远离水跃，故需设置消力槛。

(2)求槛高 c

先按坝顶不淹没考虑。槛前水深 $h'_t = \sigma h_{c02} = 1.05 \times 4.58 = 4.81$m

相应平均流速 $v' = q/h'_t = 8.3/4.81 = 1.73$m/s，槛前流速水头 $v'^2/2g = 1.73^2/19.6 = 0.15$m

$$H_{10} = \left(\dfrac{q}{m'\sqrt{2g}}\right)^{2/3} = \left(\dfrac{8.3}{0.42 \times 4.43}\right)^{2/3} = 2.71\text{m}, \quad H_1 = H_{10} - \dfrac{v'^2}{2g} = 2.71 - 0.15 = 2.56\text{m}$$

坎高 $c_0 = h'_t - H_1 = 4.81 - 2.56 = 2.25$m。

校核淹没情况：$h_s = h_t - c_0 = 3.5 - 2.25 = 1.25$m，$h_s/H_{10} = 1.25/2.71 = 0.461 > 0.45$，故知是淹没溢流，应考虑淹没系数 σ_j 的影响。以下按淹没情况求槛高。

$$A = \sigma_j h_{c02} + q^2/2g(\sigma_j h_{c02})^2 = 1.05 \times 4.58 + 8.3^2/19.6(1.05 \times 4.58)^2 = 4.961$$

$$A - h_t = 4.961 - 3.50 = 1.461, \quad B = \dfrac{q}{m'\sqrt{2g}} = \dfrac{8.3}{0.42 \times 4.43} = 4.46$$

$$E = \dfrac{B}{(A - h_t)^{3/2}} = \dfrac{4.46}{1.461^{3/2}} = 2.526，在图3.4.3-4 画点②，得 D = 0.5412,$$

则 $H_{10} = (A - h_t)/D = 1.461/0.5412 = 2.700$，槛高 $c = 4.961 - 2.700 = 2.26$m

(3)求池长 l

水跃长度 $l_j = 6.1 h_{c02} = 6.1 \times 4.58 = 27.94$m，$l = 0.75 l_j = 20.95$m，取池长为21m。

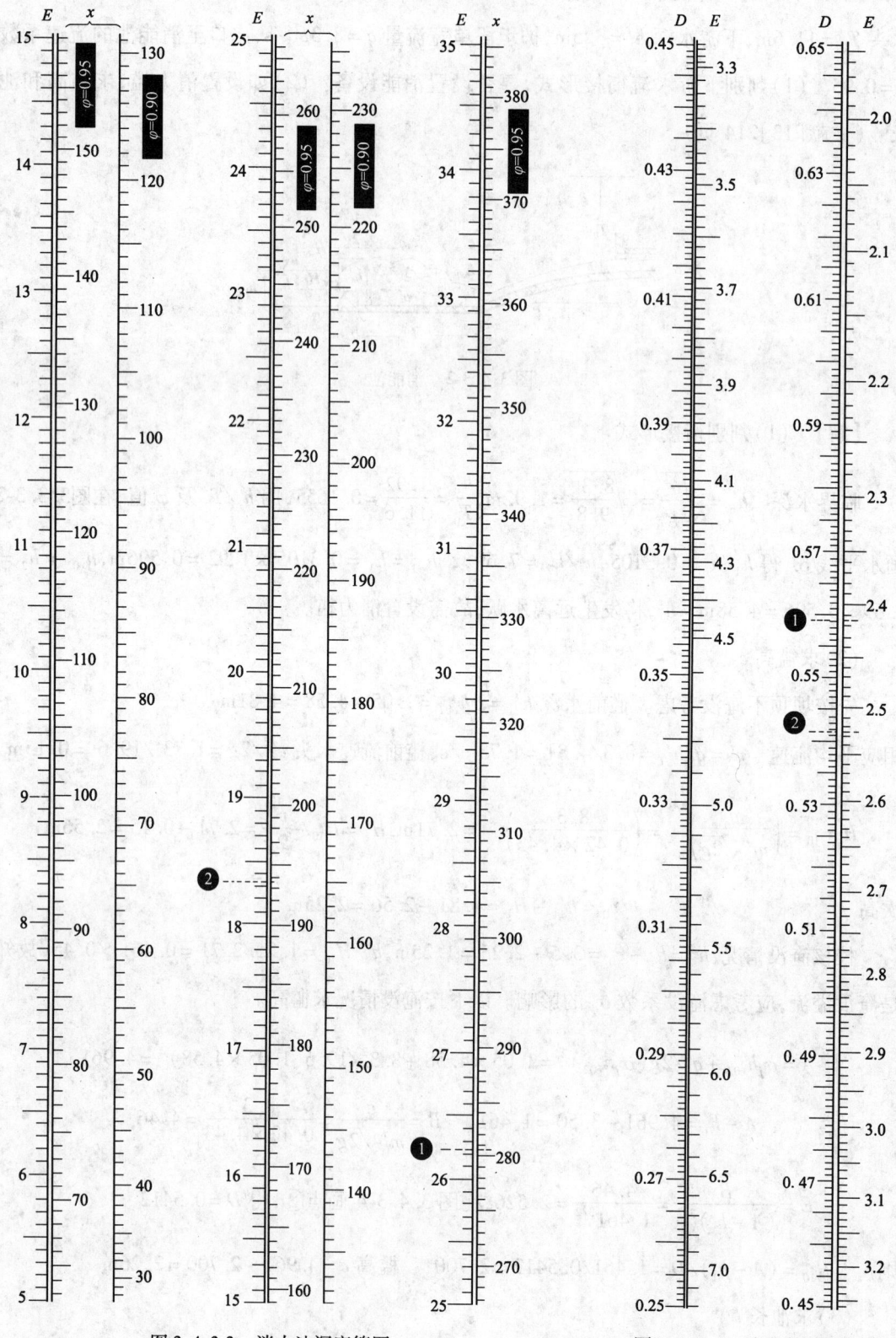

图 3.4.3-3 消力池深度算图　　图 3.4.3-4 消力槛高度算图

3.5 渗　　流

3.5.1 地下水缓变渗流正常水深图算法

地下水无压缓变渗流问题计算中,底坡 $i>0$ 时,求相应的均匀流正常水深 h_0 的方法,往往常用试算法,本节图算法能免去试算。

由 $i>0$ 时的浸润线方程

$$l = \frac{h_0}{i}\left(\eta_2 - \eta_1 + 2.3\lg\frac{\eta_2-1}{\eta_1-1}\right)$$

及

$$\eta_1 = h_1/h_0, \eta_2 = h_2/h_0$$

得

$$il = h_2 - h_1 + 2.3 h_0 \lg\frac{h_2-h_0}{h_1-h_0} \tag{3.5.1-1}$$

设已知值

$$A = \frac{il - h_2 + h_1}{2.3}$$

代入式(3.5.1-1)得

$$A = h_0 \lg\frac{h_2-h_0}{h_1-h_0}$$

设

$$B = A/h_0$$

代入上式得

$$10^B\left(h_1 - \frac{A}{B}\right) = h_2 - \frac{A}{B}, \quad 即 \quad h_2 = h_1 10^B - \frac{A}{B}(10^B - 1)$$

$$\frac{h_2}{h_1} = 10^B - \frac{A}{h_1}\left(\frac{10^B-1}{B}\right) \tag{3.5.1-2}$$

设已知值

$$C = h_2/h_1 \tag{3.5.1-3}$$

$$D = \frac{A}{h_1} = \frac{il - h_2 + h_1}{2.3 h_1} \tag{3.5.1-4}$$

代入式(3.5.1-2)得

$$C = -D\left(\frac{10^B-1}{B}\right) + 10^B \tag{3.5.1-5}$$

符合式(附1-3)的形式：　　$F(t) = \overset{\downarrow}{F}(v)\overbrace{F_1(u)} + \overset{\downarrow}{F_2}(u)$

所以式(3.5.1-5)能作成图 3.5.1-3。

【**例 3.5.1-1**】　某渠道与河道平行,中间为透水土层,如图 3.5.1-1 所示,已知不透水层底坡 $i=0.025$,土层的渗透系数 $k=0.002$cm/s,河道与渠道之间距离 $l=300$m,上端入渗水深 $h_1=2.0$m,下端出渗水深 $h_2=4.0$m。试求单宽渗流量 q。（文献[25]93 页）

【**解**】　将已知数代入式(3.5.1-3)和式(3.5.1-4)计算

$$C = \frac{h_2}{h_1} = \frac{4}{2} = 2$$

$$D = \frac{0.025 \times 300 - 4 + 2}{2.3 \times 2} = 1.196$$

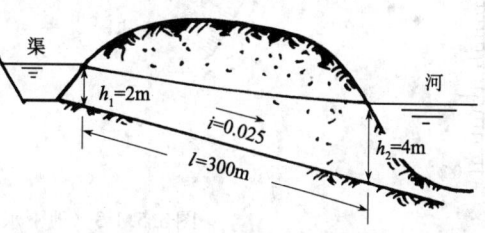

图 3.5.1-1　沟渠与河道位置

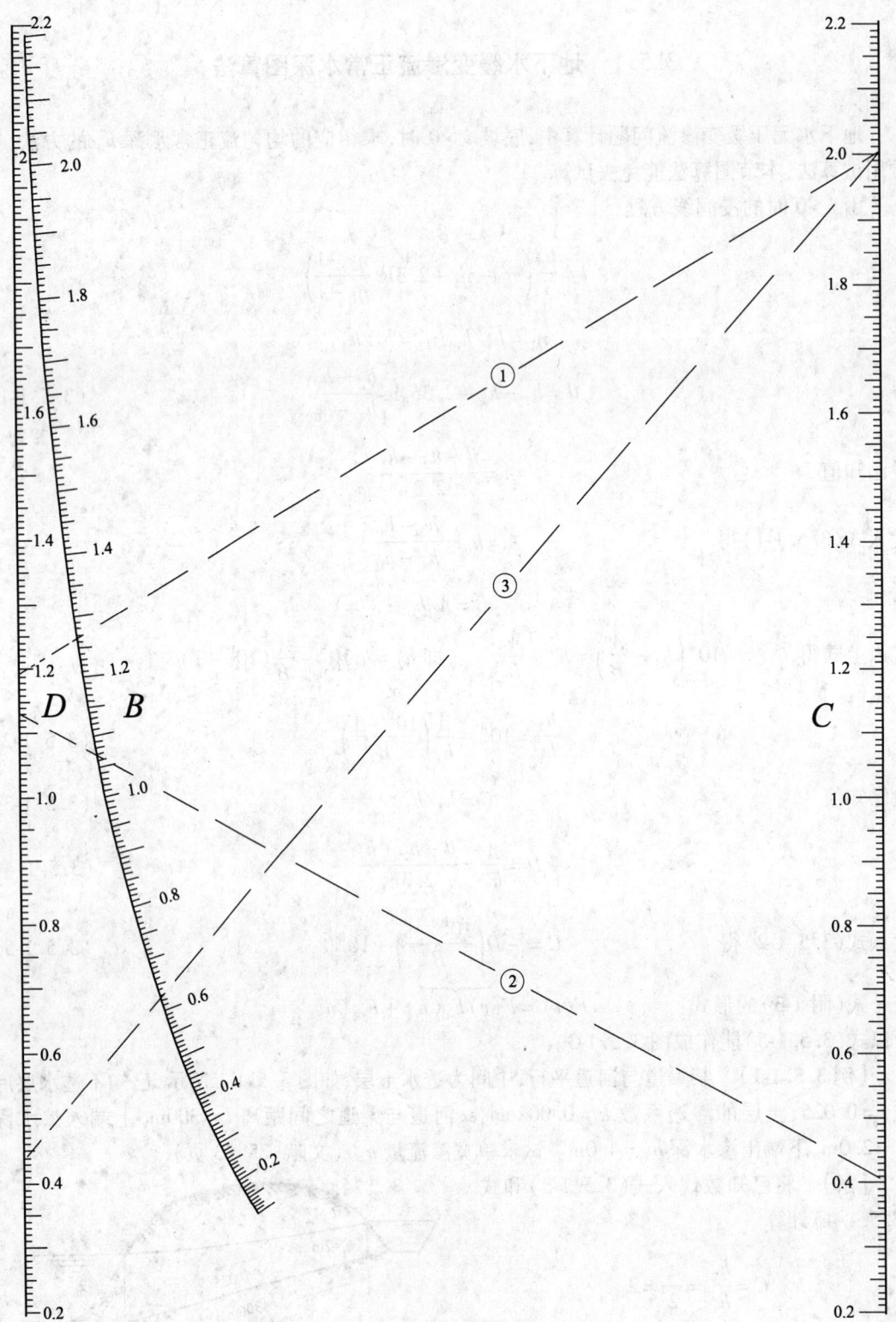

图 3.5.1-3 地下水缓变渗流正常水深算图

在图3.5.1-3画直线①,得 $B=1.27$,用迭代法提高精度:由式(3.5.1-5)得

$$B=\frac{D(10^B-1)}{10^B-C}, \qquad B_1=\frac{1.196(10^{1.27}-1)}{10^{1.27}-2}=1.2680$$

$$B_2=\frac{1.196(10^{1.268}-1)}{10^{1.268}-2}=1.2683, \qquad B_3=\frac{1.196(10^{1.2683}-1)}{10^{1.2683}-2}=1.2683$$

∴ $\qquad B=1.2683, \qquad h_0=\frac{A}{B}=\frac{Dh_1}{B}=\frac{1.196\times 2}{1.2683}=1.89\text{m}$

单宽渗流量 $\qquad q=kh_0 i=0.002\text{cm/s}\times 189\text{cm}\times 0.025=9.45\times 10^{-3}\text{cm}^2/\text{s}$

【例3.5.1-2】 某一河槽断面如图3.5.1-2。左岸含水层中有地下水渗入河槽。河槽水深1.0m,在距河道1000m处的地下水深度为2.5m。当在此河道下游修建水库后,河槽水位抬高4m。如离左岸1000m处的地下水位不变,试求修建水库前后的单宽渗流量,修建水库后单位长度上渗流量减少若干?含水层渗透系数 $k=0.002\text{cm/s}$。(文献[13]461页)

【解】 未建水库时

$$C=h_2/h_1=1/2.5=0.4$$

$$D=\frac{0.005\times 1000-1+2.5}{2.3\times 2.5}=1.130$$

在图3.5.1-3画直线②得 $B=1.065$,仿照
上例迭代计算得 $B=1.0703$,则

$$h_0=\frac{Dh_1}{B}=\frac{1.13\times 2.5}{1.0703}=2.637\text{m}$$

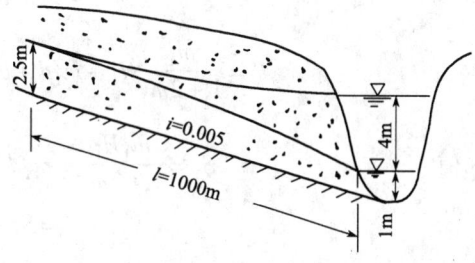

图3.5.1-2 河槽断面

建水库前的单宽渗流量为

$$q=kh_0 i=0.002\text{cm/s}\times 263.7\text{cm}\times 0.005=2.637\times 10^{-3}\text{cm}^2/\text{s}$$

建成水库后, $h_2=5\text{m}$,

$$C=\frac{5}{2.5}=2, \qquad D=\frac{0.005\times 1000-5+2.5}{2.3\times 2.5}=0.4348$$

在图3.5.1-3画直线③得 $B=0.625$,迭代计算得 $B=0.628$,则

$$h_0=\frac{0.4348\times 2.5}{0.628}=1.731\text{m}$$

建水库后的单宽渗流量为

$$q=kh_0 i=0.002\text{cm/s}\times 173.1\text{cm}\times 0.005=1.731\times 10^{-3}\text{cm}^2/\text{s}$$

故建库后壅水的渗流量较原有的渗流量减少了

$$(2.637-14.731)\times 0.00002\times 0.005\times 86400=7.83\times 10^{-3}\text{m}^2/\text{d}$$

3.5.2 土坝渗流溢出高度的两种图算法

土坝渗流情况是土坝能否正常工作的一个重要因素。土坝渗流计算中首先要试算溢出高度 a_0。水平不透水地基上的均质土坝渗流计算中,常有两种用超越方程求取 a_0 的试算,在此介绍将超越方程绘成算图,免去试算的方法。

3.5.2.1 矩形坝段替代法和圆弧形等势法组合计算的图算法

文献[13]和[30]在介绍几种计算土坝渗流量的方法中,推荐使用矩形坝段替代法和圆弧形等势法的组合计算,所用公式为

$$\frac{q}{k} = \frac{H_1^2 - (a_0 + H_2)^2}{2l'} \qquad (3.5.2\text{-}1)$$

和

$$\frac{q}{k} = a_0 \sin\beta \left(1 + \ln\frac{a_0 + H_2}{a_0}\right) \qquad (3.5.2\text{-}2)$$

式中

$$\sin\beta = \frac{1}{\sqrt{m_2^2 + 1}} \qquad (3.5.2\text{-}3)$$

$$l' = \frac{m_1}{1 + 2m_1}H_1 + m_1 d + b + m_2(H_n - H_2) - m_2 a_0 \qquad (3.5.2\text{-}4)$$

设已知值

$$S_1 = \frac{m_1 H_1}{1 + 2m_1} + m_1 d + b + m_2(H_n - H_2) \qquad (3.5.2\text{-}5)$$

则

$$l' = S_1 - m_2 a_0 \qquad (3.5.2\text{-}6)$$

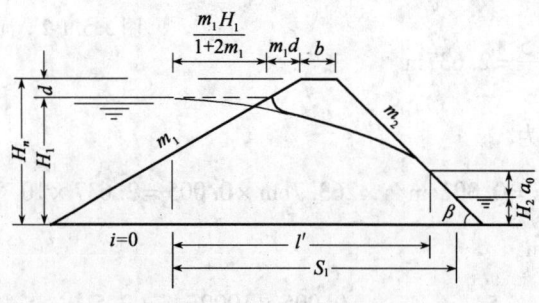

图 3.5.2-1 土坝渗流断面

式(3.5.2-1)等于(3.5.2-2)后,代入式(3.5.2-3)、(3.5.2-6)得

$$\frac{H_1^2 - (a_0 + H_2)^2}{2(S_1 - m_2 a_0)} = \frac{a_0}{\sqrt{m_2^2 + 1}}\left(1 + \ln\frac{a_0 + H_2}{a_0}\right)$$

设

$$u = H_2/a_0$$

代入上式得

$$H_1^2 - H_2^2\left(\frac{1}{u} + 1\right)^2 = 2\left(S_1 - m_2\frac{H_2}{u}\right)\frac{H_2}{u}\frac{1}{\sqrt{m_2^2 + 1}}[\ln(u+1) + 1]$$

除以 H_2^2 得

$$\left(\frac{H_1}{H_2}\right)^2 - 50 = \frac{2S_1}{H_2}\frac{1}{\sqrt{m_2^2+1}}\frac{1}{u}[\ln(u+1)+1]$$

$$+\left\{\left(\frac{1}{u}+1\right)^2 - \frac{2m_2}{\sqrt{m_2^2+1}}\frac{1}{u^2}[\ln(u+1)+1]-50\right\} \quad (3.5.2\text{-}7)$$

式中等号两边皆减50,是制图需要,在本节后面说明。

设已知值
$$\left.\begin{array}{l} A = \left(\dfrac{H_1}{H_2}\right)^2 - 50 \\[2mm] B = \dfrac{2S_1}{H_2\sqrt{m_2^2+1}} \end{array}\right\} \quad (3.5.2\text{-}8)$$

将式(3.5.2-8)代入(3.5.2-7),符合可图公式(附1-5)的形式:

$$\underset{F(t)}{A} = \underset{F(v)}{B} \underset{F_1(u)}{\frac{1}{u}[\ln(u+1)+1]} + \underbrace{\left\{\left(\frac{1}{u}+1\right)^2 - \frac{2m_2}{\sqrt{m_2^2+1}}\frac{1}{u^2}[\ln(u+1)+1]-50\right\}}_{F_2(u,m_2)} \quad (3.5.2\text{-}9)$$

所以式(3.5.2-9)能作成图3.5.2-2。F_1 中不含自变量 m_2,所以图3.5.2-2的 u 图尺是平行线。

【例3.5.2-1】 某均质土坝顶高程为20m,坝基面高程为0m,坝顶宽 $b=7$m,上游坝坡坡率 $m_1=2.5$,下游坝坡坡率 $m_2=2$,上游水位高程为18m,下游水位高程为3m,试求溢出高度 a_0。(文献[30]179页)

【解】 将已知数代入式(3.5.2-5)、(3.5.2-8)计算

$$S_1 = \frac{2.5 \times 18}{1 + 2 \times 2.5} + 2.5 \times 2 + 7 + 2(20-3) = 53.5$$

$$A = \left(\frac{18}{3}\right)^2 - 50 = -14, \quad B = \frac{2 \times 53.5}{3\sqrt{2^2+1}} = 15.9506$$

用 A 和 B 值在图3.5.2-2画直线①,交曲线 $m_2=2$ 得 $u=0.675$,

则
$$a_0 = H_2/u = 3/0.675 = 4.44\text{m}$$

【例3.5.2-2】 有一地基为水平不透水层的均质土坝,如图3.5.2-1所示。坝高 $H_n=17$m,上游水深 $H_1=15$m,下游水深 $H_2=4$m,上游边坡系数 $m_1=3$,下游边坡系数 $m_2=2$,坝顶宽度 $b=12$m。求下游坝面溢出高度 a_0。(文献[13]476页)

【解】 将已知数代入式(3.5.2-5)、(3.5.2-8)计算

$$S_1 = \frac{3 \times 15}{1+2 \times 3} + 3 \times 2 + 12 + 2(17-4) = 50.4286$$

$$A = \left(\frac{15}{4}\right)^2 - 50 = -35.9375, \quad B = \frac{2 \times 50.4286}{4\sqrt{2^2+1}} = 11.2762$$

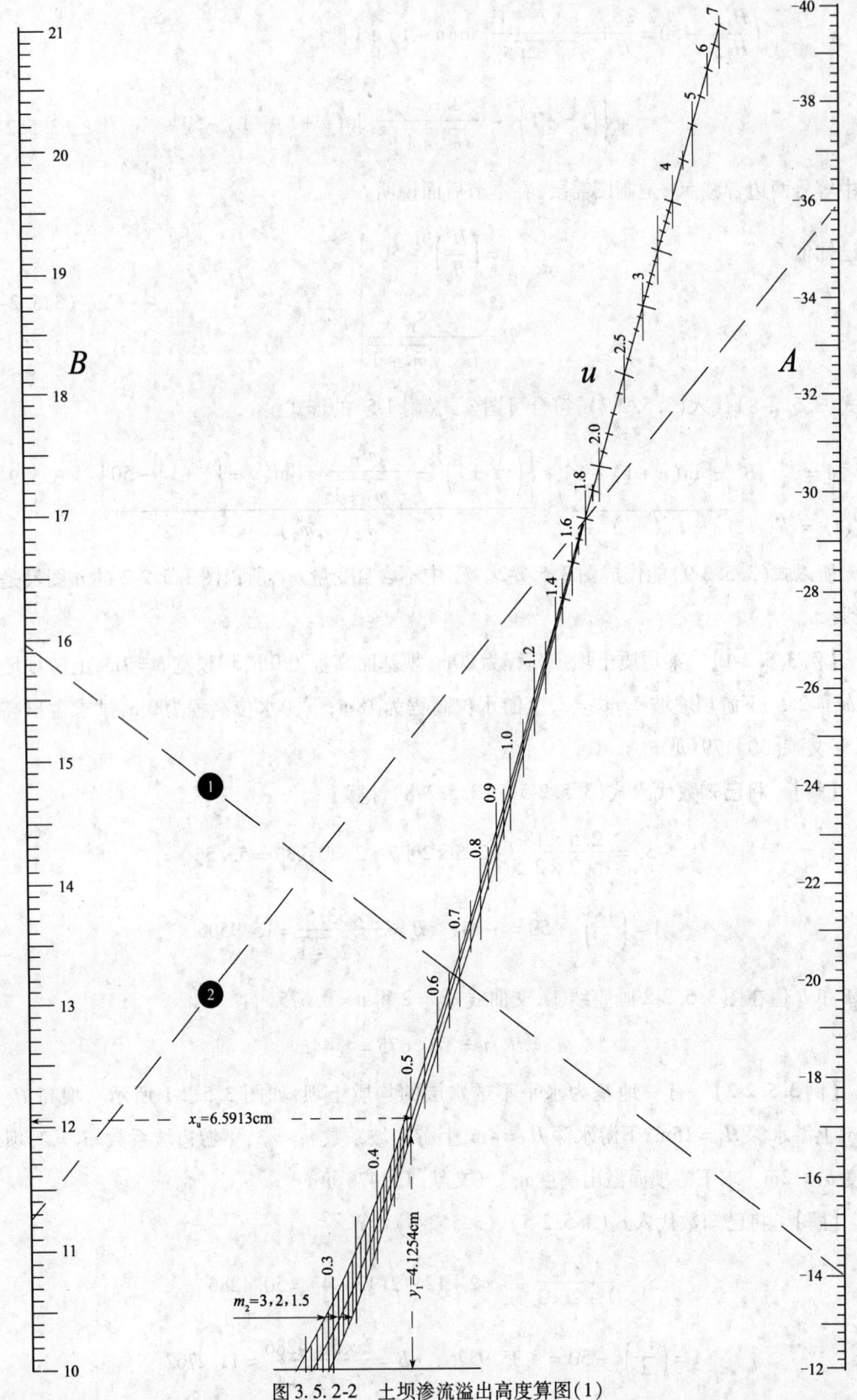

图 3.5.2-2　土坝渗流溢出高度算图(1)

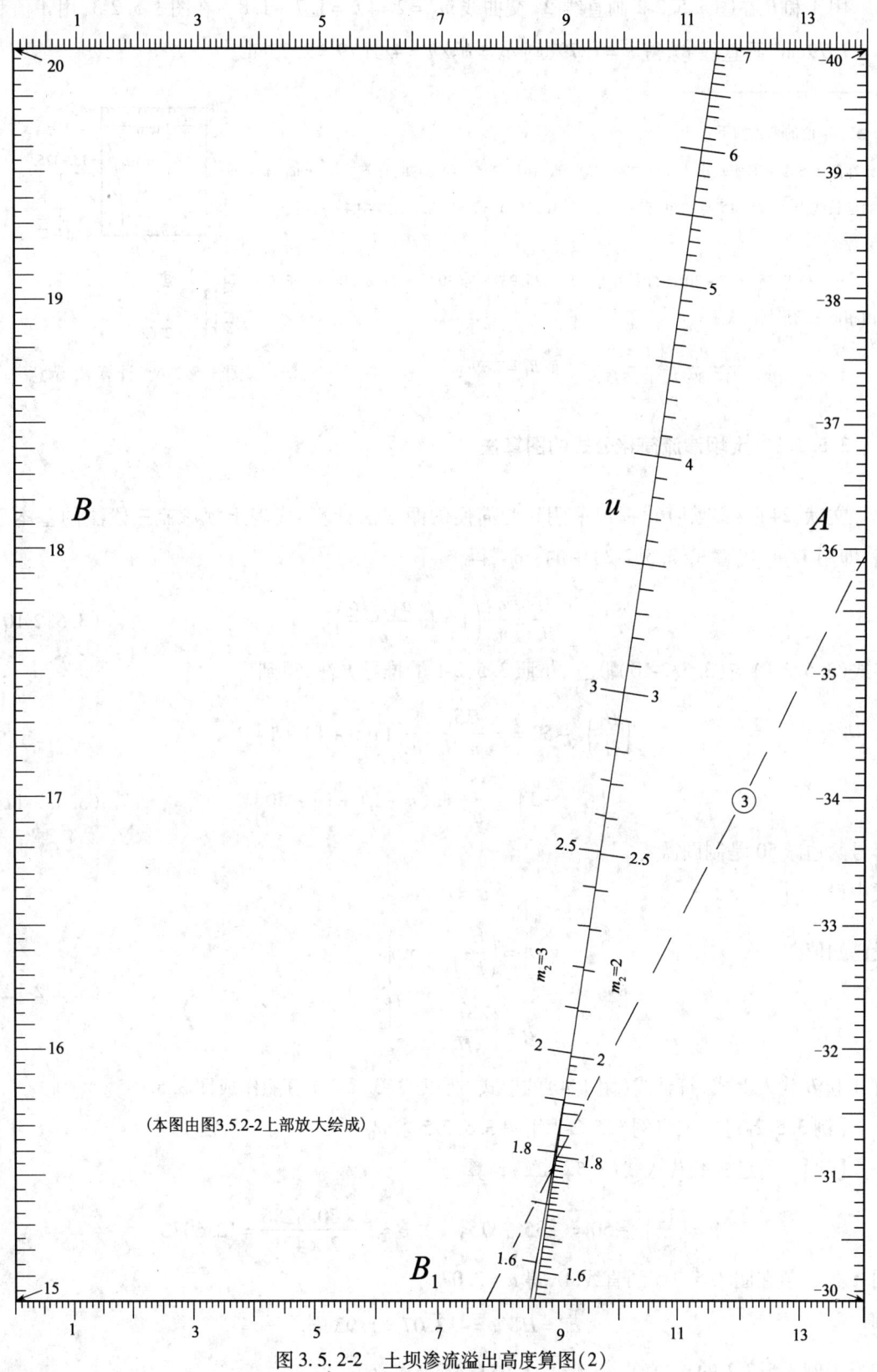

图 3.5.2-2 土坝渗流溢出高度算图(2)

用 A 和 B 在图 3.5.2-2 画直线②,交曲线 $m_2 = 2$ 得 $u = 1.7 \sim 1.8$。在图 3.5.2-3,用 A 值和 $B_1 = 7.79 \text{cm}$❶画直线③,得 $u = 1.79$,则 $a_0 = H_2/u = 4/1.79 = 2.23 \text{cm}$。

---

❶ B_1 值的来源如下:

在图 3.5.2-3 不能画出 $B = 11.2762$ 这一点,由图 3.5.2-4 所知,该点在 B 尺向下的延长线上,与 $B = 15$ 点的距离为:$4(15 - 11.2762) = 14.8952 \text{cm}$,式中 4 为 B 图尺系数。

$A = -35.9375$ 点与 -30 点的距离为 $-2[-35.9375-(30)] = 11.8750 \text{cm}$。于是由相似三角形列出式子:

$$\frac{B_1}{14.8952} = \frac{14 - B_1}{11.8750} \quad 得 B_1 = 7.79 \text{cm}$$

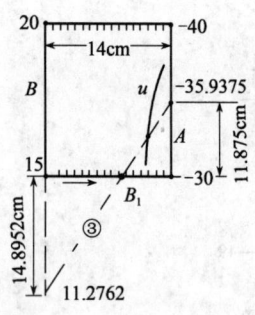

图 3.5.2-4　计算 B_1 示意

3.5.2.2　土坝渗流简化公式的图算法

文献[24]及文献[16]提出采用较为简便的两段法计算,代表土坝渗流三段法的基本思路,即用 $1/m_2$ 代替式(3.5.2-2)中的 $\sin\beta$,得

$$\frac{q}{k} = \frac{a_0}{m_2}\left(1 + \ln\frac{a_0 + H_2}{a_0}\right) \tag{3.5.2-10}$$

将式(3.5.2-1)与(3.5.2-10)联立,仿照 3.5.2-1 的推导方法,得到

$$\left(\frac{H_1}{H_2}\right)^2 - 50 = \frac{2S_1}{m_1 H_2}\frac{1}{u}[\ln(u+1)+1]$$
$$+ \left\{\left(\frac{1}{u}+1\right)^2 - \frac{2}{u^2}[\ln(u+1)+1] - 50\right\} \tag{3.5.2-11}$$

等号两边减 50 是制图需要。

式中设 $\qquad u = H_2/a_0$

设已知值
$$\left.\begin{array}{l} A = \left(\dfrac{H_1}{H_2}\right)^2 - 50 \\[2mm] B = \dfrac{2S_1}{m_2 H_2} \end{array}\right\} \tag{3.5.2-12}$$

将 A 和 B 代入上式,符合式(附1-4)的形式,所以式(3.5.2-11)能作成图 3.5.2-5。

【例 3.5.2-3】　试将例 3.5.2-2 用图 3.5.2-5 求 a_0。

【解】　将已知数代入式(3.5.2-12)计算

$$A = \left(\frac{15}{4}\right)^2 - 50 = -35.9375, \qquad B = \frac{2 \times 50.4286}{2 \times 4} = 12.6072$$

用 A 和 B 值在图 3.5.2-5 画直线④,得 $u = 2.07$

则 $\qquad a_0 = H_2/u = 4/2.07 = 1.93 \text{cm}$

相当于例 3.5.2-2 的 a_0 值的 $\qquad 1.93/2.23 = 0.867$

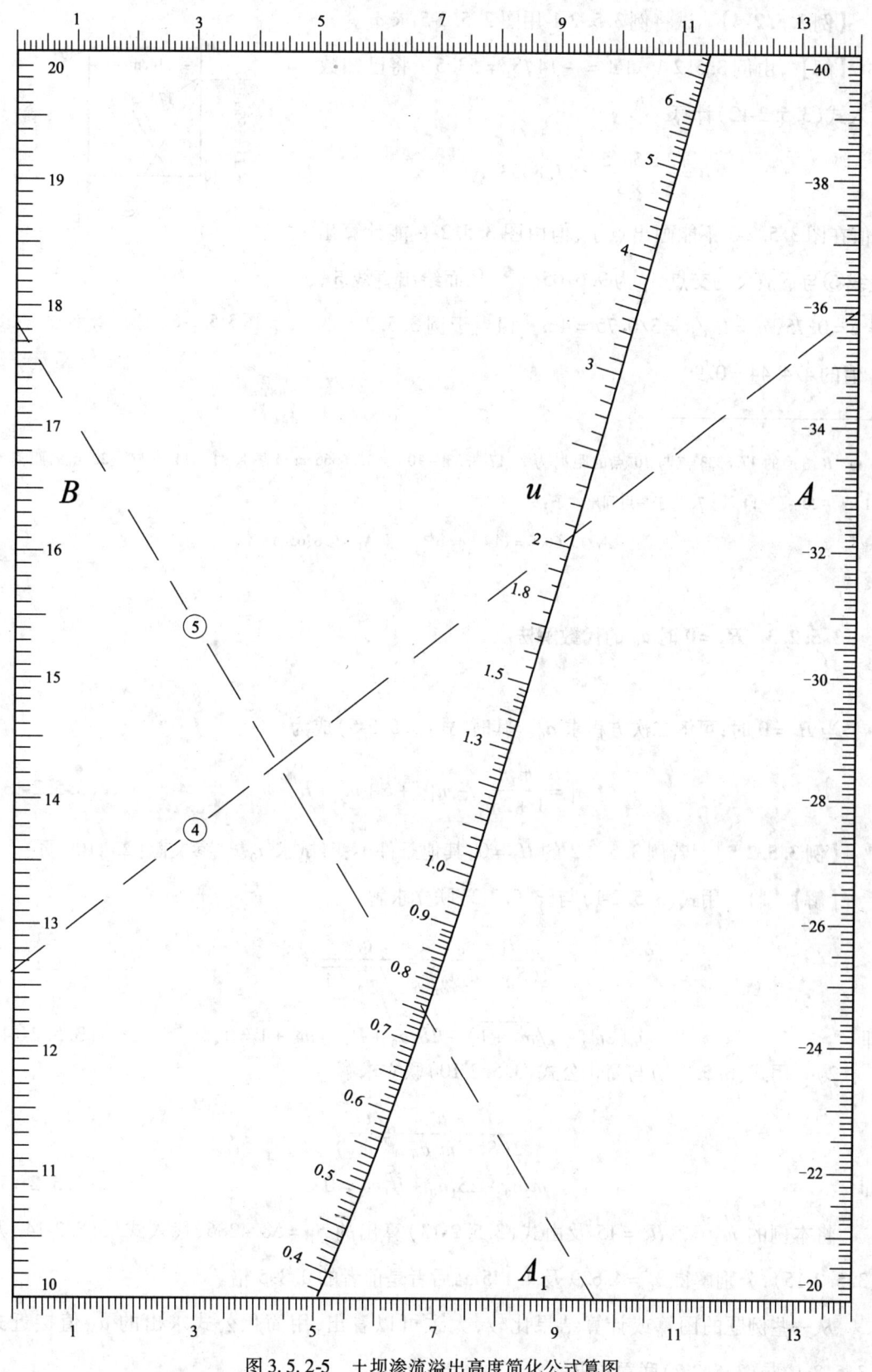

图 3.5.2-5 土坝渗流溢出高度简化公式算图

【例3.5.2-4】 试将例3.5.2-1用图3.5.2-5求a_0。

【解】 由例3.5.2-1知$A=-14,S_1=53.5$。将已知数代入式(3.5.2-12)计算

$$B=\frac{2\times 53.5}{2\times 3}=17.8333$$

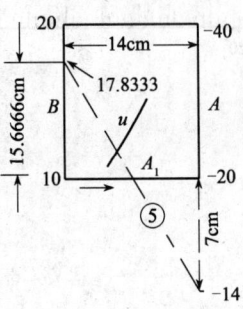

图3.5.2-6 计算A_1示意

A值在图3.5.2-5不能画出点子,但由图3.5.2-6能计算出直线⑤与下横尺的交点A_1为9.6765cm❶,从而绘出直线⑤,得$u=0.75,a_0=H_2/u=3/0.75=4$m。相当于例3.5.2-1的$a_0$值的$4/4.44=0.90$。

---

❶ B图尺的17.8333点与10点的距离为$2(17.8333-10)=15.6666$cm,A图尺的-14点与-20点的距离为$-1\times[-20-(-14)]=7$cm,于是可列出式子:

$$A_1/15.6666=(14-A_1)/7, \quad 得 A_1=9.6765\text{cm}$$

3.5.2.3 $H_2=0$时a_0的代数解法

当$H_2=0$时,可解二次方程求a_0。其时,式(3.5.2-5)成为

$$S_1=\frac{m_1h_1}{1+2m_1}+m_1d+b+m_2+H_n \tag{3.5.2-13}$$

【例3.5.2-5】 若例3.5.2-2的$H_2=0$,其他条件不变,试求a_0。(参文献[25]109页)

【解】 1) 用式(3.5.2-1)与(3.5.2-2)联立求解:

$$\frac{H_1^2-a_0^2}{2(S_1-m_2a_0)}=\frac{a_0}{\sqrt{m_2^2+1}}$$

即
$$a_0^2(2m_2-\sqrt{m_2^2+1})-2S_1a_0+H_1^2\sqrt{m_2^2+1}=0 \tag{3.5.2-14}$$

2) 用式(3.5.2-1)与简化公式(3.5.2-10)联立求解:

$$\frac{H_1^2-a_0^2}{2(S_1-m_2a_0)}=\frac{a_0}{m_2}$$

即
$$m_2a_0^2-2S_1a_0+H_1^2m_2=0 \tag{3.5.2-15}$$

将本例的$m_2=2$、$H_1=15$及由式(3.5.2-13)算出的$S_1=58.4286$,代入式(3.5.2-14)及(3.5.2-15),分别解得$a_0=4.629$及4.145m,后者是前者的0.895倍。

从一些例题的图算或计算结果比较,大致可以看出,用简化公式求出的a_0值接近式(3.5.2-1)与(3.5.2-2)联立求出的a_0值的90%。

附:图 3.5.2-2 的绘制方法

取图宽 $a=14$ cm。参考例 3.5.2-1 等例题的 A 和 B 值,将 B 图尺范围取为 $10\sim21$,图尺长度 22cm;A 图尺范围取为 $-12\sim-40$,图尺长度 22.4cm。

A 图尺的系数 b: $b[-40-(-12)]=22.4$ cm,$\therefore b=-0.8$。负值表示 A 尺向下递增。

B 图尺的系数 c: $c(21-10)=22$ cm,$\therefore c=2$。

在图 3.5.2-2,有常用的 $m_2=3,2,1.5$ 三条曲线,在此介绍 $m_2=2$ 曲线的绘法。由式(附1-4),

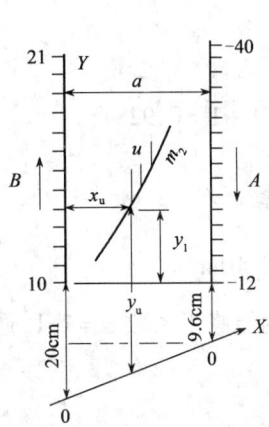

图 3.5.2-7 计算示意

$$\left.\begin{array}{l} x_u = \dfrac{a}{1-\dfrac{b}{c}F_1} = \dfrac{14}{1+\dfrac{0.8}{2}F_1} = \dfrac{35}{2.5+F_1} \\[2mm] y_u = \dfrac{bF_2}{1-\dfrac{b}{c}F_1} = \dfrac{-0.8F_2}{1+0.4F_1} = \dfrac{-2F_2}{2.5+F_1} \end{array}\right\} \quad (3.5.2\text{-}16)$$

由图 3.5.2-7 所知,B 图尺下方延长线上有个 0 点,它距 $B=10$ 点的长度为 $2(10-0)=20$ cm;A 图尺下方延长线上也有个 0 点,距 $A=-12$ 点的长度为 $-0.8(-12-0)=9.6$ cm。两个 0 点的连线就是 X 轴,它是 y_u 值的起点线。

绘 m_2 曲线时还需算出 y_1 值,由相似原理列出式子:

$$\frac{y_u - y_1 - 9.6}{20 - 9.6} = \frac{14 - x_u}{14}$$

$$\therefore y_1 = y_u - 20 + 0.74286 x_u$$

算出表 3.5.2 的 x_u 和 y_1 值,x_u 是水平方向,y_1 与之垂直,以便在毫米方格计算纸上量取。

表 3.5.2 x_u 值和 y_1 值计算表

① = u	② = $\left(\dfrac{1}{u}+1\right)^2$	③ = $F_1 = \dfrac{1}{u[1+\ln(u+1)]}$	④ = $x_u = \dfrac{35}{2.5+F_1}$	⑤ = $\dfrac{1.7888}{u}$③	⑥ = $F_2 =$ ② − ⑤ − 50	$y_u = \dfrac{-2F_2}{2.5+F_1}$	y_1
0.3	18.7778	4.2079	5.2177	25.0903	−56.3015	16.7866	0.6626
0.4	12.2500	3.3402	5.9929	14.9374	−52.6874	18.0421	2.4940
0.5	9.0000	2.8100	6.5913	10.0531	−51.0531	19.2290	4.1254
0.6	7.1111	2.4491	7.0720	7.3016	−50.1905	20.2827	5.5362
⋮	⋮	⋮	⋮	⋮	⋮	⋮	⋮
6	1.3611	0.4910	11.7018	0.1643	−48.8032	32.6334	21.3262
7	1.3061	0.4399	11.9052	0.1124	−48.8063	33.2027	22.0466

表中⑤的系数 $1.7888 = 2m_2/\sqrt{m_2^2+1} = 2\times2/\sqrt{2^2+1}$。同理,还可列表算出 $m_2=3$ 及 1.5 的 y_1 值,那时的 $2m_2/\sqrt{m_2^2+1}$ 值是 1.8974 及 1.6641,但 x_u 还同表 3.5.2 的④值。

举例将 $u=0.5$ 时的 x_u 和 y_1 值注在图 3.5.2-2 中。

为何式(3.5.2-7)等号两边减 50? 因为 $(H_1/H_2)^2$ 值常在 $10\sim40$,减 50 后 A 为负值,制图系数 b 就为负值。在式(3.5.2-16)中,当 c 和 F_1 为正值时,b 为负值则使分母大于 1,x_u 小于 a,u 图尺就在平行图尺 A 和 B 之间了。

3.6 本书在文献[41]水力学的应用

【例3.6-1】 已知梯形水渠的边坡系数 $m=1$,粗糙系数 $n=0.02$,底坡采用 $i=0.0002$,设计流量 $Q=40\text{m}^3/\text{s}$,选定底宽 $b=6\text{m}$,若要求断面超高为 0.5m,试确定断面的开挖深度 h。（文献[41]168页）

【解】 将已知数代入式(3.2.1-2)、式(3.2.3-4)、式(3.2.3-5)计算：

$$K = \left(\frac{nQ}{i^{1/2}}\right)^{3/2} = \left(\frac{0.02 \times 40}{0.002^{1/2}}\right)^{3/2} = 425.4637$$

$$B = \frac{425.4637 \times 1^{5/2}}{6^4} = 0.3283, \quad C = \frac{2 \times 425.4637}{6^4} \times 1^{3/2} \sqrt{1+1} = 0.9284$$

用 B 和 C 值在图3.2.3画直线③,得 $A=1.60$,代入式(3.2.3-2)计算

$$h_0 = 6(1.60-1)/1 = 3.60, \quad h = 3.60 + 0.50 = 4.10\text{m}$$

【例3.6-2】 有一梯形土渠,底宽 $b=12\text{m}$,边坡系数 $m=1.5$,动能修正系数 $\alpha=1.1$,通过流量 $Q=18\text{m}^3/\text{s}$,求临界水深。（文献[41]180页）

【解】 将已知数代入式(3.3.1-7)计算：

$$D = \alpha Q^2 m^3/gb^5 = 1.1 \times 18^2 \times 1.5^3/(9.81 \times 12^5) = 0.0005$$

在图3.3.1用 D 值画出点⑥,得 C 值为1.077,代入式(3.3.1-4)计算

$$h_c = h_k = (C-1)b/m = (1.077-1) \times 12/1.5 = 0.62\text{m}$$

【例3.6-3】 有一段顺直小河,断面近似矩形,宽 $b=9\text{m}$,粗糙系数 $n=0.03$,动能修正系数 $\alpha=1.05$,流量 $Q=9\text{m}^3/\text{s}$,水力坡降 $i=0.001$。若水流为均匀流,试判别流态。（文献[41]181页）

【解】 用临界水深判别流态：$h_k = \sqrt[3]{\dfrac{\alpha Q^2}{gb^2}} = \sqrt[3]{\dfrac{1.05 \times 9^2}{9.8 \times 9^2}} = 0.47\text{m}$

已知数符合表2.1.5的类别6之非满流计算,解三项方程 $h^{5/2} - 2Ah/b - A = 0$

$$A = \left(\frac{nQ}{i^{1/2}b}\right)^{3/2} = \left(\frac{0.03 \times 9}{0.001^{1/2} \times 9}\right)^{3/2} = 0.9241$$

$$h^{5/2} - \frac{2 \times 0.9241 h}{9} - 0.9241 = 0, \quad \text{即} \quad h^{5/2} - 0.2054h - 0.9241 = 0$$

用 $a=0.2054$ 及 $b=0.9241$ 在图2.1.5-2画直线①,得 $x=h=1.05\text{m} > h_k$,水流为缓流。

【例3.6-4】 已知梯形断面土渠底宽 $b=1.2\text{m}$,边坡系数 $m=1.5$,流量 $Q=3.5\text{m}^3/\text{s}$,试求临界水深 h_k。（参文献[41]205页）

【解】 将已知数代入式(3.3.1-7)计算：

$$D = \alpha Q^2 m^3/gb^5 = 1 \times 3.5^2 \times 1.5^3/(9.81 \times 1.2^5) = 1.6954$$

用 D 值在图 3.3.1 画点⑤,得 $C=1.887$,代入式(3.3.1-4)计算:

$$h_k = b(C-1)/m = 1.2(1.887-1)/1.5 = 0.71\text{m}$$

【例 3.6-5】 解文献[41]208 页的方程

$$Q = 3.5 = 86.95 h_0^{5/3}/(2+2h_0)^{2/3}$$

将上式乘以 3/2 次方得 $\quad h_0^{5/2} - 0.01615 h_0 - 0.01615 = 0$

在图 6.3.2 用 $a=-0.01615$ 及 $b=-0.01615$ 画直线⑥,交曲线 $m/n=5/2=2.5$,得 $x^n = h_0 = 0.21\text{m}$。

【例 3.6-6】 由文献[41]221 页例 7-1,某矩形断面渠道,为引水灌溉修筑宽顶堰。已知渠道宽 $B=4\text{m}$,堰宽 $b=3\text{m}$,槛高 $p=1.5\text{m}$,堰上水头 $H=2\text{m}$,堰顶为直角进口矩形墩头,下游水深 $h=2.5\text{m}$。试求过堰流量 Q。

【解】 在此介绍免去试算 Q 的图算法。文献[41]例 7-1 已算出 $m=0.342, \varepsilon=0.955$。

已知 $\quad\quad\quad\quad\quad\quad Q = \varepsilon m b \sqrt{2g} H_0^{3/2} \quad\quad\quad\quad\quad\quad (1)$

$$H_0 - H = \alpha_0 V_0^2/2g \quad\quad\quad\quad\quad\quad (2)$$

$$V_0 = Q/b(H+p) \quad\quad\quad\quad\quad\quad (3)$$

由式(3) $\quad\quad\quad\quad\quad\quad Q = V_0 b(H+p) \quad\quad\quad\quad\quad\quad (4)$

由式(2),$\alpha_0=1$, $\quad\quad\quad\quad V_0 = \sqrt{2g(H_0-H)} \quad\quad\quad\quad\quad (5)$

代式(5)入式(4) $\quad\quad\quad Q = \sqrt{2g(H_0-H)}\, b(H+p) \quad\quad\quad (6)$

式(6)等于式(1) $\quad\quad\quad \varepsilon m H_0^{3/2} = \sqrt{(H_0-H)}(H+p)$

上式平方得 $\quad\quad\quad\quad \left(\dfrac{\varepsilon m}{H+p}\right)^2 H_0^3 - H_0 + H = 0$

代入已知数得三次方程 $\quad 0.0087 H_0^3 - H_0 + 2 = 0$,即 $H_0^3 - 114.836 H_0 + 229.672 = 0$

设 $H_0 = 10x$ 代入上式 $\quad\quad (10x)^3 - 114.836(10x) + 229.672 = 0$

除以 10^3 得 $\quad x^3 - 1.148x + 0.229 = 0$,与三次方程 $x^3 + ax^2 + bx + c = 0$ 对照,

以 $b=-1.148, c=0.229$ 在图 6.1 画直线⑤,交 $a=0$ 曲线得 $x_1=0.2, x_2=0.95$ 不合题意。得 $H_0 \approx 2$,迭代计算提高精度:

$$H_{01} = \dfrac{2^3 + 229.672}{114.836} = 2.0697, \quad H_{02} = \dfrac{2.0697^3 + 229.672}{114.836} = 2.0772$$

$$H_{03} = H_{04} = 2.078$$

$\therefore \quad\quad\quad\quad Q = \varepsilon m b \sqrt{2g} H_0^{3/2} = 4.34 \times 2.078^{3/2} = 13.00 \text{m}^3/\text{s}$

3.7 本书在文献[42]水力学的应用

【3.7-1】 某灌溉渠道上有一渡槽,拟采用混凝土预制构件拼接成矩形断面,根据渡槽两端渠道尺寸及渠底高程,拟定渡槽底坡 i 为 $1/1000$,水深 h 为 3.5m,设计流量 Q 为 $31\text{m}^3/\text{s}$。试计算渠道底宽 b。(文献[42]219 页)

【解】 将已知数代入式(3.2.1-2)、(3.2.2-4)及(3.2.2-3)计算

$$K = \left(\frac{nQ}{i^{1/2}}\right)^{3/2} = \left(\frac{0.013 \times 31}{0.001^{1/2}}\right)^{3/2} = 45.4944$$

$$C = 45.4944/3.5^4 = 0.3032, \quad B = 0.3032(2\sqrt{1+0} - 0) = 0.6064$$

用 B 和 C 值在图 3.2.2 画直线③,交曲线得 $A = 0.95$,代入式(3.2.2-1)计算:

$$b = h(A - m) = 3.5(0.95 - 0) = 3.33\text{m}$$

【例 3.7-2】 一梯形渠道,已知:Q 为 $19.6\text{m}^3/\text{s}$,v 为 1.45m/s,边坡系数 m 为 1,粗糙系数 n 为 0.02,底坡 i 为 0.0007,求所需的水深及底宽。(文献[42]221 页)

【解】 已知数符合表 2.1.6 的第 8 类,代入二次方程

$$(2\sqrt{1+m^2} - m)h^2 - \frac{Qi^{3/4}}{v^{5/2}n^{3/2}}h + \frac{Q}{v} = 0$$

得　　$1.8284h^2 - 11.7793h + 13.5172 = 0$,解得 $h = 1.49\text{m}$,另一根不合题意。

$$b = Q/vh - mh = 19.6/(1.45 \times 1.49) - 1 \times 1.49 = 9.07 - 1.49 = 7.58\text{m}$$

【例 3.7-3】 一梯形断面渠道,底宽 b 为 5m,边坡系数 m 为 1。要求:计算通过流量分别为 Q_1 为 $10\text{m}^3/\text{s}$,Q_2 为 $15\text{m}^3/\text{s}$,Q_3 为 $20\text{m}^3/\text{s}$ 时的临界水深。(文献[42]238 页)

【解】 将已知数代入式(3.3.1-7)计算:

Q_1 为 10 时,$D = 10^2 \times 1^3/(9.81 \times 5^5) = 10^2 \times 0.0000326 = 0.00326$,在图 3.3.1 查得点②的 C 值为 1.141,代入式(3.3.1-4)计算:$h_c = (C-1)b/m = (1.141-1)5/1 = 0.71\text{m}$;

Q_2 为 15 时,$D = 15^2 \times 0.0000326 = 0.00734$,在图 3.3.1 查得点③的 C 值为 1.182,代入式(3.3.1-4)计算:$h_c = (1.182-1)5/1 = 0.91\text{m}$;

Q_3 为 20 时,$D = 20^2 \times 0.0000326 = 0.01304$,在图 3.3.1 查得点④的 C 值为 1.217,代入式(3.3.1-4)计算:$h_c = (1.217-1)5/1 = 1.09\text{m}$。

【例 3.7-4】 一水跃产生于一棱柱体梯形水平渠段中。已知:Q 为 $60\text{m}^3/\text{s}$,b 为 2m,边坡系数 m 为 1.0 及 h_1 为 0.4m。求 h_2。(文献[42]289 页)

【解】 将已知数代入 3.3.2 节的公式计算:

$$\beta = \frac{b}{mh_1} = \frac{2}{1 \times 0.4} = 5, \quad \sigma = \frac{Q}{mg^{1/2}h_1^{5/2}} = \frac{6}{1 \times 9.81^{1/2} \times 0.4^{5/2}} = 18.9312$$

用 β 和 σ 值在图 3.3.2 画直线③得 $\eta = 3.725$,则 $h_2 = 0.4 \times 3.725 = 1.49\text{m}$。

【例3.7-5】 某泄洪排沙闸共四孔,每孔次宽 b' 为14m;闸墩头部为半圆形,墩厚 d 为5m,闸室上游翼墙为八字形,收缩角 θ 为30°,翼墙计算厚度 Δ 为4m;上游河道断面近似矩形,河宽 B 为79m;闸室下游连一陡坡渠道,坡度 i 为2%,闸底高程为100m(图3.7-5)。试计算闸全开、上游水位高程为111.0 m时的流量。(文献[42]338页)

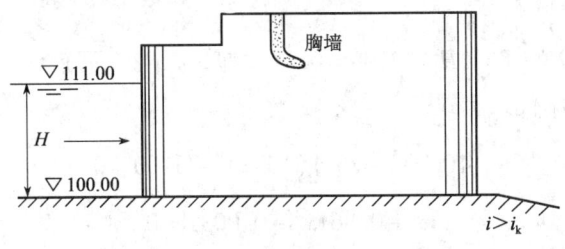

图 3.7-5

【解】 闸室下游为陡坡渠道,下游为急流。故闸门全开通过闸室的水流应为多孔无槛宽顶堰自由出流。计算公式为

$$Q = \overline{m'} b \sqrt{2g} H_0^{3/2} \tag{1}$$

文献[42]已计算出平均流量系数 $\overline{m'} = 0.363$。

已知

$$H_0 - H = \alpha_0 v_0^2 / 2g \tag{2}$$

$$v_0 = Q/BH \tag{3}$$

由式(3)得

$$Q = v_0 BH \tag{4}$$

当 $\alpha_0 = 1$ 时,由式(2)得

$$v_0 = \sqrt{2g(H_0 - H)} \tag{5}$$

代式(5)入式(4)

$$Q = \sqrt{2g(H_0 - H)} BH \tag{6}$$

式(6) = 式(1)

$$\overline{m'} b H_0^{3/2} = \sqrt{H_0 - H} HB$$

即

$$\left(\frac{b \, \overline{m'}}{HB}\right)^2 H_0^3 - H_0 + H = 0$$

代入已知数计算

$$\left(\frac{56 \times 0.363}{11 \times 79}\right)^2 H_0^3 - H_0 + 11 = 0$$

$$0.0005472 H_0^3 - H_0 + 11 = 0, \text{即} \ H_0^3 - 1827.4854 H_0 + 20102.3392 = 0$$

用图6.1解三次方程。设 $H_0 = 20x$ 代入上式:

$$(20x)^3 - 1827.4854(20x) + 20102.3392 = 0$$

除以 20^3 得

$$x^3 - 4.5687x + 2.5128 = 0$$

用 $b = -4.5687, c = 2.5128$ 在图6.1画直线⑥,交 $a = 0$ 曲线得 $x_1 = 0.6, x_2 = 1.77$ 不合题意。
则 $H_0 = 20 \times 0.6 = 12$

迭代计算提高精度:

$$H_{01} = 11 + 0.0005472 \times 12^3 = 11.94556$$

$$H_{02} = 11 + 0.0005472 \times 11.94556^3 = 11.93275$$

$$H_{03} = 11 + 0.0005472 \times 11.93275^3 = 11.92975 \approx 11.93$$

∴ $H_0 = 11.93$m,代入式(1)计算: $Q = 0.363 \times 56 \sqrt{2g} \times 11.93^{3/2} = 3710 \text{m}^3/\text{s}$

$$v_0 = 3710/(79 \times 11) = 4.27 \text{m/s}, \text{或} \ v_0 = \sqrt{2g \times 0.93} = 4.27 \text{m/s}$$

4 路桥工程图算法

4.1 图算法在《路桥施工计算手册》[63]的应用

【例 4.1-1】 解 $H_1^3 - 86.1H_1^2 - 3100 = 0$。（文献[63]464页）

【解】 设 $H_1 = 100x$ 代入上式

$$(100x)^3 - 86.1(100x)^2 - 3100 = 0$$

上式除以 100^3 得 $x^3 - 0.861x^2 - 0.0031 = 0$

对照三项方程 $x^m + ax^n + b = 0$，本例 $m/n = 3/2 = 1.5$，$a = -0.861$，$b = -0.0031$

用 a 和 b 值在图 6.3.2 画直线⑦，交 $m/n = 1.5$ 曲线得一点，由此点作垂线交 x^n 斜直线得 $x^n \approx 0.75$，即 $x^2 \approx 0.75$，则 $x \approx 0.866$，$H_{01} \approx 86.6$

迭代计算

$$H_{02} = (86.1 \times 86.6^2 + 3100)^{1/3} = 86.5707$$

$$H_{03} = (86.1 \times 86.5707^2 + 3100)^{1/3} = 86.5513$$

将 $H_{01} \sim H_{03}$ 代入式（附 4-1）计算

$$H_1 = 86.6 + \frac{(86.5707 - 86.6)^2}{2 \times 86.5707 - 86.6 - 86.5513} = 86.6 - 0.088 = 86.512$$

验算 $86.512^3 - 86.1 \times 86.512^2 - 3100 = -16$

若按[63]原答数 86.4 验算， $86.4^3 - 86.1 \times 86.4^2 - 3100 = -860$

【例 4.1-2】 解 $1.33e^{-2.65 \times 0.017\bar{z}} - (-22.67)e^{-0.017\bar{z}} + (-9) = 0$。（文献[63]308页）

【解】 按照 5.5 节的图算法，本例 $\theta = 2.65$，$D = 1.33 > 0$，适用式（5.5-8）计算

$$A_1 = \frac{-1.33}{-22.67}\left(\frac{-22.67}{-9}\right)^{1-2.65} = 0.0128$$

用 θ 和 A_1 值在图 5.5（上）画直线①，交 u 图尺得 0.9876，代入式（5.5-6）计算

$$\bar{z} = \frac{\lg \frac{0.9876 \times (-9)}{-22.67}}{-0.4343 \times 0.017} = 55(\text{h})$$

如果改成求 z，以 d 计，则 $0.017 \times 24 = 0.408$；θ、A_1 及 u 值不变，用式（5.5-6）计算

$$z = \frac{\lg \frac{0.9876 \times (-9)}{-22.67}}{-0.4343 \times 0.408} = 2.295(\text{d})$$

本题目详见例 5.9-2。

4.2 桥梁设计:圆形及环形截面偏心受压的半中心角图算法[*]

桥梁工程中常用的排架式墩柱是由圆柱或管柱组成。文献[56][57]论述这种桩的计算方法时,用试算法求取偏心受压的半中心角,比较繁复。为了免去试算,在此介绍一种图算法。

一、设计圆柱排架(圆形截面)

由
$$\frac{e}{R}=\frac{W+24\pi np\left(\frac{r}{R}\right)^2}{16(V-3\pi np\cos\alpha)} \tag{4.2-1}$$

式中:e——柱底截面合力的偏心距(m);
n——钢筋弹性模量与混凝土弹性模量之比;
p——钢筋截面积与混凝土截面积之比;
$$W=12\alpha-3\sin4\alpha-32\sin^3\alpha\cos\alpha$$
R——圆柱的半径(m);
r——配筋圆周的半径(m);
α——偏心受压的半中心角;
$$V=2\sin^3\alpha+3\cos\alpha(\sin\alpha\cos\alpha-\alpha)$$

设已知值 $\quad A=\dfrac{16e}{R},\quad B=24\pi np\left(\dfrac{r}{R}\right)^2,\quad C=3\pi np \tag{4.2-2}$

代入式(4.2-1)得 $\quad \dfrac{B}{A}=\dfrac{1}{A}(-W)+(V-C\cos\alpha) \tag{4.2-3}$

符合式(附1-5)的形式 $\quad F(t)=F(v)\cdot F_1(\alpha)+F_2(C,\alpha)$

所以式(4.2-3)可图,绘成图4.2的$1/A$图尺、B/A图尺及左网线图。

【例4.2-1】 设计单排圆柱排架墩。已知:$R=0.45$m,$e=0.69$m,$n=15$,$p=0.0215$,$r=0.4$m。(文献[56]11页)

【解】 算出三值 $\quad C=3\pi\times15\times0.0215=3.04$

$$\frac{1}{A}=\frac{R}{16e}=\frac{0.45}{16\times0.69}=0.0408,\quad \frac{B}{A}=\frac{Cr^2}{2eR}=\frac{3.04\times0.4^2}{2\times0.69\times0.45}=0.783$$

用$1/A$及B/A值在图4.2画直线①,交曲线$C=3.04$得$\alpha=86°$。

【例4.2-2】《混凝土简支梁(板)桥》[57]一书117页有方程

$$\frac{e}{R}=\frac{W+1.283}{16V-3.167\cos\alpha}=0.4083$$

式中W和V是α的函数。试求α值。

【解】 对照式(4.2-2),$A=16e/R=6.5328$,$1/A=0.1531$,$B=1.283$,$B/A=0.1964$,$C=3\pi\times10\times0.0021=0.1979$,即$C=3.167/16=0.1979$。

用$1/A$及B/A值在图4.2画直线②,交曲线$C=0.1979$,得$\alpha=120°\sim122°$。须提高精度。

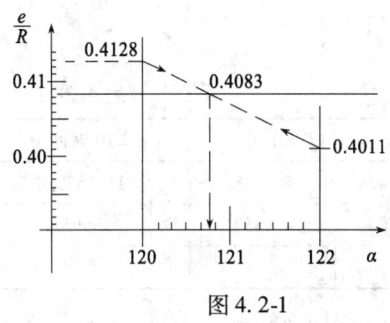

图4.2-1

---

[*] 本节原发表于《桥梁建设》1983年1期。

查表 4.2，当 $\alpha = 120°$ 时，$\cos\alpha = -0.5000$，$V = 5.080$，$W = 32.927$；当 $\alpha = 122°$ 时，$\cos\alpha = -0.5299$，$V = 5.319$，$W = 33.528$。分别代入上式计算

$$\frac{e}{R} = \frac{32.927 + 1.283}{16 \times 5.080 - 3.167 \times (-0.5)} = 0.4128, \quad \frac{e}{R} = \frac{33.528 + 1.283}{16 \times 5.319 - 3.167 \times (-0.5299)} = 0.4011$$

在图 4.2-1 画线得 $\alpha = 120°45'$。或者用式（附 2-2）计算：$(0.4128 - 0.4083) \div (0.4083 - 0.4011) = 0.625$，$\alpha = (0.625 \times 122° + 120°)/(1 + 0.625) = 120.77° \approx 121°$。

二、设计管柱排架（环形截面）

由
$$\frac{e}{r} = \frac{Y + 2\pi np}{4(Z - \pi np \cos\alpha)} \tag{4.2-4}$$

式中 $Y = 2\alpha - \sin 2\alpha$， $Z = \sin\alpha - \alpha\cos\alpha$

设已知值 $A = 4e/r$， $B = 2\pi np$， $C = \pi np$

代入式（4.2-4）得
$$\frac{B}{A} = \frac{1}{A}(-Y) + (Z - C\cos\alpha) \tag{4.2-5}$$

由式（4.2-5）绘出图 4.2 的右网线图。

【例 4.2-3】 设计管柱排架。已知：$r = 0.2$m，$e = 0.353$m，$n = 15$，$p = 0.0406$。（文献[56] 30 页）

【解】 算出三值： $C = \pi \times 15 \times 0.0406 = 1.913$

$$\frac{1}{A} = \frac{0.2}{4 \times 0.353} = 0.1416, \quad \frac{B}{A} = 2 \times 1.913 \times 0.1416 = 0.542$$

用 $1/A$ 及 B/A 值在图 4.2 画直线③，交曲线 $C = 1.913$ 得 $\alpha = 90°$。

附：图 4.2 绘制方法简介

图 4.2 在缩小前的宽度为 30cm。现在按缩小后宽度 $a = 21.3$cm 的图作一简介。

B/A 图尺长 13.10cm，求图尺系数，$b(2.1 - 0) = 13.10$cm，$b = 6.238$；

$1/A$ 图尺长 13.27cm，求图尺系数，$c(0.35 - 0) = 13.27$cm，$c = 37.914$。

绘 $C - \alpha$ 网线图，由式（附 1-6）知，任一点的坐标式为

$$x = \frac{a}{1 - \frac{b}{c}F_1} = \frac{21.3}{1 + 0.1645W}, \quad y = \frac{bF_2}{1 - \frac{b}{c}F_1} = \frac{6.238(V - C\cos\alpha)}{1 + 0.1645W}$$

式中 W、V 及 $\cos\alpha$ 值由表 4.2 查出。绘图前算出表 4.2-1。

表 4.2-1

α	W	$1 + 0.1645W$	x	V	$\cos\alpha$	$C = 0$ 时的 y	$C = 10$ 时的 y
130°	35.446	6.3809	3.1182	6.224	-0.6428	5.6838	11.5538
120°	32.927	6.4165	3.3196	5.080	-0.5000	4.9387	9.7996
⋮	⋮	⋮	⋮	⋮	⋮	⋮	⋮

在平行于 $1/A$ 图尺的 $\alpha = 130°$ 的直线上，绘出 $C = 0$ 点（$x = 3.1182$cm，$y = 5.6838$cm）和 $C = 10$ 点（$y = 11.5538$cm），将两点之间 10 等分，得到 $C = 1 \sim 9$ 点。同样，在 $\alpha = 120°$ 的直线上，按表值画出 0～10 点。将相邻的同值点连接，就成了 C 曲线。

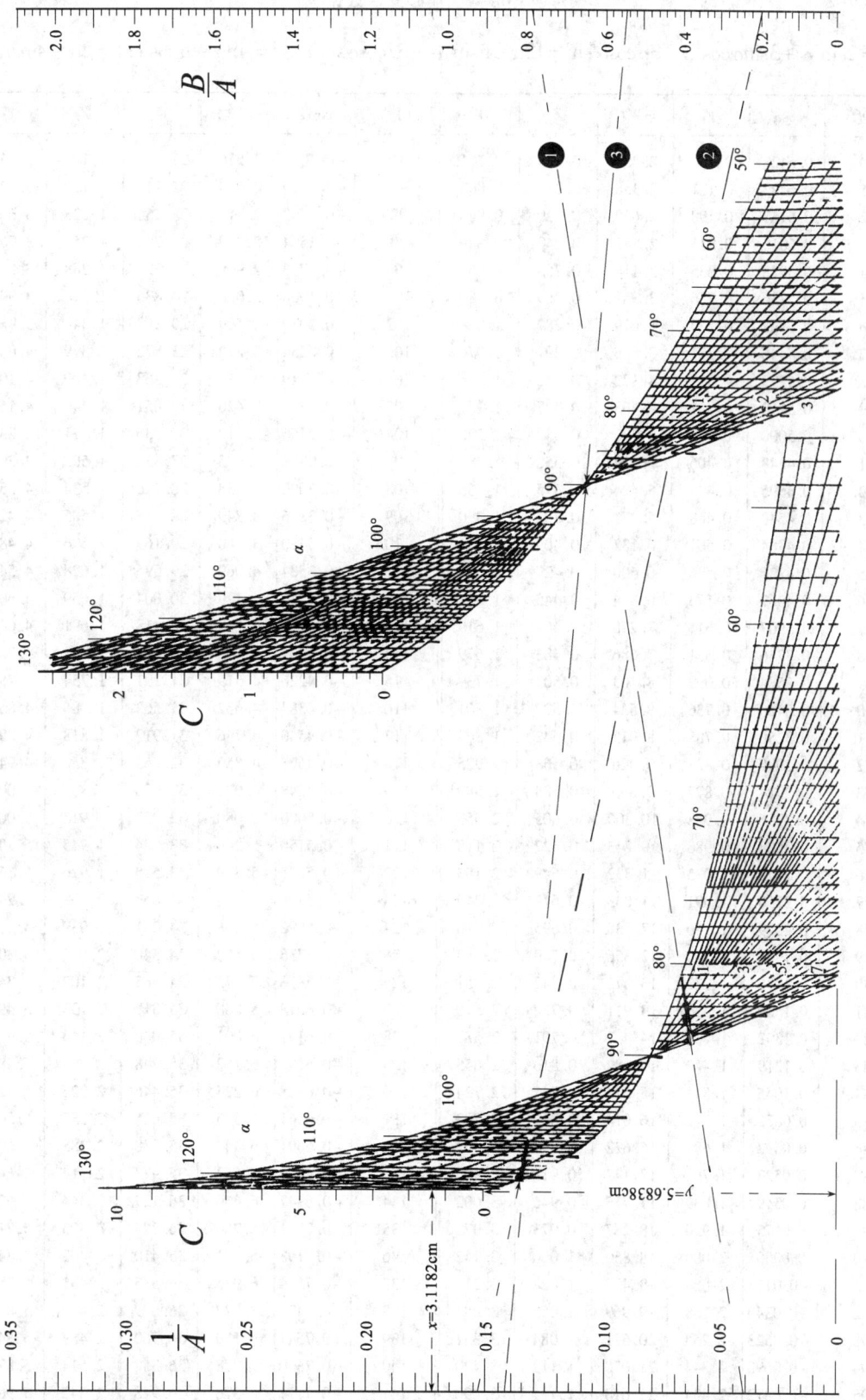

图 4.2 圆形及环形截面偏心受压的半中心角算图

图形及环形截面偏心受压数据表 表 4.2

$$V = 2\sin^3\alpha + 3\sin\alpha\cos^2\alpha - 3\alpha\cos\alpha; W = 12\alpha - 3\sin4\alpha - 32\cos\alpha\sin^3\alpha; Z = \sin\alpha - \alpha\cos\alpha; Y = 2\alpha - \sin2\alpha$$

α(度)	$\cos\alpha$	V	W	Z	Y	α(度)	$\cos\alpha$	V	W	Z	Y
50	0.6428	0.166	2.252	0.205	0.761	96	-0.1045	2.526	22.171	1.170	3.559
51	0.6293	0.181	2.458	0.217	0.802	97	-0.1219	2.619	22.711	1.199	3.628
52	0.6157	0.198	2.659	0.229	0.845	98	-0.1392	2.714	23.256	1.228	3.696
53	0.6018	0.216	2.882	0.242	0.889	99	-0.1564	2.809	23.793	1.258	3.765
54	0.5878	0.235	3.116	0.255	0.934	100	-0.1736	2.909	24.320	1.288	3.833
55	0.5736	0.256	3.359	0.269	0.980	101	-0.1908	3.008	24.836	1.318	3.900
56	0.5592	0.277	3.619	0.282	1.028	102	-0.2079	3.109	25.358	1.348	3.967
57	0.5446	0.301	3.886	0.297	1.076	103	-0.2250	3.212	25.872	1.379	4.034
58	0.5299	0.325	4.172	0.312	1.126	104	-0.2419	3.317	26.368	1.409	4.100
59	0.5150	0.351	4.463	0.327	1.177	105	-0.2588	3.420	26.851	1.440	4.165
60	0.5000	0.378	4.770	0.342	1.228	106	-0.2756	3.518	27.336	1.471	4.230
61	0.4848	0.406	5.093	0.358	1.281	107	-0.2924	3.625	27.822	1.502	4.294
62	0.4695	0.437	5.424	0.375	1.335	108	-0.3090	3.738	28.270	1.534	4.358
63	0.4540	0.468	5.771	0.392	1.390	109	-0.3256	3.849	28.717	1.565	4.420
64	0.4384	0.501	6.132	0.409	1.446	110	-0.3420	3.960	29.169	1.596	4.483
65	0.4226	0.536	6.500	0.427	1.503	111	-0.3584	4.069	29.596	1.628	4.544
66	0.4067	0.573	6.884	0.445	1.561	112	-0.3746	4.179	30.004	1.659	4.604
67	0.3907	0.611	7.278	0.464	1.619	113	-0.3907	4.294	30.418	1.691	4.664
68	0.3746	0.651	7.686	0.483	1.679	114	-0.4067	4.406	30.827	1.723	4.722
69	0.3584	0.692	8.103	0.502	1.739	115	-0.4226	4.519	31.191	1.754	4.780
70	0.3420	0.736	8.534	0.522	1.801	116	-0.4384	4.632	31.562	1.786	4.837
71	0.3256	0.788	8.913	0.542	1.863	117	-0.4540	4.746	31.912	1.818	4.893
72	0.3090	0.828	9.426	0.563	1.925	118	-0.4695	4.859	32.263	1.850	4.948
73	0.2924	0.877	9.890	0.584	1.989	119	-0.4848	4.975	32.606	1.882	5.002
74	0.2756	0.928	10.300	0.605	2.053	120	-0.5000	5.080	32.927	1.913	5.005
75	0.2588	0.980	10.843	0.627	2.118	121	-0.5150	5.204	33.234	1.945	5.107
76	0.2419	1.035	11.332	0.649	2.183	122	-0.5299	5.319	33.528	1.976	5.157
77	0.2250	1.091	11.833	0.672	2.249	123	-0.5446	5.434	33.813	2.008	5.207
78	0.2079	1.150	12.338	0.695	2.316	124	-0.5592	5.548	34.081	2.039	5.256
79	0.1908	1.210	12.856	0.719	2.383	125	-0.5736	5.662	34.340	2.071	5.303
80	0.1736	1.272	13.372	0.742	2.451	126	-0.5878	5.775	34.585	2.102	5.349
81	0.1564	1.336	13.911	0.767	2.518	127	-0.6018	5.888	34.817	2.133	5.494
82	0.1392	1.402	14.437	0.791	2.587	128	-0.6157	6.001	35.040	2.163	5.438
83	0.1219	1.470	14.982	0.816	2.655	129	-0.6293	6.112	35.248	2.194	5.481
84	0.1045	1.541	15.521	0.841	2.724	130	-0.6428	6.224	35.446	2.225	5.523
85	0.0872	1.612	16.014	0.867	2.793	131	-0.6561	6.335	35.635	2.255	5.563
86	0.0698	1.687	16.622	0.893	2.863	182	-0.6691	6.443	35.808	2.285	5.602
87	0.0523	1.762	17.172	0.919	2.932	133	-0.6820	6.553	35.977	2.314	5.640
88	0.0349	1.839	17.735	0.946	3.002	134	-0.6947	6.660	36.129	2.344	5.677
89	0.0175	1.920	18.287	0.973	3.072	135	-0.7071	6.766	36.274	2.373	5.712
90	0.0000	2.000	18.850	1.000	3.142	136	-0.7193	6.871	36.410	2.402	5.747
91	-0.0175	2.084	19.405	1.028	3.211	137	-0.7314	6.975	36.535	2.431	5.780
92	-0.0349	2.168	19.969	1.055	3.281	138	-0.7431	7.077	36.649	2.459	5.812
93	-0.0523	2.255	20.521	1.084	3.351	139	-0.7547	7.179	36.760	2.487	5.842
94	-0.0698	2.344	21.070	1.112	3.420	140	-0.7660	7.278	36.858	2.514	5.872
95	-0.0872	2.434	21.618	1.141	3.490	141	-0.7771	7.376	36.948	2.542	5.900

4.3 三次方程图算法
在《桥梁混凝土结构设计原理计算示例》[58]一书的应用

【例 4.3-1】 解 $x^3 - 920x^2 + 22877.8x + 1419264 = 0$ （文献[58]69页）

【解】 为使系数 b 和 c 在图尺范围内，设 $x = 100x_0$ 代入上式

$$(100x_0)^3 - 920(100x_0)^2 + 22877.8(100x_0) + 1419264 = 0$$

除以 100^3 得

$$x_0^3 - 9.2x_0^2 + 2.28778x_0 + 1.419264 = 0$$

用 $b = 2.29, c = 1.42$，在图 4.3 画直线①，交曲线 $a = -9.2$，得 $x_0 = 0.56$，则 $x_1 \approx 56$

迭代计算

$$x_2 = (920 \times 56^2 - 22877.8 \times 56 - 1419264)^{1/3} = 56.949$$

$$x_3 = (920 \times 56.949^2 - 22877.8 \times 56.949 - 1419264)^{1/3} = 63.956$$

代入式（附4-1）计算

$$x = 56 + \frac{(56.949 - 56)^2}{2 \times 56.949 - 56 - 63.956} = 56 - 0.145 = 55.855 \approx 55.9$$

【例 4.3-2】 解 $x^3 - 80x^2 - 19323.65x - 29948527 = 0$ （文献[58]70页）

【解】 设 $x = 200x_0$ 代入上式

$$(200x_0)^3 - 80(200x_0)^2 - 19323.65(200x_0) - 29948527 = 0$$

除以 200^3 得

$$x_0^3 - 0.4x_0^2 - 0.48x_0 - 3.7436 = 0$$

用 $b = -0.48, c = -3.7436$ 在图 4.3 画直线②，交曲线 $a = -0.4$，得 $x_0 = 1.8$，则 $x_1 = 360$

迭代计算

$$x_2 = (80 \times 360^2 + 19323.65 \times 360 + 29948527)^{1/3} = 361.58, \quad x_3 = 362$$

代入式（附4-1）计算

$$x = 360 + \frac{(361.58 - 360)^2}{2 \times 361.58 - 360 - 362} = 360 + 2.152 \approx 362$$

【例 4.3-3】 解 $x^3 - 450x^2 + 182994.57x - 103334000 = 0$ （文献[58]76页）

【解】 设 $x = 400x_0$ 代入上式

$$(400x_0)^3 - 450(400x_0)^2 + 182994.57(400x_0) - 103334000 = 0$$

除以 400^3 得

$$x_0^3 - 1.125x_0^2 + 1.1437x_0 - 1.6146 = 0$$

用 $b = 1.1437, c = -1.6146$ 在图 4.3 画直线③，交由线 $a = -1.125$，得 $x_0 = 1.23$，则 $x_1 = 492$。

迭代计算

$$x_2 = (450 \times 492^2 - 182994.57 \times 492 + 103334000)^{1/3} = 496.25$$

$$x_3 = (450 \times 496.25^2 - 182994.57 \times 496.25 + 103334000)^{1/3} = 497.77$$

代入式（附4-1）计算

$$x = 492 + \frac{(496.25 - 492)^2}{496.25 \times 2 - 492 - 497.77} = 492 + 6.616 = 498.6$$

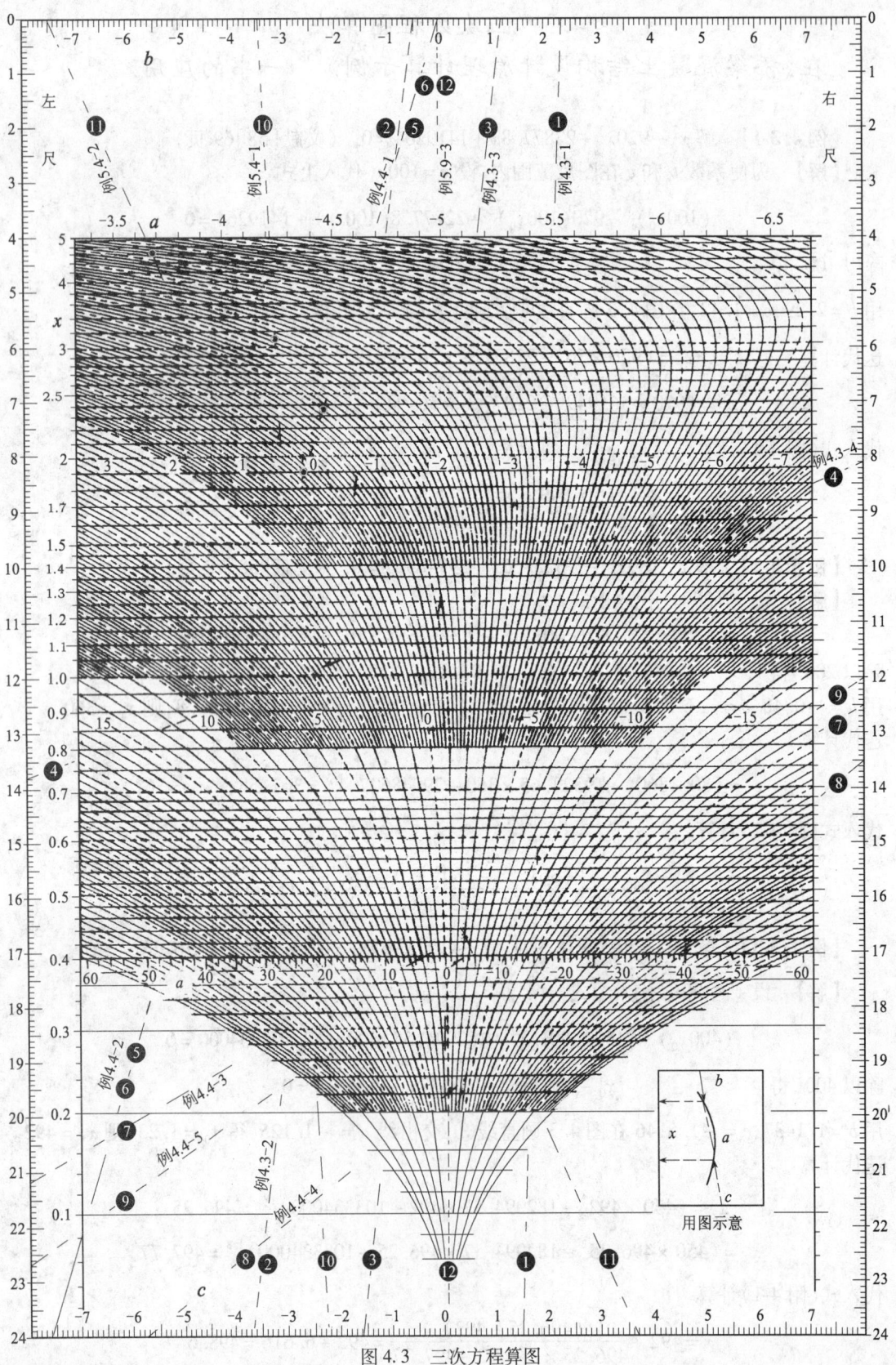

图 4.3 三次方程算图

在三次方程 $x^3+ax^2+bx+c=0$ 中,当在图 4.3 已找到 a 所在的曲线,但 b 和 c 中有一个或两个超出图尺范围($-8\sim8$)时,可以用式(4.3-1)和(4.3-2)算出直线 bc 与图的左尺和右尺的交点 c_1 及 b_1 值,在图中画出 b_1c_1 与 a 曲线的交点,得到 x 值。

b 和 c 超出图尺范围的六种类型如表 4.3 所示。

表 4.3

类型 1 $b>8$, $c<-8$	类型 2 $b>8$, $c=8\sim-8$	类型 3 $b=8\sim-8$, $c<-8$	类型 4 $b=8\sim-8$, $c>8$
类型 5 $b<-8$, $c=8\sim-8$	类型 6 $b<-8$, $c>8$		

$$b_1 = \frac{24(b-8)}{b+c} \quad (4.3\text{-}1)$$

$$c_1 = \frac{24(b+8)}{b+c} \quad (4.3\text{-}2)$$

式中 b 和 c 皆用绝对值

【例 4.3-4】 解 $160x^3+199824x^2+0.813955\times10^9 x-0.3837748\times10^{12}=0$(文献[58]226 页)

【解】 上式除以 160 得 $x^3+1248.9x^2+5087218.75x-2398592500=0$

设 $x=400x_0$ 代入上式 $(400x_0)^3+1248.9(400x_0)^2+5087218.75(400x_0)-2398592500=0$

上式除以 400^3 得 $x_0^3+3.12225x_0^2+31.7951x_0-37.4780=0$

将 $b=31.7951$ 及 $c=-37.4780$ 代入式(4.3-1)及(4.3-2)计算

$$b_1=\frac{24(31.7951-8)}{31.7951+37.4780}=8.2439, \quad c_1=\frac{24\times39.7951}{69.2731}=13.7872$$

用 c_1 和 b_1 值在图 4.3 的左尺和右尺画直线④,交 $a=3.12$ 曲线得初始值 $x_{01}=1.04$

迭代计算 $x_{02}=\left(\dfrac{-1.04^3-31.7951\times1.04+37.4780}{3.12225}\right)^{1/2}=1.0259$

$$x_{03}=\left(\frac{-1.0259^3-31.7951\times1.0259+37.478}{3.12225}\right)^{1/2}=1.1002$$

代入式(附4-1)计算 $x_0=1.04+\dfrac{(1.0259-1.04)^2}{1.0259\times2-1.04-1.1002}=1.03775$

∴ $x=400x_0=415.1\text{mm}$

4.4 三次方程图算法
在《悬索结构设计》[59]一书的应用

【例 4.4-1】 解 $H^3 + 2.224H^2 - 7640 = 0$。（文献[59]101页）

【解】 设 $H = 10x$ 代入上式：$(10x)^3 + 2.224(10x)^2 - 7640 = 0$

除以 10^3 得 $\qquad x^3 + 0.2224x^2 - 7.64 = 0$

用 $b = 0, c = -7.64$ 在图 4.3 画直线⑤，交曲线 $a = 0.2224$，得 $x_1 \approx 1.90$，则 $H_1 = 19$

$$H_2 = \sqrt{\frac{7640}{19 + 2.224}} = 18.9729, \quad H_3 = \sqrt{\frac{7640}{18.9729 + 2.224}} = 18.9850$$

将 $H_1 \sim H_3$ 代入式（附 4-1）计算

$$H = 19 + \frac{(18.9729 - 19)^2}{2 \times 18.9729 - 19 - 18.9850} = 19 - 0.0187 = 18.98 \text{kN}$$

【例 4.4-2】 解 $H^3 - 10H^2 - 7640 = 0$ （文献[59]102页）

【解】 设 $H = 10x$ 代入上式：$(10x)^3 - 10(10x)^2 - 7640 = 0$

除以 10^3 得 $\qquad x^3 - x^2 - 7.64 = 0$

用 $b = 0, c = -7.64$ 在图 4.3 画直线⑥，交曲线 $a = -1$，得 $x = 2.35$，则 $H_1 = 23.5$

$$H_2 = \sqrt{\frac{7640}{23.5 - 10}} = 23.7892, \quad H_3 = \sqrt{\frac{7640}{23.7892 - 10}} = 23.5384$$

将 $H_1 \sim H_3$ 代入式（附 4-1）计算

$$H = 23.5 + \frac{(23.7892 - 23.5)^2}{2 \times 23.9872 - 23.5 - 23.5384} = 23.5 + 0.1594 = 23.65 \text{kN}$$

【例 4.4-3】 解 $508.1w_0^3 + 2286.3w_0^2 + 16090w_0 - 6788.2 = 0$。（文献[59]111页）

【解】 上式除以 508.1，得 $\quad w_0^3 + 4.4997w_0^2 + 31.6670w_0 - 13.3600 = 0$

系数 b 和 c 符合表 4.3 类型 1，用式（4.3-1）及（4.3-2）计算

$$b_1 = \frac{24(31.6670 - 8)}{31.6670 + 13.3600} = 12.6148, \quad c_1 = \frac{24(31.6670 + 8)}{45.0270} = 21.1430$$

用 b_1 和 c_1 值在图 4.3 画直线⑦，交曲线 $a = 4.5$，得 $x = w_{01} = 0.396$，须提高精度：

$$w_{02} = \left(\frac{-0.396^3 - 31.667 \times 0.396 + 13.36}{4.4997}\right)^{1/2} = 0.4104$$

$$w_{03} = \left(\frac{-0.4104^3 - 31.667 \times 0.4104 + 13.36}{4.4997}\right)^{1/2} = 0.2560$$

代入式（附 4-1）计算

$$w_0 = 0.396 + \frac{(0.4104 - 0.396)^2}{0.4104 \times 2 - 0.396 - 0.256} = 0.3972$$

验算： $508.1 \times 0.3972^3 + 2286.3 \times 0.3972^2 + 16090 \times 0.3972 = 6783.49 \approx 6788.2$

【例 4.4-4】 解 $0.1089w_0^3 - 0.1788w_0^2 + 2.845w_0 - 0.63 = 0$。（文献[59]128 页）

【解】 上式除以 0.1089 得 $w_0^3 - 1.6419w_0^2 + 26.1249w_0 - 5.7851 = 0$

系数 b 和 c 值符合表 4.3 的类型 2，用式(4.3-1)计算

$$b_1 = \frac{24(26.1249 - 8)}{26.1249 + 5.7851} = 13.6320$$

用 $c = -5.7851$ 及 b_1 值在图 4.3 画直线⑧，交曲线 $a = -1.64$，得 $x \approx 0.222$。由于图线过密，估计 x_{01} 是 $0.222 \sim 0.225$。本题如把迭代式写成 1/3 或 1/2 次方，根都是发散的。只有写成不开方的迭代式，不管初始根是 0.222 或 0.225，都收敛于 $w_0 = 0.224$。

当 $w_{01} = 0.222$ 时，$w_{02} = \dfrac{0.222^3 - 1.6419 \times 0.222^2 - 5.7851}{-26.1249} = 0.22412$

$$w_{03} = \frac{0.22412^3 - 1.6419 \times 0.22412^2 - 5.7851}{-26.1249} = 0.224166$$

当 $w_{01} = 0.225$ 时，$w_{02} = \dfrac{0.225^3 - 1.6419 \times 0.225^2 - 5.7851}{-26.1249} = 0.22419$

$$w_{03} = \frac{0.22419^3 - 1.6419 \times 0.22419^2 - 5.7851}{-26.1249} = 0.224167$$

【例 4.4-5】 解 $0.1089w_0^3 - 0.1788w_0^2 + 2.845w_0 - 1.08 = 0$。（文献[59]129 页）

【解】 上式除以 0.1089 得

$$w_0^3 - 1.6419w_0^2 + 26.1249w_0 - 9.9174 = 0$$

系数 b 和 c 值符合表 4.3 的类型 1，用式(4.3-1)及(4.3-2)计算

$$b_1 = \frac{24 \times (26.1249 - 8)}{26.1249 + 9.9174} = 12.0691, \quad c_1 = \frac{24 \times 34.1249}{36.0423} = 22.7232$$

用 b_1 和 c_1 值在图 4.3 画直线⑨，交曲线 $a = -1.64$，得 $x = w_{01} = 0.39$，须提高精度。

$$w_{02} = \left(\frac{0.39^3 + 26.1249 \times 0.39 - 9.9174}{1.6419}\right)^{1/2} = 0.4487$$

$$w_{03} = \left(\frac{0.4487^3 + 26.1249 \times 0.4487 - 9.9174}{1.6419}\right)^{1/2} = 1.2844$$

代入式(附 4-1)计算

$$w_0 = 0.39 + \frac{(0.4487 - 0.39)^2}{2 \times 0.4487 - 0.39 - 1.2844} = 0.39 + \frac{0.003446}{-0.777} = 0.39 - 0.00434 \approx 0.386$$

验算：
$$0.1089 \times 0.386^3 - 0.1788 \times 0.386^2 + 2.845 \times 0.386$$
$$= 0.00626 - 0.02664 + 1.09817 = 1.07779 \approx 1.08$$

4.5 《桥梁工程下部结构设计》[66]一书的图算法

文献[66]的8.3.3节"诺模图的简化方程"中叙述,法国的无侧移框架方程(8-15)和有侧移框架方程(8-16)最初于1966年出现在法国钢结构设计中,后来该规范被欧洲钢结构规程吸收。它们是诺模图的良好近似。

笔者用罗河教授在文献[9]首创的方法,将文献[66]的方程(8-15)即式(4.5-1)绘成图4.5-a,将方程(8-16)即式(4.5-2)绘成图4.5-b。近似效果良好。例如,$G_A = G_B = 1$ 时,在图4.5-a求得 $K = 0.777$。下述4例用于图4.5-b。G 为柱与梁的线刚度比,A、B 为柱的两个端点。

无侧移框架方程:
$$K = \frac{3G_A G_B + 1.4(G_A + G_B) + 0.64}{3G_A G_B + 2.0(G_A + G_B) + 1.28} \tag{4.5-1}$$

有侧移框架方程:
$$K = \sqrt{\frac{1.6G_A G_B + 4.0(G_A + G_B) + 7.5}{G_A + G_B + 7.5}} \tag{4.5-2}$$

【例 4.5-1】 已知 $G_D = G_A = 0.235, G_C = G_B = 1.0$,确定柱的有效长度系数 K。(参文献[66]204页)

【解】 在图4.5-b画直线①,得 $K = 1.21$。用式(4.5-2)计算也为1.21。

【例 4.5-2】 已知 $G_A = 5.0, G_B = 0.454$,求框架柱的有效长度系数 K。(文献[66]208页)

【解】 在图4.5-b画直线②,得 $K = 1.60$。用式(4.5-2)计算也为1.60。

【例 4.5-3】 已知 $G_A = 3.61, G_B = 1.0$,求框架柱的有效长度系数 K。(文献[66]210页)

【解】 在图4.5-b画直线③,得 $K = 1.62$。用式(4.5-2)计算也为1.62。

【例 4.5-4】 已知 $G_A = 2.37, G_B = 1.0$,求框架柱的有效长度系数 K。(文献[66]210页)

【解】 在图4.5-b画直线①,得 $K = 1.51$。用式(4.5-2)计算也为1.51。

附:图 4.5-b 的绘制方法

绘制方法参阅图3.3.2的绘法说明。

式(4.5-2)中 G_A 与 G_B 的系数相同,故在图4.5-b中,G_A 和 G_B 图尺是对称的。

当 $G_A = 0$ 时,$K_1 = \sqrt{(4G_B + 7.5)/(G_B + 7.5)}$,列出表4.5-1。

当 $G_A = 10$ 时,$K_2 = \sqrt{(20G_B + 47.5)/(G_B + 17.5)}$,列出表4.5-2。

K_1 值表　　　　表 4.5-1

G_B	① $= 4G_B + 7.5$	② $= G_B + 7.5$	$K_1 = \sqrt{①/②}$
0	7.5	7.5	1
0.5	9.5	8	1.0897
1	11.5	8.5	1.1632
1.5	13.5	9	1.2247
⋮	⋮	⋮	⋮

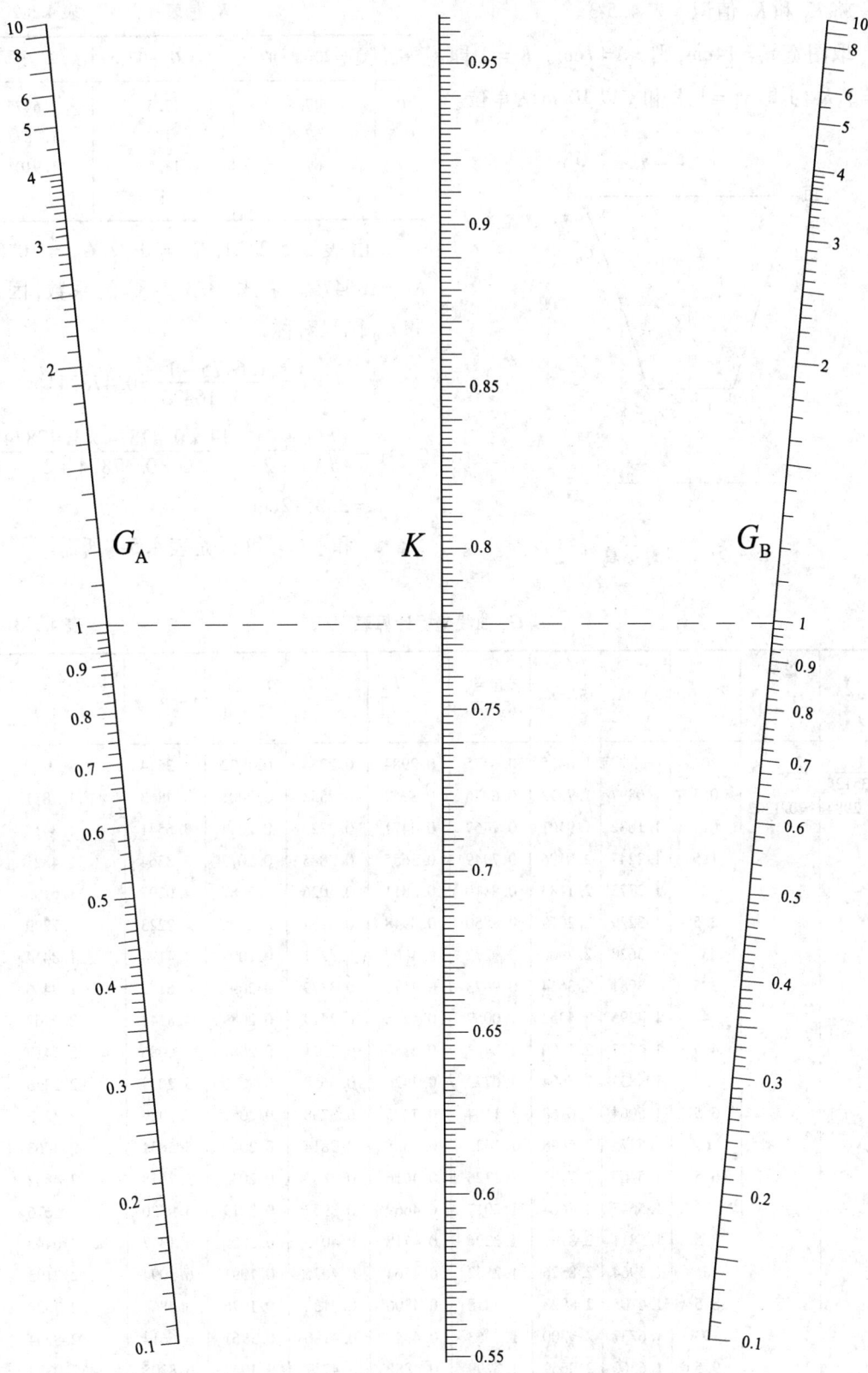

图 4.5-a　无侧移框架柱有效长度系数算图

将 K_1 和 K_2 值记入表 4.5-3。

取图宽 $a=14\text{cm}$,则 $x_2=7\text{cm}$。$K=3$ 即 $y_2=3$,$K=1$ 即 $y_1=1$,K 和 y 以 10cm 为单位。

K_1 值表 表 4.5-2

G_B	① = $20G_B + 47.5$	② = $G_B + 17.5$	$K_2 = \sqrt{①/②}$
0	47.5	17.5	1.6475
0.5	57.5	18	1.7873
1	67.5	18.5	1.9101
⋮	⋮	⋮	⋮

由表 4.5-2 知,$G_A = 0$ 及 $G_B = 10$ 时,$K_2 = 1.6475$。求式(3.3.2-8)的系数,因 G_A 和 G_B 图尺对称,

$$b = c = \frac{1.6475 - 1}{3 - 1.16475} = 0.47874$$

$$x_1 = \frac{ab(c+1)}{b+c+2} = \frac{14 \times 0.47874 \times 1.47874}{2 \times 0.47874 + 2}$$

$$= 3.3512\text{cm}$$

x_1 和 y_1、x_2 和 y_2 是表 4.5-3 所需。

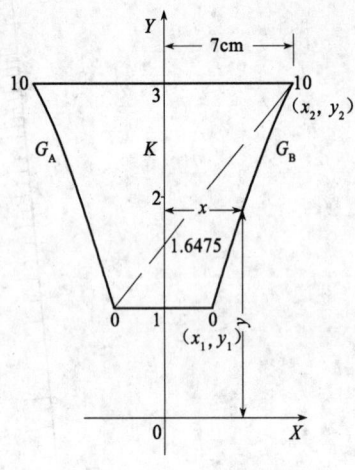

图 4.5-1　计算示意图

G_B 曲线坐标计算表 表 4.5-3

① = $\frac{y_1}{x_1}$	② = $\frac{y_2}{x_2}$ − ①	③ = G_B	④ = K_1	⑤ = K_2	⑥ = $K_2 - K_1$	⑦ = $\frac{K_1}{x_1}$	⑧ = $\frac{K_2}{x_2}$	⑨ = ② + ⑦ − ⑧	x = ⑥/⑨	y = (⑦ − ①) × x + ④
$\frac{1}{3.3512}$ = 0.2984	$\frac{3}{7}$ − ① = 0.1302	0	1	1.6475	0.6475	0.2984	0.2354	0.1932	3.3514	1
		0.5	1.0897	1.7873	0.6976	0.3252	0.2553	0.2001	3.4863	1.1831
		1	1.1632	1.9101	0.7469	0.3471	0.2729	0.2044	3.6541	1.3412
		1.5	1.2247	2.0196	0.7949	0.3655	0.2885	0.2072	3.8364	1.4821
		2	1.2773	2.1183	0.8410	0.3811	0.3026	0.2087	4.0297	1.6106
		2.5	1.3229	2.2079	0.8850	0.3948	0.3154	0.2096	4.2223	1.7299
		3	1.3628	2.2900	0.9272	0.4067	0.3271	0.2098	4.4194	1.8414
		3.5	1.3981	2.3654	0.9673	0.4172	0.3379	0.2095	4.6172	1.9466
		4	1.4295	2.4352	1.0057	0.4266	0.3479	0.2089	4.8143	2.0467
		4.5	1.4577	2.5000	1.0423	0.4350	0.3571	0.2081	5.0086	2.1419
		5	1.4832	2.5604	1.0772	0.4426	0.3658	0.2070	5.2039	2.2336
		5.5	1.5064	2.6168	1.1104	0.4495	0.3738	0.2059	5.3929	2.3213
		6	1.5275	2.6698	1.1423	0.4558	0.3814	0.2046	5.5831	2.4063
		6.5	1.5469	2.7195	1.1726	0.4616	0.3885	0.2033	5.7678	2.4882
		7	1.5647	2.7664	1.2017	0.4669	0.3952	0.2019	5.9520	2.5676
		7.5	1.5811	2.8107	1.2296	0.4718	0.4015	0.2005	6.1327	2.6445
		8	1.5964	2.8526	1.2562	0.4764	0.4075	0.1991	6.3094	2.7195
		8.5	1.6105	2.8923	1.2818	0.4806	0.4132	0.1976	6.4868	2.7924
		9	1.6237	2.9300	1.3063	0.4845	0.4186	0.1961	6.6614	2.8634
		9.5	1.6360	2.9659	1.3299	0.4882	0.4237	0.1947	6.8305	2.9324
		10	1.6475	3.0000	1.3525	0.4916	0.4286	0.1932	7.0000	3.0000

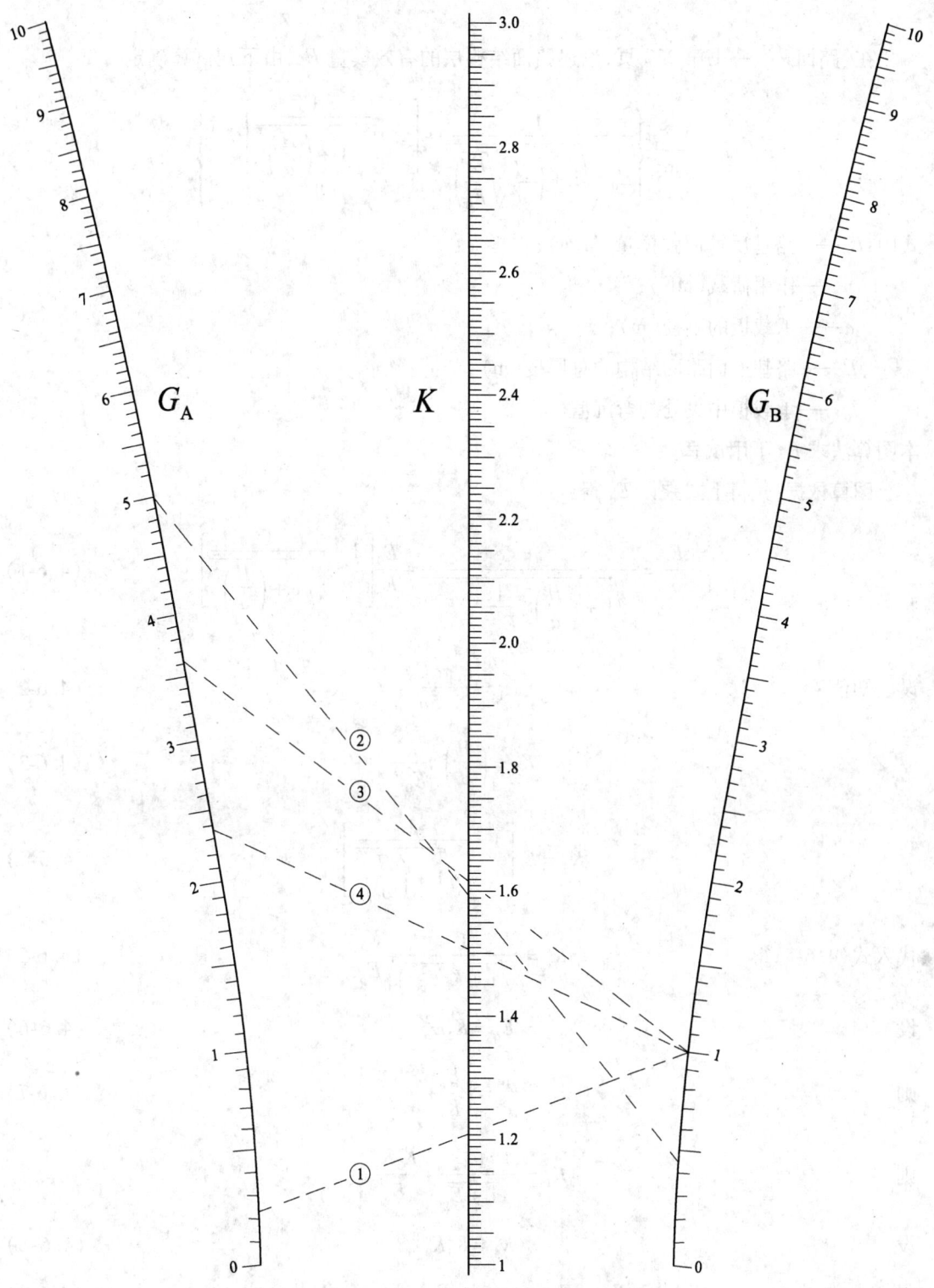

图 4.5-b 有侧移框架柱有效长度系数算图

4.6 公路设计:路面有效模量图算法

在《路面》[53]一书第 257 页,论述路面结构层的有效模量 E_p,由下式试算确定:

$$l_0 = \frac{1.5p}{\pi a}\left\{\frac{1}{E_0\sqrt{1+\left(\frac{H}{a}\sqrt[3]{\frac{E_p}{E_0}}\right)^2}} + \left[1 - \frac{1}{\sqrt{1+\left(\frac{H}{a}\right)^2}}\right]E_p^{-1}\right\}$$

式中:E_0——路基反算回弹模量(MPa);

p——作用荷载(MN);

a——承载板的半径(m);

H——路基上面路面结构的总厚度(m);

l_0——承载板中央处的弯沉值(m)。

本图算法求 E_p 不用试算。

图算依据:先将上式乘以 E_0 得:

$$\frac{l_0 \pi a E_0}{1.5p} = \frac{1}{\sqrt{1+\left(\frac{H}{a}\right)^2 \frac{1}{E_0^{2/3}} \cdot E_p^{2/3}}} + \frac{E_0}{E_p}\left[1 - \frac{1}{\sqrt{1+\left(\frac{H}{a}\right)^2}}\right] \tag{4.6-1}$$

设已知值

$$K_1 = \frac{l_0 \pi a E_0}{1.5p} \tag{4.6-2}$$

$$K_2 = \left(\frac{H}{a}\right)^2 \frac{1}{E_0^{2/3}} \tag{4.6-3}$$

$$K_3 = E_0\left[1 - \frac{1}{\sqrt{1+\left(\frac{H}{a}\right)^2}}\right] \tag{4.6-4}$$

代入式(4.6-1)得

$$K_1 = \frac{1}{\sqrt{1+K_2 E_p^{2/3}}} + \frac{K_3}{E_p} \tag{4.6-5}$$

设

$$E_q = K_2 E_p^{2/3} \tag{4.6-6}$$

则

$$E_p = \left(\frac{E_q}{K_2}\right)^{3/2} \tag{4.6-7}$$

则

$$K_1 = \frac{1}{\sqrt{1+E_q}} + \frac{K_3 K_2^{3/2}}{E_q^{3/2}}$$

设

$$K_4 = K_3 K_2^{3/2} \tag{4.6-8}$$

得

$$K_1 = K_4\ E_q^{-3/2} + (1+E_q)^{-1/2} \tag{4.6-9}$$

符合式(附 1-3)形式:$F(t) = F(v) \cdot F_1(u) + F_2(u)$,所以可绘成算图 4.6。

4 路桥工程图算法

【例 4.6-1】 现有沥青路面,面层厚 20cm,基层厚 30cm。落锤弯沉仪在半径 $a=15$cm 的承载板上施加荷载 $p=102$kN,由距荷载中心不同距离处的 5 个传感器测到的路表弯沉值为:

径向距离 r(cm)	0	25	75	150	225
弯沉值 l_r(mm)	0.300	0.283	0.157	0.094	0.063

试计算路面结构层的有效模量 E_p。(参文献[53]257 页)

【解】 (1)取最外侧测点的弯沉值,由文献[53]式(5-1-12)计算路基回弹模量值:

$$E_0 = \frac{0.24p}{rl_r} = \frac{0.24 \times 0.102}{2.25 \times 0.063 \times 10^{-3}} = 172.7(\text{MPa})$$

将已知值代入式(4.6-2)、(4.6-3)、(4.6-4)及(4.6-8)计算

$$K_1 = \frac{l_0 \pi a E_0}{1.5p} = \frac{0.3 \times 10^{-3} \times \pi \times 0.15 \times 172.7}{1.5 \times 0.102} = 0.1596$$

$$K_2 = \left(\frac{H}{a}\right)^2 \frac{1}{E_0^{2/3}} = \left(\frac{0.5}{0.15}\right)^2 \frac{1}{172.7^{2/3}} = 0.3583$$

$$K_3 = E_0 \left[1 - \frac{1}{\sqrt{1+\left(\frac{H}{a}\right)^2}}\right] = 172.7 \times 0.7127 = 123.0833$$

$$K_4 = K_3 K_2^{3/2} = 123.0833 \times 0.3583^{3/2} = 26.3979$$

用 K_1 和 K_4 值在图 4.6 画直线①,得 $E_q \approx 72.3$,须迭代计算提高精度。

(2)迭代计算 E_q 值

由式(4.6-9),$E_{q_1} = \left[\frac{K_4}{K_1 - (1+E_{q_0})^{-1/2}}\right]^{2/3} = \left[\frac{26.3979}{0.1596 - (1+72.3)^{-1/2}}\right]^{2/3} = 72.4605$

$$E_{q_2} = \left[\frac{26.3979}{0.1596 - (1+72.4605)^{-1/2}}\right]^{2/3} = 72.3168$$

将三个 E_q 值代入式(附4-1)计算

$$E_q = 72.3 + \frac{(72.4605 - 72.3)^2}{2 \times 72.4605 - 72.3 - 72.3168} = 72.38 \approx 72.4$$

将 E_q 值代入式(4.6-7)计算

$$E_p = \left(\frac{E_q}{K_2}\right)^{3/2} = \left(\frac{72.4}{0.3583}\right)^{3/2} = 2872(\text{MPa})$$

【例 4.6-2】 本题已算出 $K_1 = 0.15, K_4 = 45$,试求 E_q。

【解】 K_4 值大于图尺上限,可视为上延线的一点,与 $K_1 = 0.15$ 一点画虚线②,交上横尺得一点 K_4'。计算 K_4'值:

$$\frac{(0.15-0.05)\times 图尺系数100}{(45-40)\times 图尺系数0.5} = \frac{14-K_4'}{K_4'} = 4$$

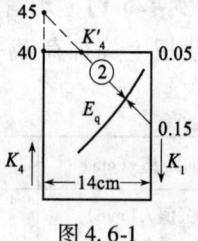

图 4.6-1

∴ $K_4' = 2.8\text{cm}$

在图 4.6 画直线②,交曲线得 $E_q = 95.2$,仿上题提高精度得 $E_q = 95.5$。

附:图 4.6 的绘制方法

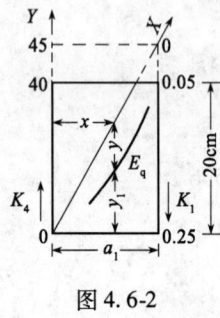

图 4.6-2

取图宽 $a_1 = 14\text{cm}$,高 20cm(上部另有 5cm 不绘出)。图尺系数 b 和 c: $Y_{K1} = b(0.05 - 0.25) = 20\text{cm}, b = -100$;

$$Y_{K4} = c(40-0) = 20\text{cm}, c = 0.5。$$

用斜坐标 XY 作图。依式(附1-4),曲线 E_q 的坐标为

$$x = \frac{a_1}{1-\frac{b}{c}F_1} = \frac{14}{1+200F_1}, \quad y = \frac{bF_2}{1-\frac{b}{c}F_1} = \frac{-100F_2}{1+200F_1}$$

因为 c 和 $F_1(u)$ 为正值,b 取负值时分母大于1,x 小于 a_1,E_q 曲线才在两平行图尺 K_1 和 K_4 之间。负值表示图尺向下递增。

x 值本应按平行 x 轴方向量取,但不便在方格纸上定点,而且要乘大于1的斜率。斜 x 轴便于绘 y 值为负数的曲线。在几何计算中,y 不用负号,故有

$(|y|+y_1)/x = 25/14$,∴ $y_1 = 1.7857x - |y|$

绘 E_q 曲线前先算出表 4.6。

表 4.6

E_q	$F_1 = E_q^{-3/2}$	$1+200F_1$	$x = \dfrac{14}{1+200F_1}$	$F_2 = (1+E_q)^{-1/2}$	$y = \dfrac{-100F_2}{1+200F_1}$	y_1
15	0.017213	4.4427	3.1512	0.2500	-5.6272	-0.0001
20	0.011180	3.2361	4.3262	0.2182	-6.7432	0.9821
30	0.006086	2.2172	6.3144	0.1796	-8.1005	3.1751
40	0.003953	1.7906	7.8187	0.1562	-8.7219	5.2400
50	0.002828	1.5657	8.9412	0.1400	-8.9435	7.0228
60	0.002152	1.4304	9.7875	0.1280	-8.9511	8.5264
⋮	⋮	⋮	⋮	⋮	⋮	⋮
300	0.000192	1.0385	13.4811	0.0576	-5.5503	18.5229
400	0.000125	1.0250	13.6585	0.0499	-4.8700	19.5180
450	0.000105	1.0210	13.7130	0.0471	-4.6120	19.8753

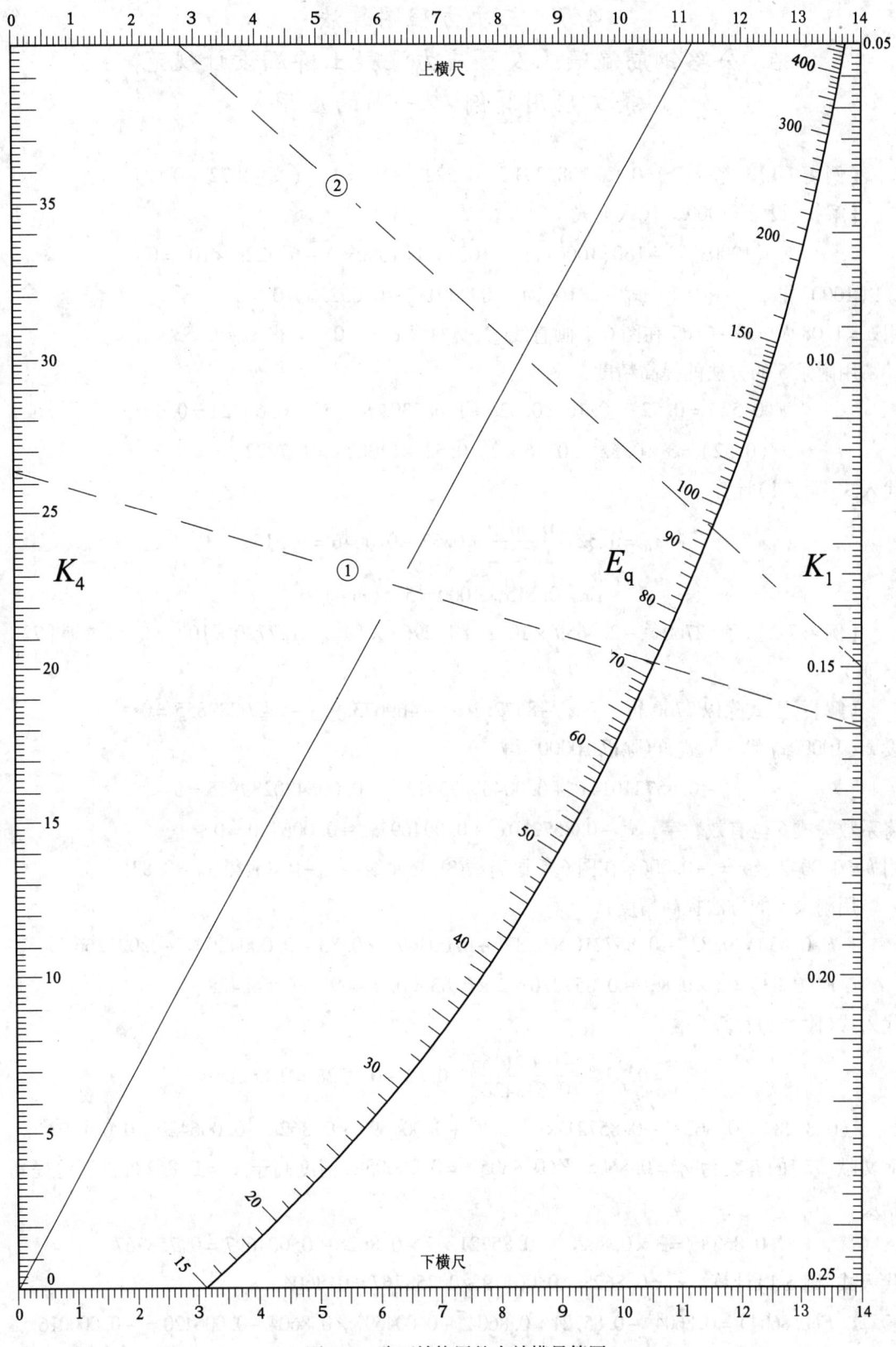

图 4.6 路面结构层的有效模量算图

4.7 三次方程图算法
在《公路钢筋混凝土及预应力混凝土桥涵设计规范》
条文应用算例[72]一书的应用

【例4.7-1】 解 $x^3 - 160x^2 + 1082391x - 6.5223 \times 10^8 = 0$。（文献[72]40页）

【解】 设 $x = 1000x_0$ 代入上式

$$(1000x_0)^3 - 160(1000x_0)^2 + 1082391(1000x_0) - 6.5223 \times 10^8 = 0$$

除以 1000^3 得 $\quad x_0^3 - 0.16x_0^2 + 1.082391x_0 - 0.65223 = 0$

用 $b = 1.08$ 及 $c = -0.65$ 在图6.1画直线⑦，交曲线 $a = -0.16$，得 $x_0 \approx 0.52$

用附录5的方法的提高精度：

$$F(0.52) = 0.52^3 - 0.16 \times 0.52^2 + 1.082391 \times 0.52 - 0.65223 = 0.0079$$

$$F'(0.52) = 3 \times 0.52^2 - 0.16 \times 2 \times 0.52 + 1.0824 = 1.7272$$

代入式（附5-1）计算

$$x_0 = 0.52 - \frac{0.0079}{1.7272} = 0.52 - 0.0046 = 0.515$$

∴ $\quad x = 0.515 \times 1000 = 515 (\text{mm})$

【例4.7-2】 解 $2760x^3 - 2.3659 \times 10^7 x^2 + 1.2963 \times 10^9 x - 1.7720 \times 10^{13} = 0$。（文献[72]43页）

【解】 上式除以2760得 $\quad x^3 - 8572.10x^2 + 469673.91x - 6420289855 = 0$

设 $x = 10000x_0$ 代入上式，再除以 10000^3 得

$$x_0^3 - 0.85721014x_0^2 + 0.00469673913x_0 - 0.006420289855 = 0$$

将系数写成6位有效数字 $\quad x_0^3 - 0.857210x_0^2 + 0.004697x_0 - 0.006420 = 0$

用 $b = 0.0047$ 及 $c = -0.0064$ 在图6.1画直线⑧，交曲线 $a = -0.86$，得 $x_0 \approx 0.83$

用附录5的方法提高精度：

$$F(0.83) = 0.83^3 - 0.857210 \times 0.83^2 + 0.004697 \times 0.83 - 0.006420 = -0.021266$$

$$F'(0.83) = 3 \times 0.83^2 - 0.857210 \times 2 \times 0.83 + 0.004697 = 0.648428$$

代入式（附5-1）计算

$$x_0 = 0.83 - \frac{-0.021266}{0.648428} = 0.83 + 0.0328 = 0.8628$$

$$F(0.8628) = 0.8628^3 - 0.85721 \times 0.8628^2 + 0.004697 \times 0.8628 - 0.006420 = 0.001793$$

而文献[72]的答案为 $x_0 = 0.8605$，$F(0.8605) = 0.000058$，精度高于 $x_0 = 0.8628$，故须再提高精度：

$$F'(0.8628) = 3 \times 0.8628^2 - 0.85721 \times 2 \times 0.8628 + 0.004697 = 0.758767$$

代入式（附5-1）计算 $\quad x_0 = 0.8628 - 0.001793/0.758767 \approx 0.8604$

验算 $\quad F(0.8604) = 0.8604^3 - 0.85721 \times 0.8604^2 + 0.004697 \times 0.8604 - 0.006420 = -0.000016$

∴ $\quad x = 10000 \times 0.8604 = 8604 (\text{mm})$

5 其他土木工程图算法

5.1 材料力学:工字钢型号图算法

在材料力学书籍中,计算受压工字钢型号时,往往假设折减系数 φ 进行试算。本节介绍免去试算的图算法。

图算依据 已知公式

$$A = \frac{F}{\varphi[\sigma]} \text{ 和 } \lambda = \frac{\mu l}{i_{\min}}$$

当计算单件热轧工字钢时,截面最小惯性半径 i 依变于工字钢截面积,即 $i = f(A)$。常用 $Q235$ 钢时,长细比 λ 与折减系数 φ 成一曲线关系,绘成图 5.1-1。

故有

$$\mu l = \lambda i = f(\varphi) \cdot f(A) = f(A) \cdot f\left(\frac{F}{A[\sigma]}\right)$$

基于上式关系,已知 μl 和 $F/[\sigma]$ 值时,在图 5.1 画出一组垂线的交点,就得到所求工字钢型号 A。

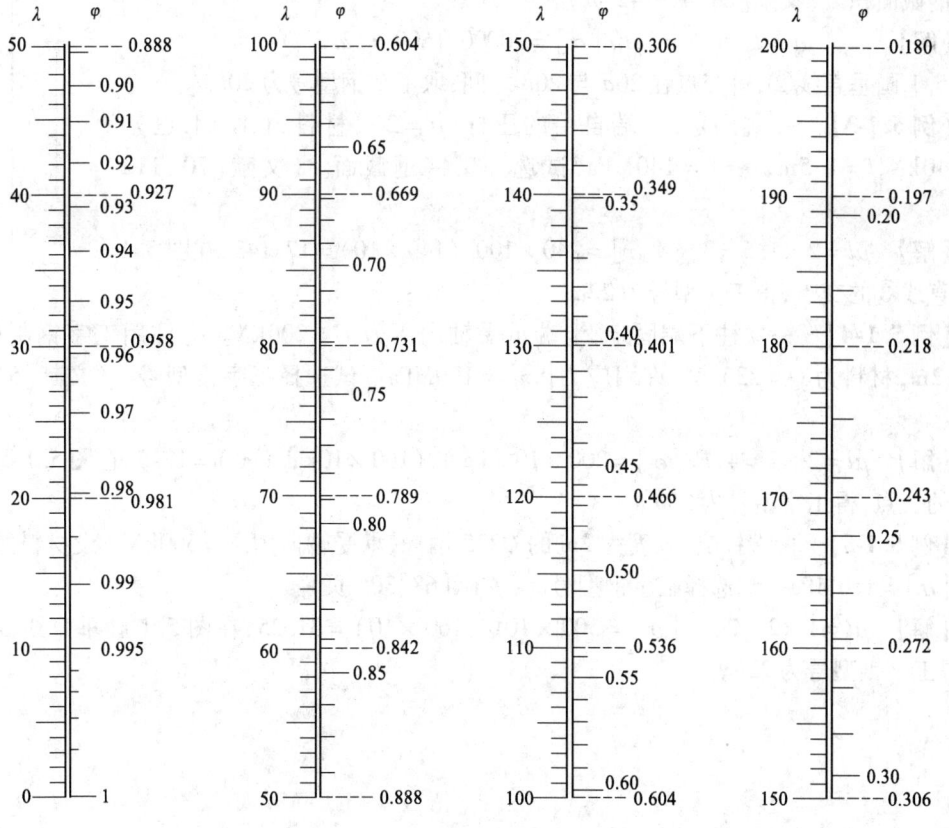

图 5.1-1 $Q235$ 钢的 φ-λ 值图

177

工字钢型号曲线计算表(部分)　　　　　　　　　　　　　　　　表 5.1

工字钢号	10					12.6					
截面积 $A(cm^2)$	14.345					18.118					
$i_{min}(m)$	0.0152					0.0161					
μl	0	0.3	0.5	0.7	0.9	0	0.5	0.7	1	1.2	1.4
$\lambda = \mu l / i$	0	19.74	32.89	46.05	59.21	0	31.06	43.48	62.11	74.53	86.96
φ(查图 5.1-3)	1	0.982	0.95	0.906	0.846	1	0.956	0.915	0.833	0.763	0.689
$F/[\sigma] = \varphi A$	14.345	14.09	13.63	13.00	12.14	18.118	17.32	16.58	15.09	13.82	12.48

【例 5.1-1】 设有两端固定、长为 4m 的支柱,截面为工字钢,材料为 G2 钢,承受 23t 的压力(图 5.1-2)。试根据稳定条件选择其截面。(文献[69]273页)

【解】　　$\mu l = 0.5 \times 4 = 2, F/[\sigma] = 23000/1400 = 16.43$。
在图 5.1 画垂直线①,得交点在 16 和 18 曲线之间,取工字钢型号为 18。

图 5.1-2

【例 5.1-2】 加料平台支柱,可简化为一端固定,另一端自由的压杆(图 5.1-3)。已知杆长 $l = 1.5m$,自由端作用力 $F = 20tf$,材料为 A_3 钢,$[\sigma] = 1600kgf/cm^2$。试计算工字钢截面积。(文献[28]4—142 页)

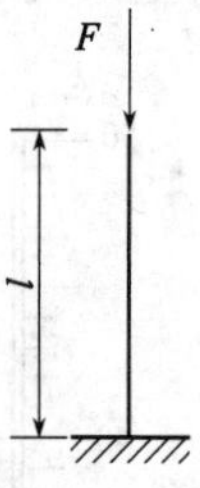

【解】　　$\mu l = 2 \times 1.5 = 3, F/[\sigma] = 20000/1600 = 12.5$
在图 5.1 画垂直线②,得交点在 $20a$ 与 $20b$ 之间,取工字钢型号为 $20b$。

【例 5.1-3】 一端固定,一端自由的压杆($\mu = 2$),材料为 A_3 钢,已知 $F = 240kN, l = 1.5m, [\sigma] = 140MPa$,试选一工字钢截面。(文献[70]112页)

图 5.1-3

【解】 $\mu l = 2 \times 1.5 = 3, F/[\sigma] = 240 \times 100/(140 \times 10) = 17.143$,在图 5.1 画垂直线③的交点,得工字型号为 $22a$。

【例 5.1-4】 一立柱下端固定,上端承受轴向压力 $F = 200kN$。立柱用工字钢制成,柱长 $l = 2m$,材料为 $Q = 235$ 钢,许用应力 $[\sigma] = 160MPa$。试选择工字钢型号。(文献[51]266页)

【解】 $\mu l = 2 \times 2 = 4, F/[\sigma] = 200 \times 10^2 (kgf)/(160 \times 10 kgf/cm^2) = 12.5$,在图 5.1 画垂直线④的交点,得工字型号为 $25a$。

【例 5.1-5】 两端铰支、长度为 2m 的 Q235 钢杆,承受轴向力 $F = 500kN$。设材料的许用应力 $[\sigma] = 160MPa$。试选择工字钢型号。(文献[68]305 页)

【解】 $\mu l = 1 \times 2 = 2, F/[\sigma] = 500 \times 10^2/(160 \times 10) = 31.25$,在图 5.1 画垂直线⑤的交点,得工字钢型号为 $22b$。

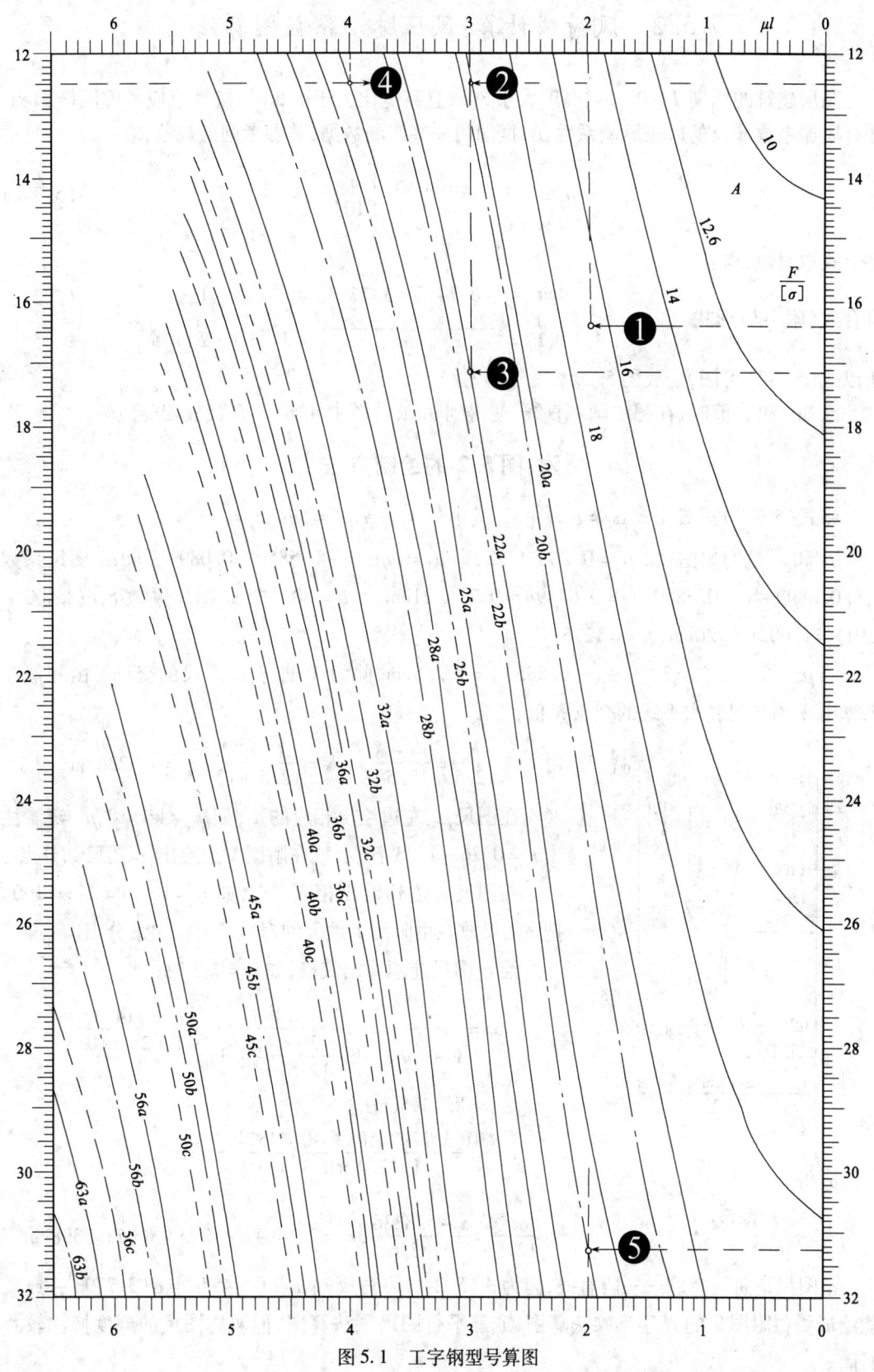

图 5.1 工字钢型号算图

5.2 风荷载计算:风压脉动系数图算法

高层建筑的周期 $T \geqslant 0.25\mathrm{s}$、高度大于 30m 且高宽比大于 1.5 时,按规范应考虑风振影响。计算风振系数涉及的风压脉动系数 μ_f,据国内一些实测数据,并参考国外规范,取:

$$\mu_f = 0.5 \times 35^{1.8(\alpha - 0.16)} \left(\frac{z}{10}\right)^{-\alpha} \tag{5.2-1}$$

将上式取对数,得:

符合式(附 1-3)形式

$$\underset{F(t)}{\lg\mu_f} = \underset{F_2(u)}{-0.7457 + 3.7793\alpha} + \underset{F_1(u)}{(-\alpha)} \cdot \underset{F(v)}{\lg z} \tag{5.2-2}$$

所以式(5.2-2)可图,绘成图 5.2。

已知 z 和 α 值时,在图中画一直线,就得到 μ_f 值。图中 A、B、C、D 代表四类地貌。

附:图 5.2 的绘制方法

将式(5.2-2)写成简式 $\mu_1 = \alpha_1 z_1 + \alpha_2$,其中 $\alpha_1 = -\alpha$,$\mu_1 = \lg\mu_f$,$z_1 = \lg z$。

μ_1 和 z_1 是均匀图尺。$\mu_f = 0.26 \sim 1.23$,即 $\mu_1 = \lg\mu_f = -0.5850 \sim 0.0899$。求 μ_1 图尺系数 b,$b[0.0899 - (-0.5850)] = 0.6749b \approx 0.7b = 21\mathrm{cm}$,$\therefore b = 30$。求 z_1 图尺系数 c,$c(\lg 400 - \lg 10) = 1.6021c = 20\mathrm{cm}$,$\therefore c = 12.5$。

当 $\mu_1 = 0$ 时,$y_{\mu 1} = 30[0 - (-0.585)] = 17.55\mathrm{cm}$,此为 X 轴与 μ_1 图尺的交点。由相似关系算出 X 轴与图底水平线的交点 K 值:

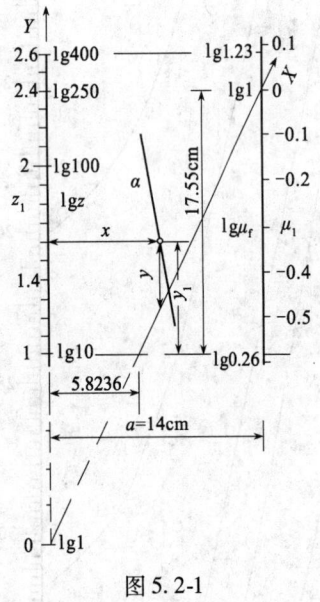

图 5.2-1

由 $\dfrac{K}{12.5} = \dfrac{14 - K}{17.55}$,$K = \dfrac{14 \times 12.5}{12.5 + 17.55} = 5.8236\mathrm{cm}$

在图尺 μ_1 左边绘出相应的 μ_f,如 $\mu_1 = \lg 1 = 0$,$\mu_f = 1$。注出 $\mu_f = 0.26 \sim 1.23$ 各点,放在附图 1 上绘出 μ_f 图尺细分点。

在图尺 z_1 右边绘出相应 z 点,如 $z_1 = \lg 100 = 2$,$z = 100$。把 z 图尺放在由附图 1 放大的对数纸上绘出细分点。

绘 α 图尺前须算出表格,如 $\alpha = 0.3$ 时,

$$x = \frac{a}{1 - \dfrac{b}{c}F_1} = \frac{14}{1 - \dfrac{30}{12.5}(-0.3)} = \frac{14}{1 + 2.4 \times 0.3}$$

$$= 8.1395\mathrm{cm}$$

$$y = \frac{30(3.7793 \times 0.3 - 0.7457)}{1 + 2.4 \times 0.3} = 6.7692\mathrm{cm}$$

由 $\dfrac{y_1 - y}{12.5} = \dfrac{x - 5.8236}{5.8236}$,$y_1 = 2.1464x - 12.5 + y = 11.7398\mathrm{cm}$

α 图尺是曲线特例——斜直线,因为式(5.2-2)可写成 $(\lg\mu_f + 0.7457) = \alpha(3.7793 - \lg z)$,能绘成类似附图 2 的 N 字形乘法算图,或三平行图尺乘法算图,但两边图尺的刻度换注较费时间。

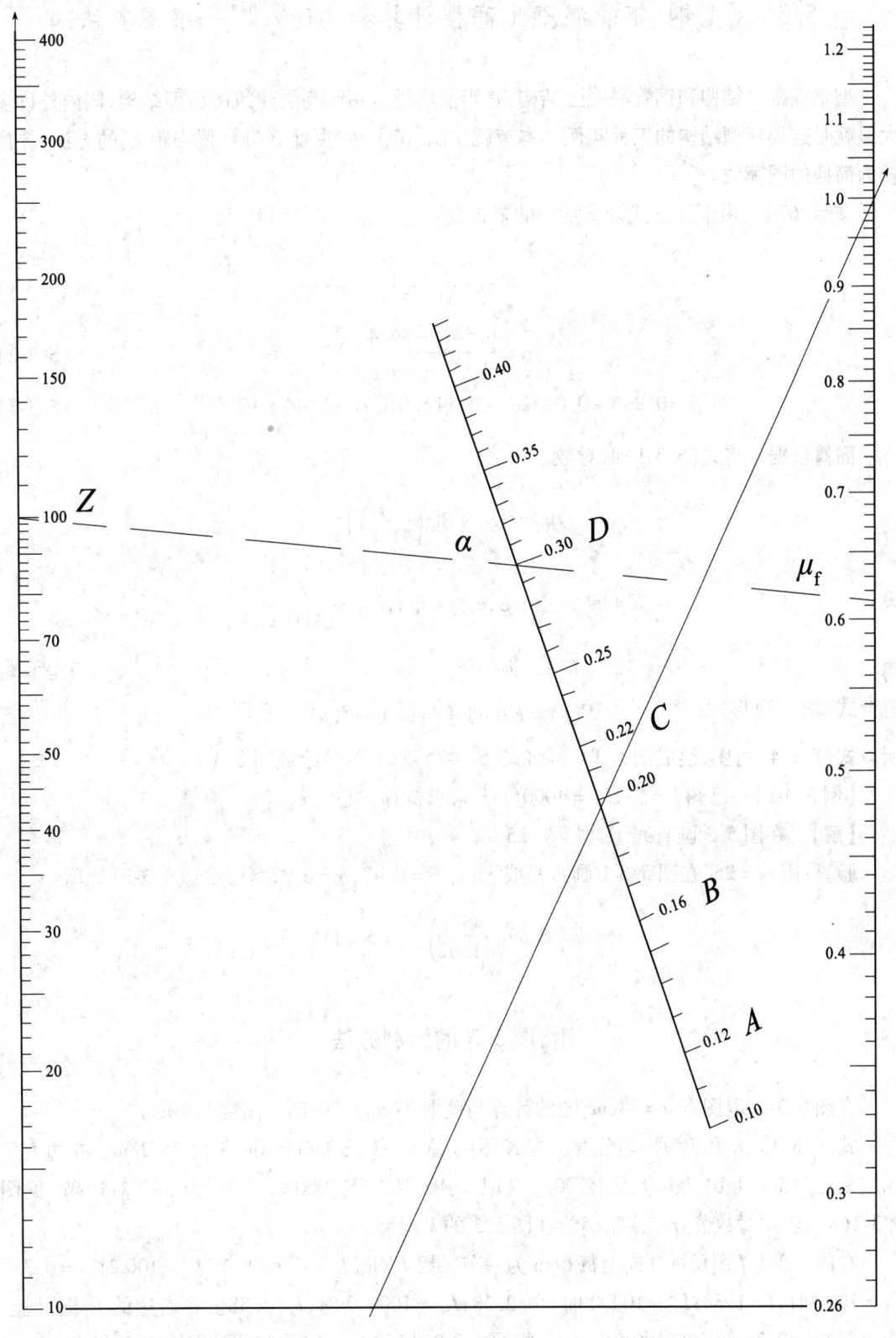

图 5.2 风压脉动系数 μ_f 算图

5.3 《型钢、钢管混凝土高楼计算和构造》[67]一书图算法

型钢混凝土结构和钢管混凝土结构,是当前广泛应用于高层建筑的新型结构,国内外许多大厦就是这类新型结构的工程实例。本节就文献[67]196页计算折算偏心距 e_2 的方法,提出较为简捷的图算法。

文献[67]是由下列三式计算唯一的未知数 e_2:

$$k = \alpha \left(\frac{I_{Sb}}{41.62} \right)^{\beta} \tag{5.3-1}$$

$$\alpha = \frac{0.64 e_2 - 84.4}{1 - 0.4724 e_2} \tag{5.3-2}$$

$$\beta = 0.296 + 0.0232 e_2 - 0.54 \times 10^{-3} e_2^2 - 0.44 \times 10^{-5} e_2^3 \tag{5.3-3}$$

图算依据 将式(5.3-1)取对数

$$\lg k = \lg \alpha + \beta \lg \left(\frac{I_{Sb}}{41.62} \right)$$

设 $\quad K = \lg k, e_{2-1} = \beta, e_{2-2} = \lg \alpha, I = \lg \left(\frac{I_{Sb}}{41.62} \right)$

得 $\quad K = e_{2-2} + e_{2-1} \cdot I \tag{5.3-4}$

符合式(附1-3)形式: $\quad F(t) = F_2(u) + F_1(u) \cdot F(v)$

所以式(5.3-4)可图,绘成图5.3。再将式(5.3-2)及(5.3-3)绘成图5.3-1。

【例5.3-1】 已知 $k = 54, I_{Sb} = 4000 (\text{cm}^4)$,求折算偏心距 e_2。

【解】 在图5.3画直线①,得 $e_2 = 25$。

验算:用 $e_2 = 25$,在图5.3-1画水平线①,得 $\beta = 0.47, \alpha = 6.33$,代入式(5.3-1)计算

$$k = 6.33 \left(\frac{4000}{41.62} \right)^{0.47} = 54.11$$

附:图5.3的绘制方法

在图5.3-3,取图宽 $a = 14 \text{cm}$,图的计算高度取 27cm,其中制图高度约 20cm。

式(5.3-4),K 和 I 为均匀分度。在 K 图尺,取 0—1 长 8.4cm,0—3 长 25.2cm。左边 k 尺相应刻点为 lg1、lg10、lg100 及 lg1000,只记 1、10、100 及 1000。1—10 为一个对数节,见图5.3-2(a),将此对数节分三次精确绘在图5.3的 k 图尺。

在图5.3-3,I 图尺从0向上每6cm为一节。因 $I = \lg(I_{Sb}/41.62)$,当 $I_{Sb} = 100$ 时,$I = 0.38$; $I_{Sb} = 1000$ 时,$I = 1.38$; $I_{Sb} = 10000$ 时,$I = 2.38$; $I_{Sb} = 100000$ 时,$I = 3.38$。在右边的 I_{Sb} 图尺上,绘出与左边 0.38 对应的 100 值……。将图5.3-2(b)的6cm对数节分三次绘在 I_{Sb} 尺上。

k 尺及 I_{Sb} 尺的细分点不必计算,将图尺放在附图1绘出。

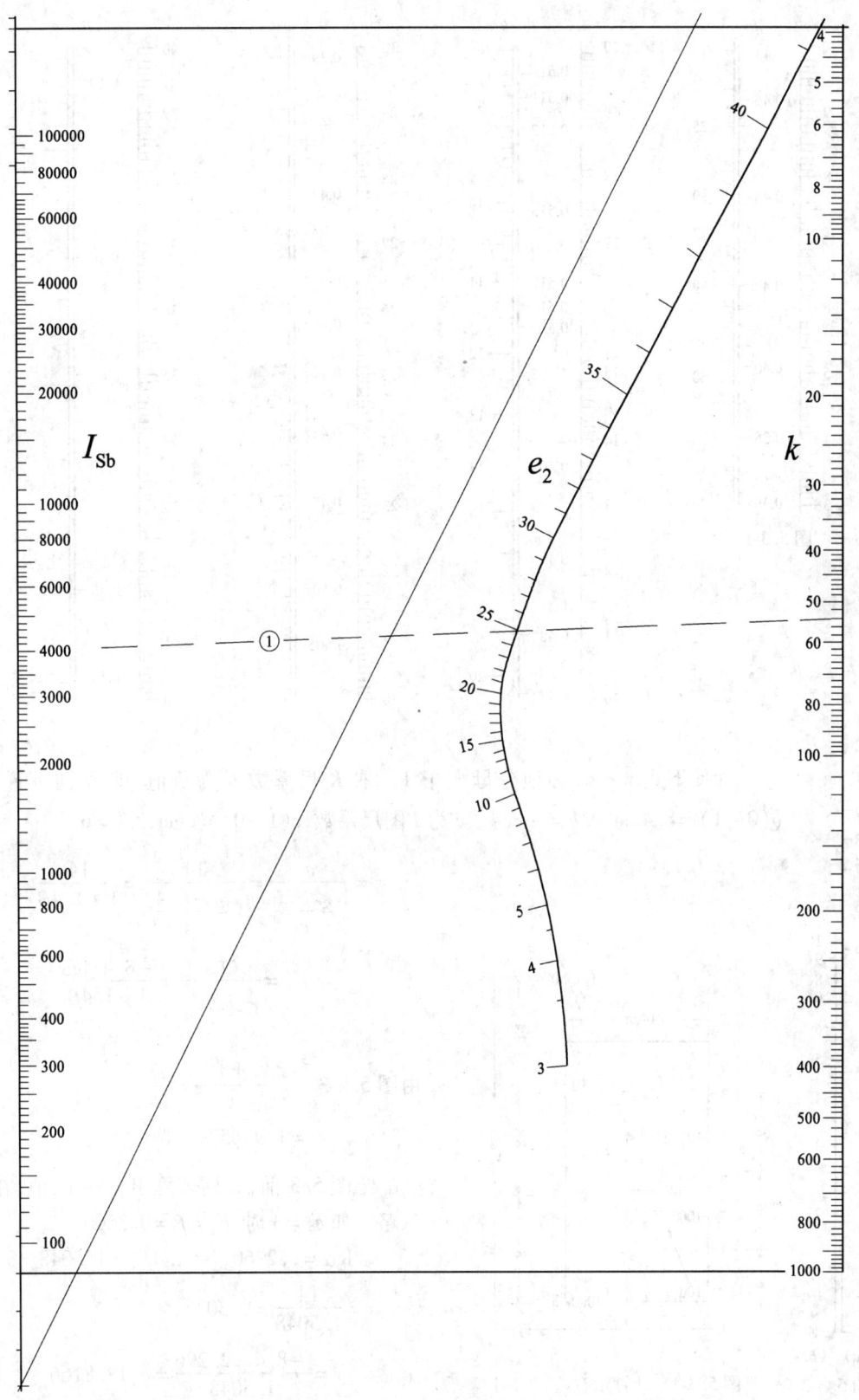

图 5.3　折算偏心距 e_2 算图

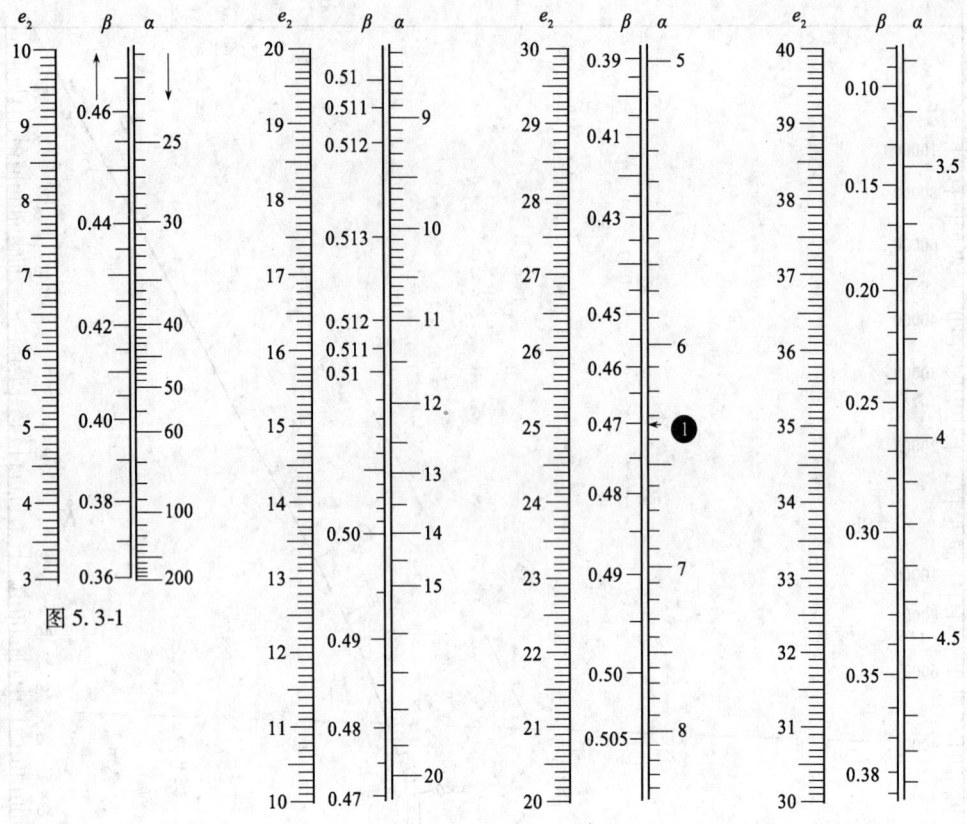

图 5.3-1

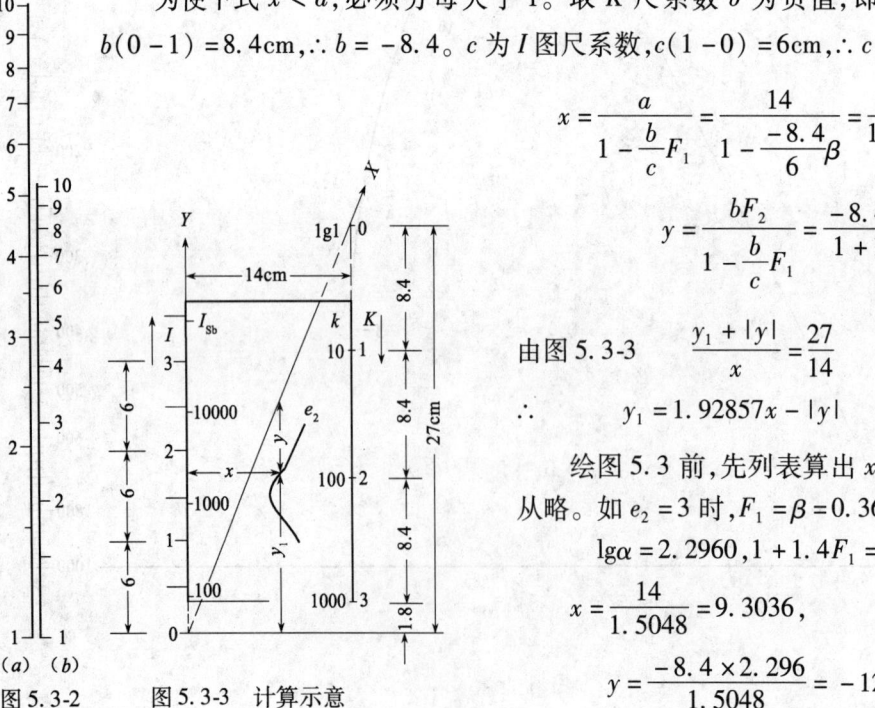

（a）（b）
图 5.3-2　　图 5.3-3　计算示意

为使下式 $x<a$，必须分母大于 1。取 K 尺系数 b 为负值，即 K 向下递增。$b(0-1)=8.4\text{cm},\therefore b=-8.4$。$c$ 为 I 图尺系数，$c(1-0)=6\text{cm},\therefore c=6$。

$$x=\frac{a}{1-\frac{b}{c}F_1}=\frac{14}{1-\frac{-8.4}{6}\beta}=\frac{14}{1+1.4\beta}$$

$$y=\frac{bF_2}{1-\frac{b}{c}F_1}=\frac{-8.4\lg\alpha}{1+1.4\beta}$$

由图 5.3-3　$\dfrac{y_1+|y|}{x}=\dfrac{27}{14}$

$\therefore\quad y_1=1.92857x-|y|$

绘图 5.3 前，先列表算出 x 和 y_1 值，在此从略。如 $e_2=3$ 时，$F_1=\beta=0.3606$，

$\lg\alpha=2.2960,1+1.4F_1=1.5048$

$$x=\frac{14}{1.5048}=9.3036,$$

$$y=\frac{-8.4\times2.296}{1.5048}=-12.8166$$

$y_1=1.92857\times9.3036-12.8166=5.1260$

5.4 三次方程图算法
在《建筑地基基础设计计算实例》[71]一书的应用

【例5.4-1】 解 $6.46h^3 - 22.34h^2 - 89.38h - 119.17 = 0$。（文献[71]265页）

【解】 将上式除以6.46得

$$h^3 - 3.4582h^2 - 13.8359h - 18.4474 = 0$$

系数 b 和 c 都小于 -8，超出图4.3的图尺范围，故设 $h = 2x$ 代入上式，

$$(2x)^3 - 3.4582(2x)^2 - 13.8359(2x) - 18.4474 = 0$$

除以 2^3 得 $\quad x^3 - 1.7291x^2 - 3.4590x - 2.3059 = 0$

用 $b = -3.459, c = -2.3059$ 在图4.3画直线⑩，交曲线 $a = -1.73$，得 $x \approx 3.1$，则 $h \approx 6.2$。

用附录5的方法，提高 h 的精度：

$$F(6.2) = 6.2^3 - 3.4582 \times 6.2^2 - 13.8359 \times 6.2 - 18.4474 = 1.1648$$
$$F'(6.2) = 3 \times 6.2^2 - 3.4582 \times 2 \times 6.2 - 13.8359 = 58.6024$$

代入式(附5-1)计算

$$h = 6.2 - \frac{1.1648}{58.6024} = 6.2 - 0.02 = 6.18 \text{(m)}$$

验算 $\quad 6.18^3 - 3.4582 \times 6.18^2 - 13.8359 \times 6.18 - 18.4474 = -0.001$

【例5.4-2】 解 $6.12h^3 - 42.34h^2 - 183.84h + 180.78 = 0$。（文献[71]267页）

【解】 将上式除以6.12得

$$h^3 - 6.9183h^2 - 30.0392h + 29.5392 = 0$$

系数 b 和 c 超出图4.3的图尺 $-8 \sim 8$ 的范围，设 $h = 2x$ 代入上式，

$$(2x)^3 - 6.9183(2x)^2 - 30.0392(2x) + 29.5392 = 0$$

除以 2^3 得 $\quad x^3 - 3.4942x^2 - 7.5098x + 3.6924 = 0$

用 $b = -7.51, c = 3.69$ 在图4.3画直线⑪，交曲线 $a = -3.49$，得 $x_1 \approx 4.62$ 及 $x_2 \approx 0.422$，x_2 不合题意，$\therefore h \approx 9.24$。

用附录5的方法，提高 h 的精度：

$$F(9.24) = 9.24^3 - 6.9183 \times 9.24^2 - 30.0392 \times 9.24 + 29.5392 = -49.8019$$
$$F'(9.24) = 3 \times 9.24^2 - 6.9183 \times 2 \times 9.24 - 30.0392 = 98.2434$$

代入式(附5-1)计算

$$h = 9.24 - \frac{-49.8019}{98.2434} = 9.24 + 0.5069 \approx 9.75 \text{(m)}$$

验算 $\quad 9.75^3 - 6.9183 \times 9.75^2 - 30.0392 \times 9.75 + 29.5392 = 5.8455$

5.5 冬期施工：混凝土蓄热养护时间图算法

蓄热法热工计算的依据是热量平衡原理，即混凝土从浇筑完毕时的温度下降到0℃的过程中，透过模板和保温层所放出的热量，等于混凝土预加热量和水泥在此期间所放出的水化热之和。

湖南大学教授吴震东在20世纪60年代，遵循不稳定传热的客观规律，考虑了影响混凝土蓄热的全部因素，提出广义冷却定律，创立了微分方程，从而解出一套精确的理论公式：

$$t = De^{-\frac{B}{A}mz} - Ee^{-mz} + t_q \tag{5.5-1}$$

$$t_q = \frac{1}{mz}\left(Ee^{-mz} - \frac{AD}{B}e^{-\frac{B}{A}mz} + \frac{AD}{B} - E\right) + t_q \tag{5.5-2}$$

其中 $A = \dfrac{c\gamma}{Q_0 w}$, $B = \dfrac{\alpha KM \times 3.6 \times 24}{mQ_0 w}$, $E = \dfrac{1}{A-B}$, $D = t_0 - t_q + E$

设 θ——式(5.5-1)的第1项指数与第2项指数之比。当 $B/A > 1$ 时，$\theta = B/A$；当 $B/A < 1$ 时，第1项与第2项对调，$\theta = 1 \div (B/A) = A/B$，如例5.5-4。

式中 t——养护时间为 z 时的混凝土温度(℃)；

t_0——混凝土浇筑后的温度(℃)；

t_q——室外气温(℃)；

t_p——混凝土在养护期间的平均温度(℃)；

z——养护时间(d)；当以 h 计时，笔者将养护时间改为 $\bar{z}$；

m——水泥水化速度系数(d^{-1})，见文献[46]表31—39；

γ——混凝土容重(kg/m^3)；

c——混凝土比热，取 $1 kJ/kg \cdot ℃$；

Q_0——水泥最终放热量(kJ/kg)，见文献[46]表31—39；

w——每立方米混凝土的水泥用量(kg)；

α——透风系数，见文献[46]表31—40；

M——结构表面系数 = 表面积m^2/体积m^3；

3.6——换算系数，$1W = 3.6kJ/h$；

24——换算系数，将 m 的单位由 d^{-1} 换算成 h^{-1}；

e——自然对数之底，取 2.81828；

K——围护层的传热系数($W/m^2℃$)；按下列计算：

$$K = \frac{1}{0.04 + \dfrac{\delta_1}{\lambda_1} + \cdots + \dfrac{\delta_n}{\lambda_n}}$$

δ——围护各层的厚度(m)；

λ——围护各层的导热系数($W/m \cdot ℃$)

图算依据 在式(5.5-1)求出未知数 z，即为混凝土温度降至0℃所需的时间。

令式(5.5-1)等于0再降以t_q,得

$$\frac{D}{t_q}e^{-\frac{B}{A}mz} - \frac{E}{t_q}e^{-mz} + 1 = 0 \qquad (5.5\text{-}3)$$

上式中E和t_q为负数,但D有时为正、有时为负,故按两种类型绘图求解。

1. $D > 0$ 时的图算法

式(5.5-3)乘(-1)得

$$-\frac{D}{t_q}e^{-\frac{B}{A}mz} + \frac{E}{t_q}e^{-mz} - 1 = 0 \qquad (5.5\text{-}4)$$

设

$$u = \frac{E}{t_q}e^{-mz} \qquad (5.5\text{-}5)$$

即

$$z = \frac{\lg\frac{ut_q}{E}}{-0.4343m} \qquad (5.5\text{-}6)$$

则式(5.5-4)第1项为

$$\frac{-D}{t_q}e^{\frac{B}{A}mz} = \frac{-D}{E}\left(\frac{E}{t_q}\right)^{\frac{B}{A}+\left(1-\frac{B}{A}\right)}e^{-\frac{B}{A}mz} = \frac{-D}{E}\left(\frac{E}{t_q}\right)^{1-\frac{B}{A}}u^{\frac{B}{A}} \qquad (5.5\text{-}7)$$

设

$$A_1 = \frac{-D}{E}\left(\frac{E}{t_q}\right)^{1-\frac{B}{A}} \qquad (5.5\text{-}8)$$

将式(5.5-5)、(5.5-7)及(5.5-8)代入(5.5-4),得

$$A_1 u^{\frac{B}{A}} + u - 1 = 0 \qquad (5.5\text{-}9)$$

取对数得

$$\lg A_1 = \lg(1-u) + \frac{B}{A}(-\lg u)$$

符合式(附1-3)形式:

$$F(t) \;=\; F_2(u) + F(v)F_1(u)$$

所以式(5.5-9)可图,绘成图5.5(上)。式中$\theta = B/A > 1$。

【例5.5-1】 解 $14.6e^{-3.89 \times 0.013z} + 10.4e^{-0.013z} - 5$

$= 14.6e^{-0.0506z} - (-10.4)e^{-0.013z} - 5 = 0$。(参文献[22]445页)

【解】 $\theta = 3.89$。将已知数代入式(5.5-8)计算

$$A_1 = \frac{-14.6}{-10.4}\left(\frac{-10.4}{-5}\right)^{1-3.89} = 0.169$$

用θ和A_1值在图5.5(上)画直线③,得$u = 0.893$,代入式(5.5-6)计算

$$z = \frac{\lg\frac{0.893 \times (-5)}{-10.4}}{-0.4343 \times 0.013} = 65(\text{h})$$

验算:代入式(5.5-9)计算 $0.169 \times 0.893^{3.89} + 0.893 - 1 = 0.1088 + 0.893 - 1 \approx 0$

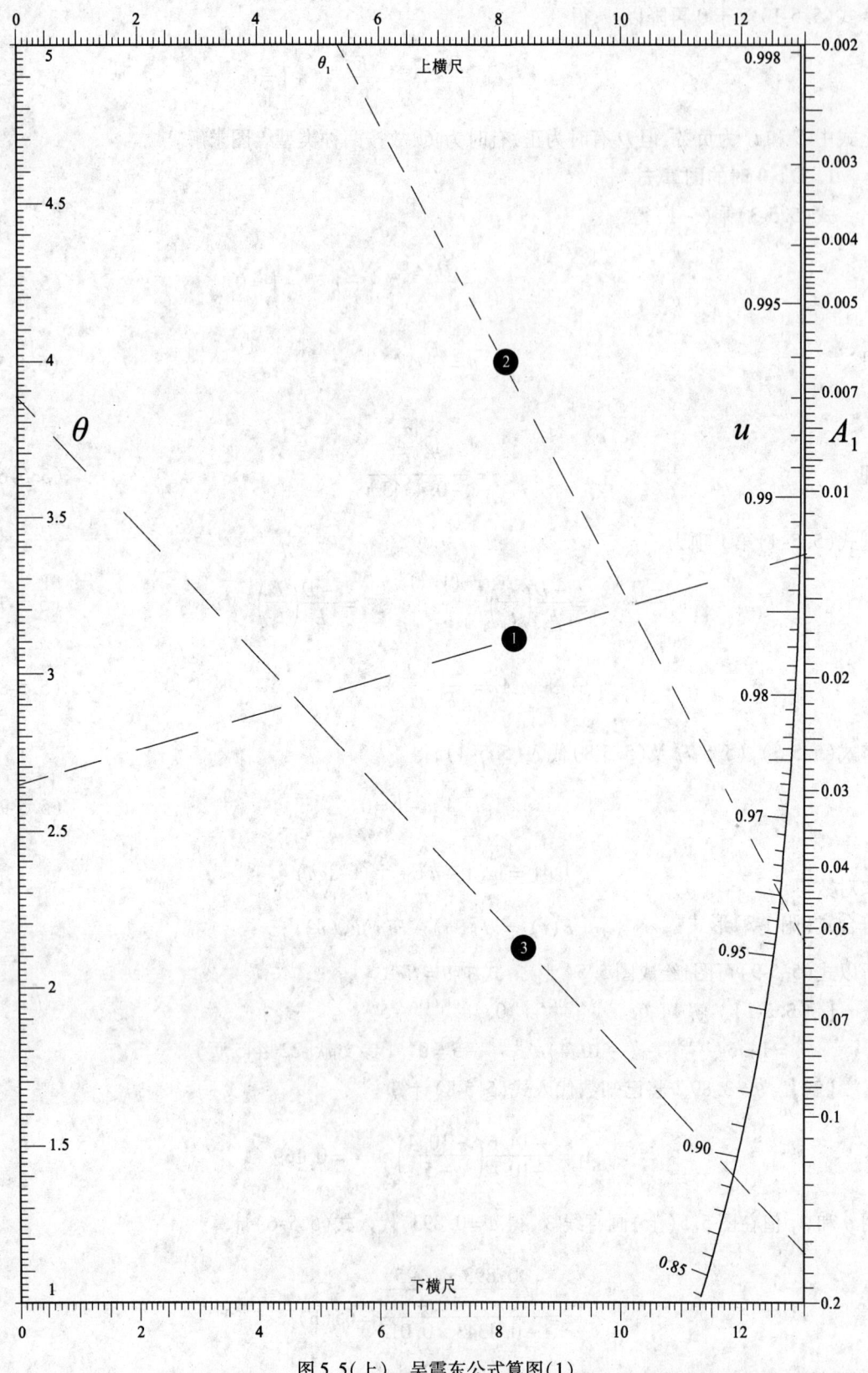

图 5.5(上) 吴震东公式算图(1)

【例 5.5-2】 某大模板工程，$t_0 = 10℃$，$t_q = -5℃$，$W = 350 kg/m^3$，用 425 号普通水泥，混凝土强度等级 C33，$Q_0 = 297 kJ/kg$，$m = 0.0092 h^{-1}$，大模板保温层的总传热系数 $K = 8.28 kJ/m^2 \cdot h \cdot ℃$，墙体厚 16cm，表面系数 $M = 2/0.16 = 12.5$，$\alpha = 1.35$（大风速），$C = 0.88 kJ/kg \cdot ℃$，$\gamma = 2470 kg/m^3$，要求确定温—时的关系式，并求出 Z 值。（参文献[35]35 页）

【解】
$$A = \frac{C\gamma}{Q_0 w} = \frac{0.88 \times 2470}{297 \times 350} = 0.0209$$

$$B = \frac{\alpha K M}{m Q_0 w} = \frac{1.35 \times 8.28 \times 12.5}{0.0092 \times 297 \times 350} = 0.1461$$

$$B/A = 6.99, \quad m \cdot B/A = 0.0092 \times 6.99 = 0.064$$

$$E = 1/(A - B) = -7.99$$

$$D = t_0 - t_q + E = 10 - (-5) + (-7.99) = 7.01$$

故得 $t - z$ 关系式

$$t = 7.01 e^{-0.064 z} - (-7.99) e^{-0.0092 z} - 5 = 0$$

$D > 0$，用式(5.5-8)计算

$$A_1 = \frac{-7.01}{-7.99} \left(\frac{-7.99}{-5} \right)^{1-6.99} = 0.0529$$

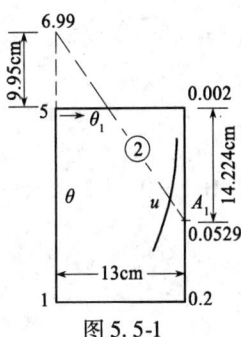

图 5.5-1

$\theta = B/A$ 值，大于图尺上限 5，可视为在图尺延长线上取一点 6.99，它与点 5 的实长为 $5(6.99 - 5) = 9.95$ cm。A_1 值在 A_1 图尺上的实长为 $-10(\lg 0.002 - \lg 0.0529) = 14.224$ cm。两括号前的 5 和 -10 为图尺系数，在绘法中说明。

$$9.95/14.224 = \theta_1/(13 - \theta_1), \quad \theta_1 = 5.35 \text{cm}。$$

用 θ_1 和 A_1 值在图 5.5(上)画直线②，交曲线得 $u = 0.96$，代入式(5.5-6)计算

$$\bar{z} = \frac{\lg \frac{0.96 \times (-5)}{-7.99}}{-0.4343 \times 0.0092} = 55.39 (\text{h})$$

2. $D < 0$ 时的图算法

因设式(5.5-5)，则式(5.5-3)的第 1 项为

$$\frac{D}{t_q} e^{-\frac{B}{A} mz} = \frac{D}{E} \left(\frac{E}{t_q} \right)^{\frac{B}{A} + \left(1 - \frac{B}{A}\right)} e^{\frac{B}{A} mz} = \frac{D}{E} \left(\frac{E}{t_q} \right)^{1-\frac{B}{A}} u^{\frac{B}{A}} \quad (5.5\text{-}10)$$

设
$$A_2 = \frac{D}{E} \left(\frac{E}{t_q} \right)^{1-\frac{B}{A}} \quad (5.5\text{-}11)$$

将式(5.5-5)、(5.5-10)及(5.5-11)代入式(5.5-3)，得

$$A_2 u^{\frac{B}{A}} - u + 1 = 0 \quad (5.5\text{-}12)$$

式(5.5-12)符合可图公式(附 1-3)的形式，所以能作成图 5.5(下)。

【例 5.5-3】 一批钢筋混凝土梁,截面为 $400 \times 600 \text{mm}$,用 425 号普通水泥拌制,水泥用量为 300kg/m^3,混凝土密度 2450kg/m^3,浇筑后温度为 15℃,预计养护期间室外的平均气温为 $-10℃$,有微风,围护层为钢模板,岩棉板厚 50mm。试计算构件冷却到 0℃ 的时间。(文献 [55] 672 页)

【解】 构件表面系数 $M_b = \dfrac{(0.4+0.6) \times 2}{0.4 \times 0.6} = 8.33$

围护层传热系数,根据文献[55]公式(8-19)和表 8-9 得:

$$K = \dfrac{1}{0.043 + \dfrac{0.05}{0.04}} = 0.773 \text{W/(m}^2 \cdot \text{K)}$$

查文献[55]表 8-8、表 8-7 得:$\beta = 1.1, Q_c = 335 \text{kJ/kg}, m = 0.24$。

高宽比 $= \dfrac{400}{600} = 0.67$,由文献[55]表 8-11,$p = 1.20$。$A = \dfrac{c\rho}{Q_c w} = \dfrac{1.047 \times 2450}{335 \times 300} = 0.0255$

$$B = \dfrac{\beta p K M \times 3.6 \times 24}{m Q_c w} = \dfrac{1.1 \times 1.2 \times 0.773 \times 8.33 \times 3.6 \times 24}{0.24 \times 335 \times 300} = 0.0304$$

$$\dfrac{B}{A} = \dfrac{0.0304}{0.0255} = 1.19 \quad E = \dfrac{1}{A-B} = \dfrac{1}{0.0255 - 0.0304} = -204$$

$$D = t_0 - t_d + E = 15 - (-10) + (-204) = -179$$

于是有方程 $DF - EG + t_q = -179F - (-204)G + (-10) = 0$

写成式(5.5-1)形式

$$De^{-\frac{B}{A}mz} - Ee^{-mz} + t_q = -179e^{-1.19 \times 0.24z} - (-204)e^{-0.24z} + (-10) = 0$$

$-179 < 0$,用式(5.5-11)计算

$$A_2 = \dfrac{-179}{-204}\left(\dfrac{-204}{-10}\right)^{1-1.19} = 0.4948$$

用 A_2 值及 $\theta = B/A = 1.19$ 在图 5.5(下)画直线③,交曲线 u 得 2.4,代入式(5.5-6)计算

$$Z = \dfrac{\lg \dfrac{2.4(-10)}{-204}}{-0.4343 \times 0.24} = 8.9(\text{d})$$

【例 5.5-4】 一批钢筋混凝土梁,断面为 $400 \times 600 \text{mm}$,用普通 325 号水泥拌制,每立方米混凝土的水泥用量为 300kg,混凝土质量密度为 2450kg/m^3,浇筑后温度 18℃,预计养护期间室外平均气温 $-11℃$,有微风,围护层为木模板 20mm 厚,岩棉毡 50mm 厚,试计算构件冷却到 0℃ 的时间。(文献[46]1070 页)

【解】 构件表面系数: $M = \dfrac{(0.4+0.6) \times 2}{0.4 \times 0.6} = 8.33$

围护层传热系数: $K = \dfrac{1}{0.04 + \dfrac{0.02}{0.17} + \dfrac{0.05}{0.04}} = 0.71 \text{ W/m}^2 \cdot \text{K}$

查文献[46]表 31-39 得:$\alpha = 1.3$,$Q = 293 \text{kJ/kg}$,$m = 0.41$。

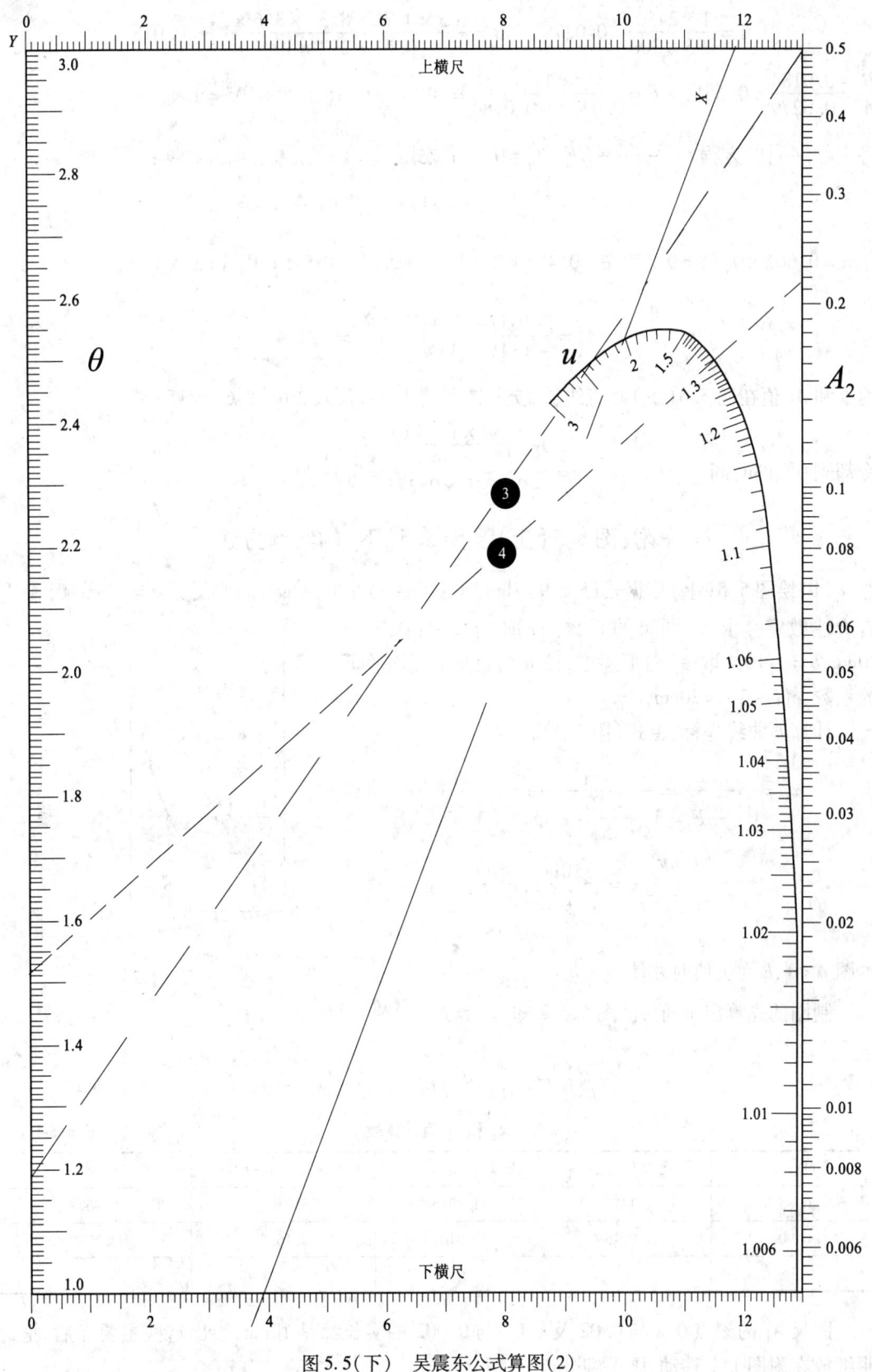

图 5.5(下) 吴震东公式算图(2)

$$A = \frac{1 \times 2450}{293 \times 300} = 0.0279, \quad B = \frac{1.3 \times 0.71 \times 8.33 \times 3.6 \times 24}{0.41 \times 293 \times 300} = 0.0184$$

$$\frac{B}{A} = \frac{0.0184}{0.0279} = 0.661, \quad E = \frac{1}{0.0279 - 0.0184} = 105, \quad D = 18 + 11 + 105 = 134$$

将文献[46]的方程 $t = -EG + DF + t_q = 0$ 写成式(5.5-1)的形式,代入数据:

$$t = -105e^{-0.41z} - (-134)e^{-0.271z} + (-11) = 0$$

$\frac{B}{A}m = 0.661 \times 0.41 = 0.271, \theta = 0.41/0.271 = 1.5129$。$-105 < 0$,用式(5.5-11)计算

$$A_2 = \frac{-105}{-134}\left(\frac{-134}{-11}\right)^{1-1.5129} = 0.2174$$

用 θ 和 A_2 值在图5.5(下)画直线④,交 u 图尺得1.34,代入式(5.5-6)计算

冷却到0℃的时间
$$z = \frac{\lg\frac{1.34 \times (-11)}{-134}}{-0.4343 \times 0.271} = 8.1(\text{d})$$

附:图5.5(上)及图5.5(下)的绘制方法

(1)绘图5.5(上)依据式(5.5-9):$\lg A_1 = \lg(1-u) + \theta(-\lg u)$。取图宽 $a = 13\text{cm}$,因 A_1 尺右边注数字。求 A_1 图尺的系数:$b(\lg 0.002 - \lg 0.2) = 20\text{cm}, b = -10$。取 A_1 向下递增,使 b 为负值。求 θ 图尺的系数:$c(5-1) = 20\text{cm}, c = 5$。

计算 u 曲线坐标,由式(附1-4),

$$x_u = \frac{a}{1 - \frac{b}{c}F_1} = \frac{1}{1 - \frac{-10}{5}(-\lg u)} = \frac{13}{1 - 2\lg u}$$

$$y_u = \frac{bF_2}{1 - \frac{b}{c}F_1} = \frac{-10\lg(1-u)}{1 - 2\lg u}$$

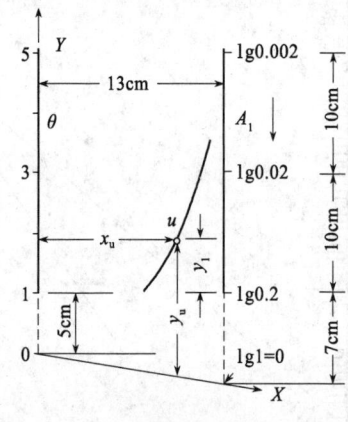

图5.5-2

本图 $u < 1, b$ 为负值时才使 $x_u < a$。

制图前先算出 y_1 值,由图5.5-2 知

$$\frac{y_u - y_1 - 5}{7 - 5} = \frac{x_u}{13}, 得 y_1 = y_u - 5 - 0.1528x_u$$

x_u 和 y_1 值计算表　　　　表 5.5-1

① = u	② = $1 - 2\lg u$	$x_u = 13/②$	$y_u = -10\lg(1-u)/②$	y_1 (cm)
0.85	1.1412	11.3915	7.2197	0.4677
0.90	1.0915	11.9101	9.1617	2.3299
⋮	⋮	⋮	⋮	⋮

图尺 A_1 的刻点 0.2 与 0.02 及 0.02 与 0.002 的实长都是 10cm,绘出这些主要点后,把透明纸放在附图1上移动,画上细分点。

(2)绘图 5.5(下)依据式(5.5-12):$\lg A_2 = \lg(u-1) + \theta(-\lg u)$。

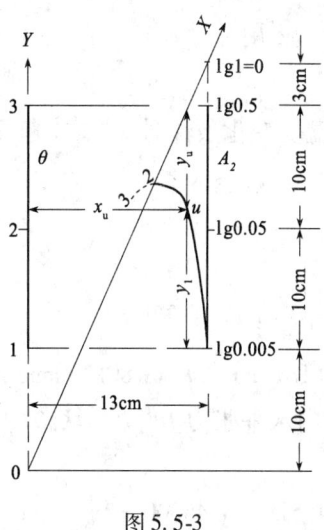

图 5.5-3

取图宽 $a = 13\text{cm}$,高 20cm。

求 A_2 图尺系数:$b(\lg 0.5 - \lg 0.005) = 20\text{cm}, b = 10$。

求 θ 图尺系数:$c(3-1) = 20\text{cm}, c = 10$。

计算 u 曲线坐标,由式(附 1-4),

$$x_u = \frac{a}{1 - \frac{b}{c}F_1} = \frac{13}{1 - \frac{10}{10}(-\lg u)} = \frac{13}{1 + \lg u}$$

$$y_u = \frac{bF_2}{1 - \frac{b}{c}F_1} = \frac{10\lg(u-1)}{1 + \lg u}$$

本图 $u > 1$,b 为正值才使 $x_u < a$,从而使 u 曲线在平行图尺 θ 和 A_2 之间。计算 y_1 值。由图 5.5-3,

$$\frac{|y_u| + y_1 + 10}{30 + 3} = \frac{x_u}{13}, y_1 = 2.53846 x_u - |y_u| - 10$$

说明:y_u 是 u 点至 X 轴的纵标值,时有正负。图 5.5-3,$u < 2$ 时为负值;y_1 是图的起点(虚水平线)向上量取 u 点的值,为正值。表 5.5-2 中 $u = 1.005$ 时 y_1 为负值,表明该点位于虚水平线以下。

表 5.5-2

① $= u$	② $= 1 + \lg u$	$x_u = 13/$②	$y_u = \dfrac{10\lg(u-1)}{②}$	y_1
1.005	1.00217	12.9719	-22.9605	-0.0319
1.006	1.0026	12.9663	-22.1609	0.7535
1.010	1.0043	12.9443	-19.9144	2.9942
⋮	⋮	⋮	⋮	⋮
2.00	1.3010	9.9923	0	15.3651

(3)图 5.5(下)中,$u = 2 \sim 3$ 时,y_u 在 X 轴之上,是正值。由图 5.5-4,

$$\frac{y_1 - y_u + 10}{30 + 3} = \frac{x_u}{13}$$

∴ $y_1 = 2.53846 x_u + y_u - 10$

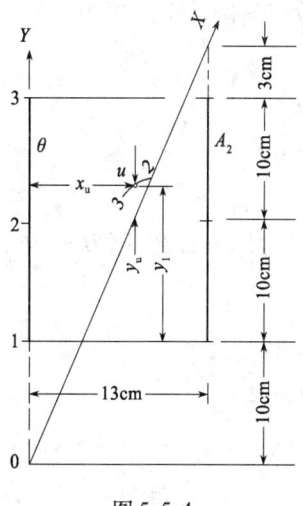

图 5.5-4

表 5.5-3

① $= u$	② $= 1 + \lg u$	$x_u = 13/$②	$y_u = \dfrac{10\lg(u-1)}{②}$	y_1
2.0	1.3010	9.9923	0	15.3651
2.2	1.3424	9.6840	0.5898	15.1722
2.4	1.3802	9.4188	1.0587	14.9679
2.6	1.4150	9.1875	1.4425	14.7646
2.8	1.4472	8.9831	1.7639	14.5671
3.0	1.4771	8.8010	2.0380	14.3790

有时 $\theta - A_2$ 直线与 u 曲线上段有两个交点,都适合式(5.5-12),应取较大的 u 值。

5.6 三次方程图算法
在《大跨空间结构》[73]一书的应用

文献[73]论述悬索结构的计算中,当不考虑支座位移和温度变化条件时,推得求解索内力 H 的方程

$$H - H_0 = \frac{EAl^2}{24}\left(\frac{q^2}{H^2} - \frac{q_0^2}{H_0^2}\right) \tag{5.6-1}$$

求解此三次方程不易,常用迭代法,本节介绍比较简捷的图算法。

【例 5.6-1】 设有承受均布荷载的抛物线索,已知:$A = 1815\text{mm}^2$,$E = 180\text{kN/mm}^2$,$l = 20\text{m}$;初始态 $H_0 = 30\text{kN}$,$q_0 = 3.0\text{kN/m}$;终态 $q = 1\text{kN/m}$。求索内水平张力 H。(文献[73]137页)

【解】 将已知数据代入式(5.6-1),整理后得 $H^3 + 514.5H^2 - 5445000 = 0$

设 $H = 100x$ 代入上式 $(100x)^3 + 514.5(100x)^2 - 5445000 = 0$

除以 100^3 得 $x^3 + 5.145x^2 - 5.445 = 0$

用 $b = 0$ 及 $c = -5.445$ 在图 6.1 画直线⑨,交曲线 $a = 5.145$,得 $x \approx 0.95$,则 $H \approx 95$。

用附录 5 的方法得高精度:

$$F(95) = 95^3 + 514.5 \times 95^2 - 5445000 = 55737.5$$
$$F'(95) = 3 \times 95^2 + 2 \times 95 \times 514.5 = 124830$$

代入式(附 5-1)计算

$$H = 95 - \frac{55737.5}{124830} = 95 - 0.4465 = 94.5535 \approx 94.55(\text{kN})$$

【例 5.6-2】 初始态为直线的悬索,即 $Z_0 = 0$,$q_0 = 0$,其他数据与例 5.6-1 相同。求终态时索内水平张力 H。(文献[73]138页)

【解】 此时 H 的三次方程为 $H^3 - 30H^2 - 5445000 = 0$

设 $H = 100x$ 代入上式 $(100x)^3 - 30(100x)^2 - 5445000 = 0$

除以 100^3 得 $x^3 - 0.3x^2 - 5.445 = 0$

用 $b = 0$ 及 $c = -5.445$ 在图 6.1 画直线⑨,交曲线 $a = -0.3$,得 $x \approx 1.86$,则 $H \approx 186$。

用附录 5 的方法提高精度:

$$F(186) = 186^3 - 30 \times 186^2 - 5445000 = -48024$$
$$F'(186) = 3 \times 186^2 - 30 \times 2 \times 186 = 102672$$

代入式(附 5-1)计算

$$H = 186 - \frac{-48024}{102672} = 186 + 0.4677 \approx 186.5\text{kN}$$

5.7 《建筑施工简易计算》[47]图算法之一：桩顶设支撑拉结的计算——求 ω 图算法

文献[47]的式(2-42a)是已知 K_a/K_p 值和 λ 值时，求 ω 的公式：

$$\frac{K_a}{K_p} = \frac{(1.5+\omega)\omega^2}{(1+\omega)^2(1+\omega+1.5\lambda)} \tag{5.7-1}$$

文献[47]表2-5可内插求 ω 值。本节绘出表示式(5.7-1)的算图5.7，免去内插计算，图尺的连续性使取值范围更广。

【例5.7-1】 由文献[47]例2-10，已知 $K_a = 0.33$，$K_p = 3.00$，$\lambda = 0.25$，求 ω。

【解】 $K = K_p/K_a = 9.0909$，用 K 和 λ 值在图5.7画直线①，得 $\omega = 0.473$。

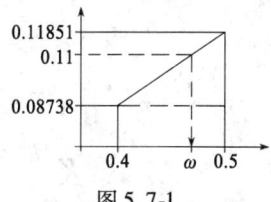

图 5.7-1

也可用文献[47]表2-5中 $\lambda = 0.25$ 一列 K_a/K_p 值计算：如图5.7-1，$\dfrac{0.5-0.4}{\omega-0.4} = \dfrac{0.11851-0.08738}{0.11-0.08738} = 1.3762$

$\omega = 0.1/1.3762 + 0.4 = 0.473$。式中 $0.11 = 0.33/3$。

附：图5.7的绘制方法

将式(5.7-1)倒写：$\dfrac{K_p}{K_a} = \dfrac{(1+\omega)^2(1+\omega+1.5\lambda)}{(1.5+\omega)\omega^2} = \dfrac{(1+\omega)^3}{(1.5+\omega)\omega^2} + \lambda \dfrac{1.5(1+\omega)^2}{(1.5+\omega)\omega^2}$

设 $K = \dfrac{K_p}{K_a}$，$\omega_1 = \dfrac{1.5(1+\omega)^2}{(1.5+\omega)\omega^2}$，$\omega_2 = \dfrac{(1+\omega)^3}{(1.5+\omega)\omega^2}$

代入上式得 $K = \lambda\omega_1 + \omega_2 \tag{5.7-2}$

式(5.7-2)符合式(附1-3)的形式，所以可绘成图5.7。

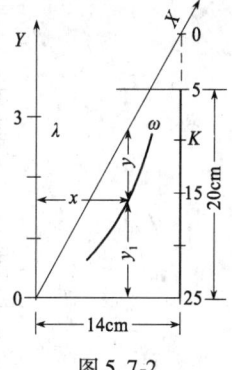

图 5.7-2

绘法：在图5.7-2，K 和 λ 尺为平行图尺，间距 $a = 14\text{cm}$。

为使 ω 图尺的横标 $x < a$，故取 K 尺向下递增，制图系数 b 为负值，即 $b(5-25) = 20\text{cm}$，$\therefore b = -1$。

λ 图尺系数，$c(3-0) = 18\text{cm}$，$\therefore c = 6$。

ω 图尺：

$$x = \frac{a}{1 - \dfrac{b}{c}\omega_1} = \frac{14}{1 + \dfrac{1}{6}\omega_1}, \quad y = \frac{-1\omega_2}{1 + \dfrac{1}{6}\omega_1}$$

由图5.7-2知，

$$\frac{|y| + y_1}{x} = \frac{25}{14}, \quad y_1 = 1.7857x - |y|$$

在表5.7算出主要点的 x 和 y_1 值。

表 5.7

ω	① = $(1+\omega)^2$	② = $(1+\omega)^3$	③ = 1.5①	④ = $1.5+\omega$	⑤ = ④ω^2	ω_1 = ③/⑤	⑥ = $1+\omega_1/6$	x = 14/⑥	ω_2 = ②/⑤	y = $-\omega_2/$⑥	y_1 (cm)
0.2	1.44	1.728	2.160	1.7	0.068	31.7647	6.2941	2.2243	25.4118	-4.0374	-0.0650
0.3	1.69	2.197	2.535	1.8	0.162	15.6481	3.6080	3.8802	13.5617	-3.7588	3.1701
⋮	⋮	⋮	⋮	⋮	⋮	⋮	⋮	⋮	⋮	⋮	⋮

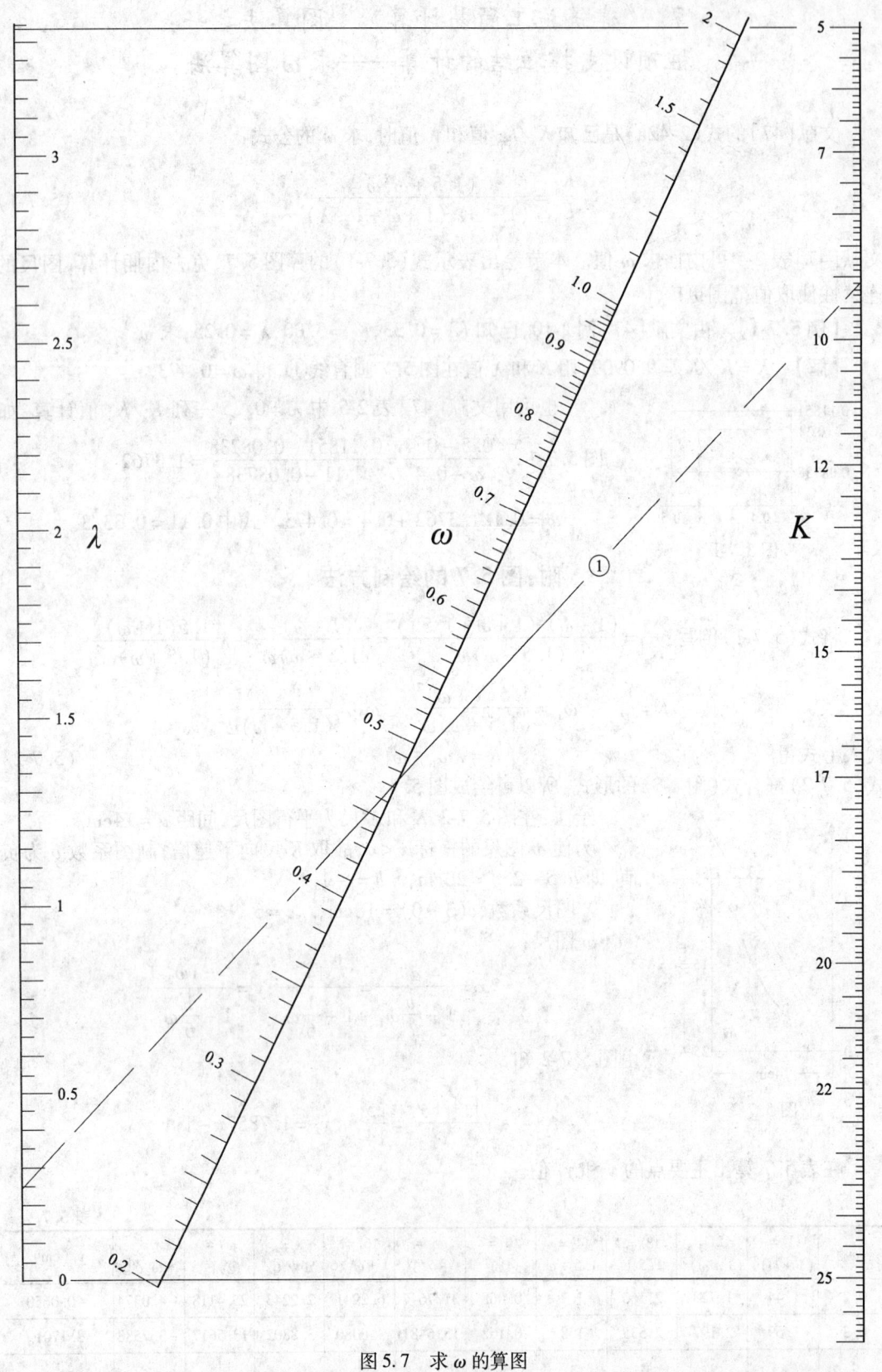

图 5.7 求 ω 的算图

5.8 《建筑施工简易计算》[47]图算法之二：布鲁姆计算曲线绘制方法

在悬臂式桩的计算中，常用布鲁姆计算曲线(图5.8)，它由三次方程(5.8-1)绘成。

$$\omega^3 - m(\omega+1) + n = 0 \tag{5.8-1}$$

例如，文献[47]例2-11，$m=0.225$，$n=0.138$，在图5.8画直线①，得$\omega=0.607$，经迭代计算证实。

附：图5.8的绘制方法

将式(5.8-1)写成

$$m = \frac{n}{\omega+1} + \frac{\omega^3}{\omega+1} \tag{5.8-2}$$

在图5.8，m和n图尺间距$a=7$cm，m图尺长17.5cm，n图尺长15cm。三尺上端成水平线：$n=1$，$m=1.75$，$\omega=1.5$。

m图尺系数：$b(1.75-0)=17.5$cm，$\therefore b=10$；

n图尺系数：$c(1-0)=15$cm，$\therefore c=15$。

ω图尺：$x = \dfrac{a}{1-\dfrac{b}{c}F_1} = \dfrac{7}{1-\dfrac{2}{3}F_1} = \dfrac{7}{1-\dfrac{2}{3}\cdot\dfrac{1}{\omega+1}}$

$y = \dfrac{bF_2}{1-\dfrac{b}{c}F_2} = \dfrac{10F_2}{1-\dfrac{2}{3}F_2} = \dfrac{30\omega^3}{3\omega+1}$

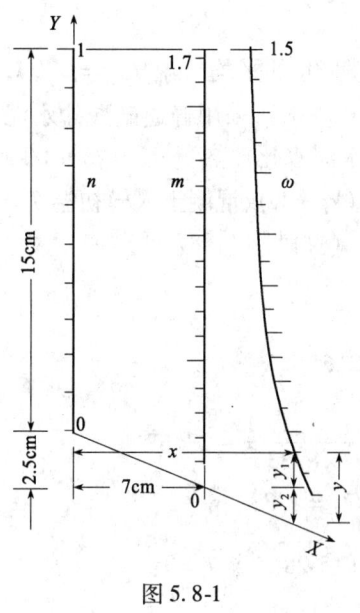

图5.8-1

由图5.8-1知，$y_2/2.5 = (x-7)/7$

$y_2 = 2.5\left(\dfrac{x}{7}-1\right)$，$y_1 = y - y_2$。列表5.8绘图。

表5.8

ω	$F_1 = \dfrac{1}{\omega+1}$	① $= 1-\dfrac{2}{3}F_1$	$x = \dfrac{7}{①}$	$y = \dfrac{30\omega^3}{3\omega+1}$	y_2	y_1
1.5	0.4000	0.7333	9.5455	18.4091	0.9091	17.5000
⋮	⋮	⋮	⋮	⋮	⋮	⋮

5.9 《建筑施工简易计算》[47]图算法之三：算例三则

建筑结构 【例5.9-1】 某深基坑工程采用ϕ600mm混凝土灌注桩作支护墙，桩中心距750mm，经计算支护墙最大弯矩为510kN·m/m，试求桩配筋。(文献[47]53页)

【解】 单桩最大弯矩 $M = 510 \times 0.75 = 382.5$kN·m

灌注桩用C30，$f_c = 14.3$N/mm²，$f_y = 300$N/mm²，$\alpha_1 = 1$，取保护层厚度$a_S = 50$mm，则$r_S = 300 - 50 = 250$mm。

用本书1.1节的图算法，免去求α的试算。将已知数代入式(1.1-6)计算

$K_1 = M/r^3 f_c = 382.5 \times 10^6/(300^3 \times 14.3) = 0.9907$，$K_2 = r_S/r = 250/300 = 0.8333$

用 K_1 和 K_2 值在图 1.1 画直线②,得 $\alpha = 0.302$,则 $\alpha_t = 1.25 - 2 \times 0.302 = 0.646$

代入文献[47]式(2-5.2)验算:

$$M = \frac{2}{3}f_c r^3 \sin^3 \pi\alpha + f_y A_s r_s \frac{\sin\pi\alpha + \sin\pi\alpha_1}{\pi}$$

$$= \frac{2}{3} \times 14.3 \times 300^3 \sin^3(0.302\pi) + 300 \times 6802 \times 250 \times \frac{1}{\pi}[\sin(0.3202\pi) + \sin(0.646\pi)]$$

$$= 1.38 \times 10^8 \text{N} \cdot \text{mm} + 2.48 \times 10^8 \text{N} \cdot \text{mm} = 3.86 \times 10^8 \text{N} \cdot \text{mm}$$

$$= 386 \text{kN} \cdot \text{m} > 382.5 \text{kN} \cdot \text{m},\text{按 } 16 \varnothing 22\text{mm 配筋符合要求}。$$

冬期施工 【例5.9-2】 某工程混凝土冬期施工,施工早期 3d 的平均气温 $T_{m,n} = -9℃$,结构表面系数 $M = 8.33\text{m}^{-1}$,保温层总传热系数 $K = 10\text{kJ}/(\text{m}^2 \cdot \text{h} \cdot \text{K})$,采用普通硅酸盐水泥,水泥用量 $m_{ce} = 360\text{kg}/\text{m}^3$,水泥水化速度系数 $V_{ce} = 0.017\text{h}^{-1}$,水泥水化放热量 $Q_{ce} = 250\text{kJ}/\text{kg}$,混凝土质量密度 $\rho_c = 2500\text{kg}/\text{m}^3$,混凝土的比热容 $c_c = 0.96\text{kJ}/(\text{kg} \cdot \text{K})$,混凝土入模初温 $T_3 = 15℃$,透风系数 $\omega = 1.3$,试计算混凝土冷却至 0℃ 时的时间 t_0。(文献[47]387 页)

【解】 (1)计算三个综合参数:

$$\theta = \frac{\omega KM}{V_{ce} c_c \rho_c} = \frac{1.3 \times 10 \times 8.33}{0.017 \times 0.96 \times 2500} = 2.65$$

$$\varphi = \frac{V_{ce} Q_{ce} m_{ce}}{V_{ce} c_c \rho_c - \omega KM} = \frac{0.017 \times 250 \times 360}{0.017 \times 0.96 \times 2500 - 1.3 \times 10 \times 8.33} = -22.67$$

$$\eta = T_3 - T_{m,a} + \varphi = 15 - (-9) + (-22.67) = 1.33$$

(2)计算冷却时间 t。将三个综合参数代入文献[47]公式(15-28),令 $T = 0$:

$$T = \eta e^{-\theta V_{ce} t} - \varphi e^{-V_{ce} t} + T_{m,a} = 1.33 e^{-2.65 \times 0.017 t} + 22.67 e^{-0.017 t} - 9 = 0$$

上式符合本书公式(5.5-1)的形式,即 $D = 1.33 > 0, E = -22.67, t_q = -9, \theta = \frac{B}{A} = 2.65$

以下计算见例 4.1-2。

【例5.9-3】 解三次方程 $1.93\omega^3 + 1.77\omega^2 - 0.146\omega - 0.036 = 0$。(文献[47]62 页)

【解】 方程除以 1.93 得 $\omega^3 + 0.9171\omega^2 - 0.0756\omega - 0.0187 = 0$

用 $b = -0.0765, c = -0.0187$ 在图 4.3 画直线⑫,交曲线 $a = 0.9171$,取 $\omega = x \approx 0.28$。须提高精度,用附录 5 的方法:

$$F(0.28) = 0.28^3 + 0.9171 \times 0.28^2 - 0.0756 \times 0.28 - 0.0187 = 0.0540$$

$$F'(0.28) = 3 \times 0.28^2 + 0.9171 \times 2 \times 0.28 - 0.0756 = 0.6732$$

$$\omega = 0.28 - 0.0540/0.6732 = 0.28 - 0.08 = 0.20$$

$$F(0.20) = 0.2^3 + 0.9171 \times 0.2^2 - 0.01512 - 0.0187 = 0.01086$$

误差偏大,参照式(附 5-2),计算 $F'(0.20) = 0.41124$

$$\omega = 0.20 - 0.01086/0.41124 = 0.174$$

验算: $1.93 \times 0.174^3 + 1.77 \times 0.174^2 - 0.146 \times 0.174 - 0.036 = 0.0024 \approx 0$

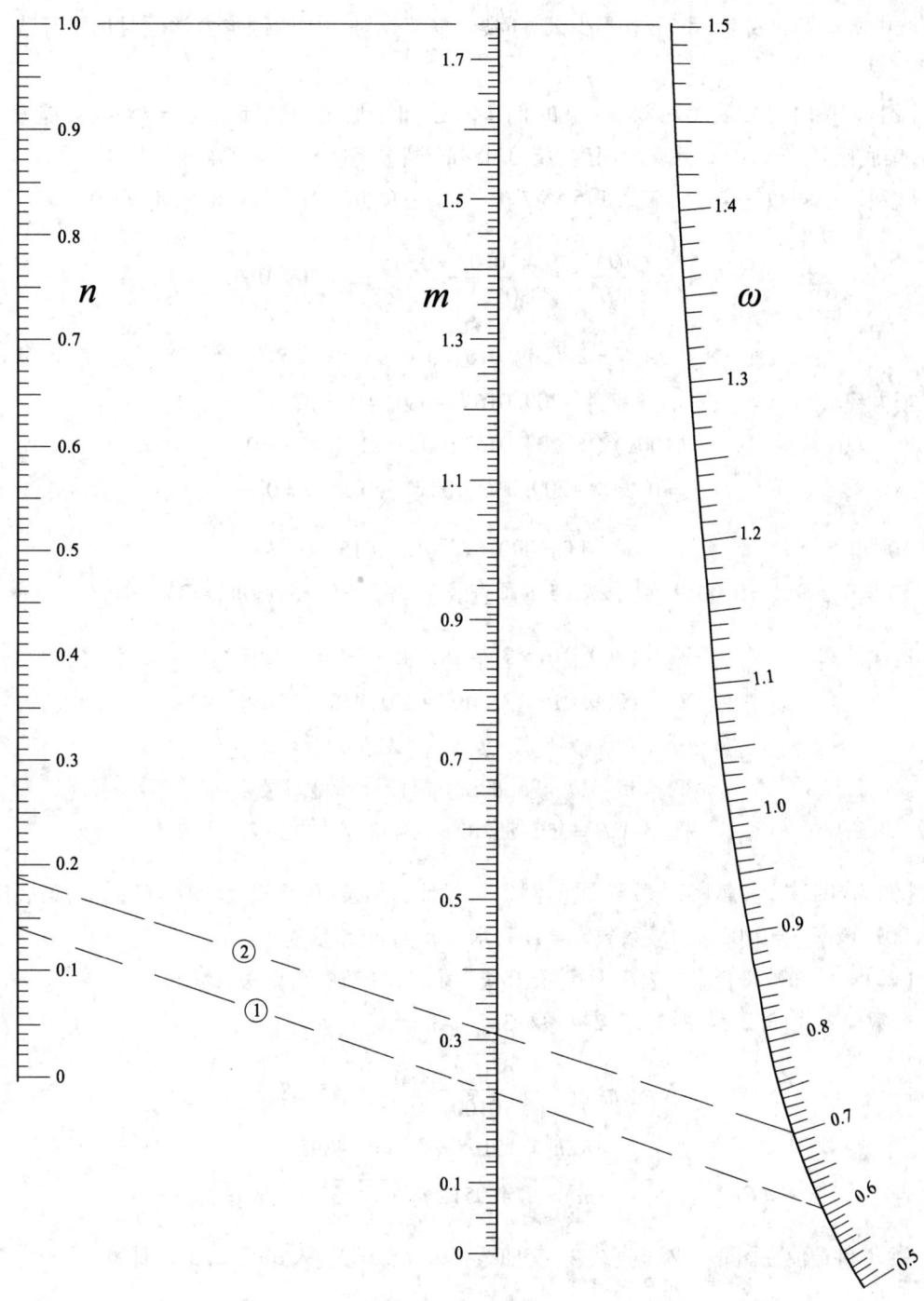

图 5.8 布鲁姆计算曲线

5.10 《泥砂输送理论与实践》[52]一书图算两例

文献[52]是美国知名泥砂专家杨志达教授的专著,反映了他在理论研究、室内试验和野外实践中所获得的成果。该书有不少试算问题,本节先对书中两例水力学题目用图算法求解如下。

【例 5.10-1】 文献[52]第30页的例2-3,已知矩形渠道的流量 $Q = 35\text{m}^3/\text{s}$,糙率 $n = 0.03$,渠底比降 $i = 0.012$,计算出深度 $H = 0.458\text{m}$,试求流速 v 和渠道宽 W。

【解】 已知数符合本书表2.1.5第7类,须解三项方程 $W^{5/2} - A_1 W - 2A_1 H = 0$

$$A_1 = \frac{(nQ)^{3/2}}{i^{3/4} H^{5/2}} = \frac{(0.03 \times 35)^{3/2}}{0.012^{3/4} \times 0.458^{5/2}} = 209.016$$

则 $\quad 2A_1 H = 2 \times 209.016 \times 0.458 = 191.459$

得三项方程 $\quad W^{5/2} - 209.016W - 191.459 = 0$

设 $W = 100x$ 代入,$(100x)^{5/2} - 209.016(100x) - 191.459 = 0$

$$= 10^5 x^{5/2} - 209.016(100x) - 191.59 = 0$$

除以 10^5 得 $\quad x^{5/2} - 0.209016x - 0.001915 = 0$

用 $a = 0.209, b = 0.0019$ 在图2.1.5-1画直线⑦,得 $x \approx 0.35$,则 $W_1 \approx 35$。

迭代计算: $\quad W_2 = (209.016 \times 35 + 191.459)^{0.4} = 35.497$

$$W_3 = (209.016 \times 35.497 + 191.459)^{0.4} = 35.692$$

...

$W_8 = 35.817 \approx 35.82\text{m}$。简捷计算见附录4。

∴ $\quad v = Q/WH = 35/(35.82 \times 0.458) = 2.13\text{m/s}$

【例 5.10-2】 文献[52]第31页的例2-4,设计梯形渠道:已知流量 $Q = 60\text{m}^3/\text{s}$,渠底比降 $i = 0.001$,糙率 $n = 0.015$,边坡系数 $m = 1.5$,水深 $h = 2\text{m}$,求底宽 b。

【解】 已知数符合本书表2.1.6第10类,用3.2.2节的图算法。

将已知数代入式(3.2.1-2)、(3.2.2-4)及(3.2.2-3)计算

$$K = \left(\frac{nQ}{i^{1/2}}\right)^{3/2} = \left(\frac{0.015 \times 60}{0.001^{1/2}}\right)^{3/2} = 151.832$$

$$C = K/h^4 = 151.832/2^4 = 9.4895$$

$$B = C(2\sqrt{1+m^2} - m) = 9.4895(2\sqrt{1+1.5^2} - 1.5) = 19.9806$$

用 B 和 C 值在图3.2.2画直线④,交曲线得 $A = 5.56$,代入式(3.2.2-1)计算

$$b = h(A - m) = 2(5.56 - 1.5) = 8.12\text{m}$$

$$v = Q/h(mh + b) = 60/2(1.5 \times 2 + 8.12) = 2.70\text{m/s}$$

6 高次方程图算法

本章介绍的三次方程、四次方程及三项方程图算法,在图上画一两条直线能求出近似实根,接着可用迭代法或弦位法提高根的精度。

6.1 三次方程图算法

图 6.1 用以求三次方程 $x^3+ax^2+bx+c=0$ 之实根。用图时须知方程的下列性质:

1. 方程 $f(x)=0$ 之负根,就是 $f(-x)=0$ 之正根改成负号。本节之 $f(-x)=x^3-ax^2+bx-c=0$。

2. 方程 $x^n+ax^{n-1}+\cdots=0$ 各根之和与系数 a 的绝对值相等,符号相反。

3. 实系数三次方程,其三根皆为实数或一根为实数,两根为虚数。

4. 若已知方程 $x^3+ax^2+bx+c=0$ 之一根 x_1,解二次方程(6.1-1)可求出其余两根。

$$x^2-\left(\frac{b}{x_1}+\frac{c}{x_1^2}\right)x-\frac{c}{x_1}=0 \tag{6.1-1}$$

【例 6.1-1】 解 $33.2v_c^3-11986v_c+18326=0$。(文献[16]70 页)

【解】 原式即 $\qquad v_c^3-361.024v_c+551.988=0$

设 $v_c=10x$ 代入 $\qquad (10x)^3-361.024(10x)+551.988=0$

除以 10^3 得 $\qquad x^3-3.61024x+0.551988=0$

以 $b=-3.61,c=0.552$ 在图 6.1 画直线①,交曲线 $a=0$ 得 $x_1=1.83,x_2=0.15,x_2$ 不合题意。用 $v_{c0}=1.83\times10=18.3$ 迭代提高精度:

$$v_{c1}=\sqrt[3]{361.024\times18.3-551.988}=18.226$$

$$v_{c2}=\sqrt[3]{361.024\times18.226-551.988}=18.200$$

$$\cdots$$

$$v_{c6}=v_{c7}=18.184,故取 v_c=18.2\text{m/s}$$

【例 6.1-2】 解 $x^3-5x^2+6x-1=0$。(文献[29]2-243 页)

【解】 以 $b=6,c=-1$ 在图 6.1 画直线②,交曲线 $a=-5$ 得 $x_1=3.25,x_2=1.52,x_3=0.21$。用迭代法提高 x_1 的精度:

$$x_{1-1}=\sqrt[3]{5\times3.25^2-6\times3.25+1}=3.2495$$

$$\cdots$$

$$x_{1-5}=3.2483,x_{1-6}=3.2481,故取 x_1=3.248$$

用式(6.1-1)解二次方程:

$$x^2 - \left(\frac{6}{3.248} - \frac{1}{3.248^2}\right)x + \frac{1}{3.248} = 0$$

得 $\quad x_2 = 1.554, \quad x_3 = 0.198$

用性质 2 验算 $\quad 3.248 + 1.554 + 0.198 = 5 = -a$

附：三次方程算图的绘制方法

将三次方程 $\quad x^3 + ax^2 + bx + c = 0 \quad$ (6.1-2)

写成 $\quad \underset{\downarrow}{c} = \underset{\downarrow}{b} \cdot \underset{\downarrow}{(-x)} + \underbrace{(-x^3 - ax^2)}$

符合式(附 1-5)的形式：$F(t) = F(v)F_1(u,w) + F_2(u,w)$

所以式(6.1-2)可图，绘成图 6.1，后经缩小。式中 $(-x)$ 即 $F_1(x)$，是 $F_1(x,a)$ 的特例。

绘图时，取图宽 $a_1 = 24$cm，高 14cm。b 图尺与 y 轴重合，c 图尺平行于 b 图尺。

c 图尺方程：$x_c = 24$，$y_c = b_1 c$，当 $c = 7$ 时，$y_c = 7$cm，所以系数 $b_1 = 1$。同理 b 图尺的系数 $c_1 = 1$。见图 6.1-1。

$x-a$ 网线图的制图方程依式(附 1-6)为

$$x_{a,x} = \frac{a_1}{1 - \frac{b_1}{c_1}F_1} = \frac{24}{1+x} \quad (6.1-3)$$

$$y_{a,x} = \frac{b_1 F_2}{1 - \frac{b_1}{c_1}F_1} = \frac{-x^3 - ax^2}{1+x} \quad (6.1-4)$$

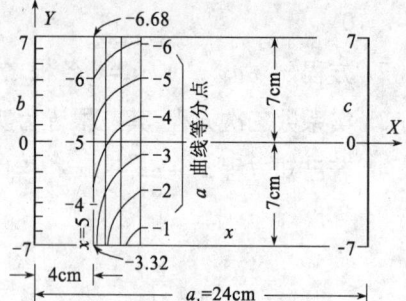

图 6.1-1 a 曲线绘法

由上式 $a = \dfrac{-y_{a,x}(1+x)}{x^2} - x$，当 $y_{a,x} = \pm 7$cm 时，$a = \mp \dfrac{7(1+x)}{x^2} - x$ (6.1-5)

由式(6.1-3)及(6.1-5)算出表 6.1。用 $x_{a,x}$ 值绘出平行的 x 图尺，见图 6.1。

由式(6.1-4)知，当 x 取定值后，$y_{a,x}$ 与 a 呈线性关系，表明 x 图尺上的 a 刻点是均匀分度的。分度的方法，例如，$x = 5$ 这条直线上下端点值为 -6.68 及 -3.32(表 6.1)，把此线斜放在有等距平行线的计算纸上移动，见图 6.1-2，画出其他刻点，把相邻 x 直线上的同值 a 点连接起来，就成了 a 曲线，见图 6.1-1。

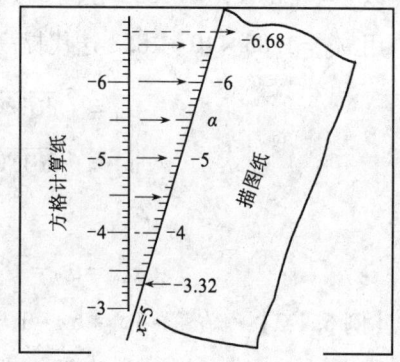

图 6.1-2 $x = 5$ 时作 a 曲线等分点

$x_{a,x}$ 值计算表　　　　　　　　　　表 6.1

x	$1+x$	x^2	$7(1+x)/x^2$	$a = \mp 7(1+x)/x^2 - x$	$x_{a,x}$
5	6	25	1.68	$-6.68, -3.32$	4
⋮	⋮	⋮	⋮	⋮	⋮
0.4	1.4	0.16	61.25	$-61.65, 60.85$	17.43

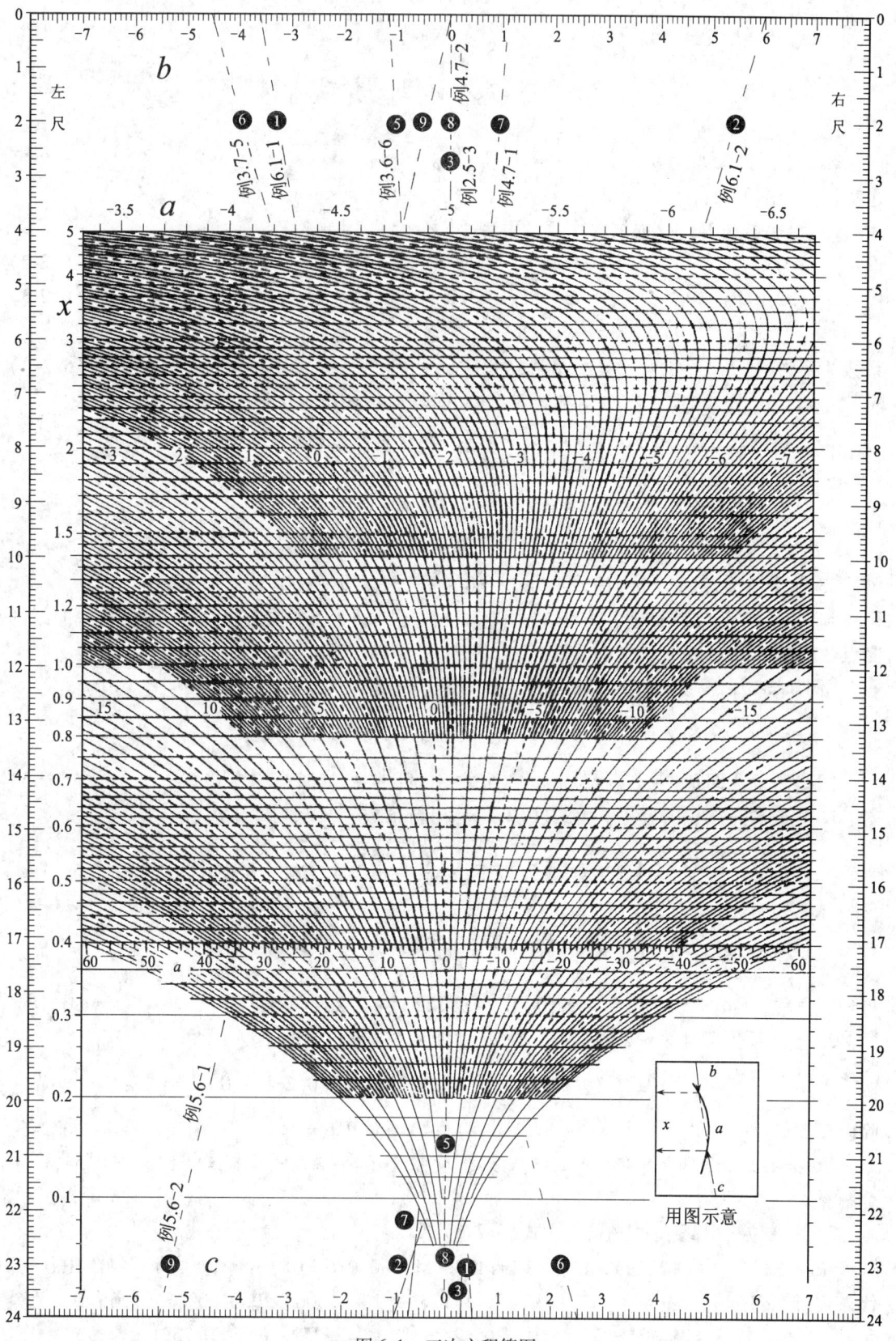

图 6.1 三次方程算图

6.2 四次方程图算法

图 6.2 用以求四次方程 $y^4 + Ay^3 + By^2 + Cy + D = 0$ (6.2-1)

之实根。用图须知：

1. 先将式(6.2-1)化成缺三次项的方程。

设 $\quad y = x - A/4$ (6.2-2)

代入式(6.2-1)得 $\quad x^4 + ax^2 + bx + c = 0$ (6.2-3)

系数关系为
$$\left.\begin{array}{l} a = -3A^2/8 + B \\ b = A^3/8 - AB/2 + C \\ c = -3(A/4)^4 + (A/4)^2 B - AC/4 + D \end{array}\right\}$$
(6.2-4)

2. 求负根的方法，是求 $f(-x) = x^4 + ax^2 - bx + c = 0$ 之正根再改成负号。

3. 实根数目有三种类型：

(1) 4 个实根，例如 $x^4 - 5x^2 + 4 = 0$ 的根为 ±1 及 ±2。

(2) 2 个实根，例如 $x^4 + x^2 + 4x - 3 = 0$ 的根为 $(-1 \pm \sqrt{5})/2$ 及 $(1 \pm i\sqrt{11})/2$。

(3) 0 个实根，例如 $x^4 + 1.75x^2 + 0.75 = 0$ 的根为 $\pm i$ 及 $\pm i\sqrt{3}/2$。

判别三种类型实根的通常方法，是用 b 和 c 值，及 $-b$ 和 c 值在图 6.2 画直线，与 a 曲线的交点数就是实根数。

【例 6.2-1】 解文献[13]298 页的四次方程

$-\dfrac{2}{\zeta} = 3 - \sqrt{9.8(2 + 1.5\zeta + 0.25\zeta^2)}$，等号左边取负号是因为逆流。

【解】 上式即 $\quad \zeta^4 + 6\zeta^3 + 4.3265\zeta^2 - 4.8980\zeta - 1.6327 = 0$ (6.2-5)

1. 化成缺三次项的方程。由式(6.2-4)算出新系数

$$a = -\frac{3}{8} \times 6^2 + 4.3265 = -9.1735,\ b = \frac{6^3}{8} - \frac{6}{2} \times 4.3265 - 4.8980 = 9.1225$$

$$c = -3\left(\frac{6}{4}\right)^4 + \left(\frac{6}{4}\right)^2 \times 4.3265 + \frac{6}{4} \times 4.8980 - 1.6327 = 0.2614$$

得到新方程 $\quad X^4 - 9.1735 X^2 + 9.1225 X + 0.2614 = 0$

2. 上式系数超过图 6.2 的范围，须缩小才能用图。设 $X = 2x$ 代入，

$$(2x)^4 - 9.1735(2x)^2 + 9.1225(2x) + 0.2614 = 0$$

除以 2^4，得 $\quad x^4 - 2.293 x^2 + 1.140 x + 0.016 = 0$ (6.2-6)

以 $b = 1.14, c = 0.016$ 在图 6.2 画直线②，交曲线 $a = -2.293$ 得 $x_1 = 1.13, x_2 = 0.54, x_2$ 不合题意。

3. 用弦位法提高精度。代 x_1 入式(6.2-6)，

$f(1.13) = 1.13^4 - 2.293 \times 1.13^2 + 1.140 \times 1.13 + 0.016 = 0.0068, f(1.12) = -0.0100$

代入式(附2-1)计算 $\quad x = 1.12 + (1.13 - 1.12) \div (1 + 0.0068 \div 0.0100) = 1.126$

∴ $\quad X = 2x = 2.252,\quad$ 由式(6.2-2)得 $\quad \zeta = 2.252 - 6/4 = 0.752$

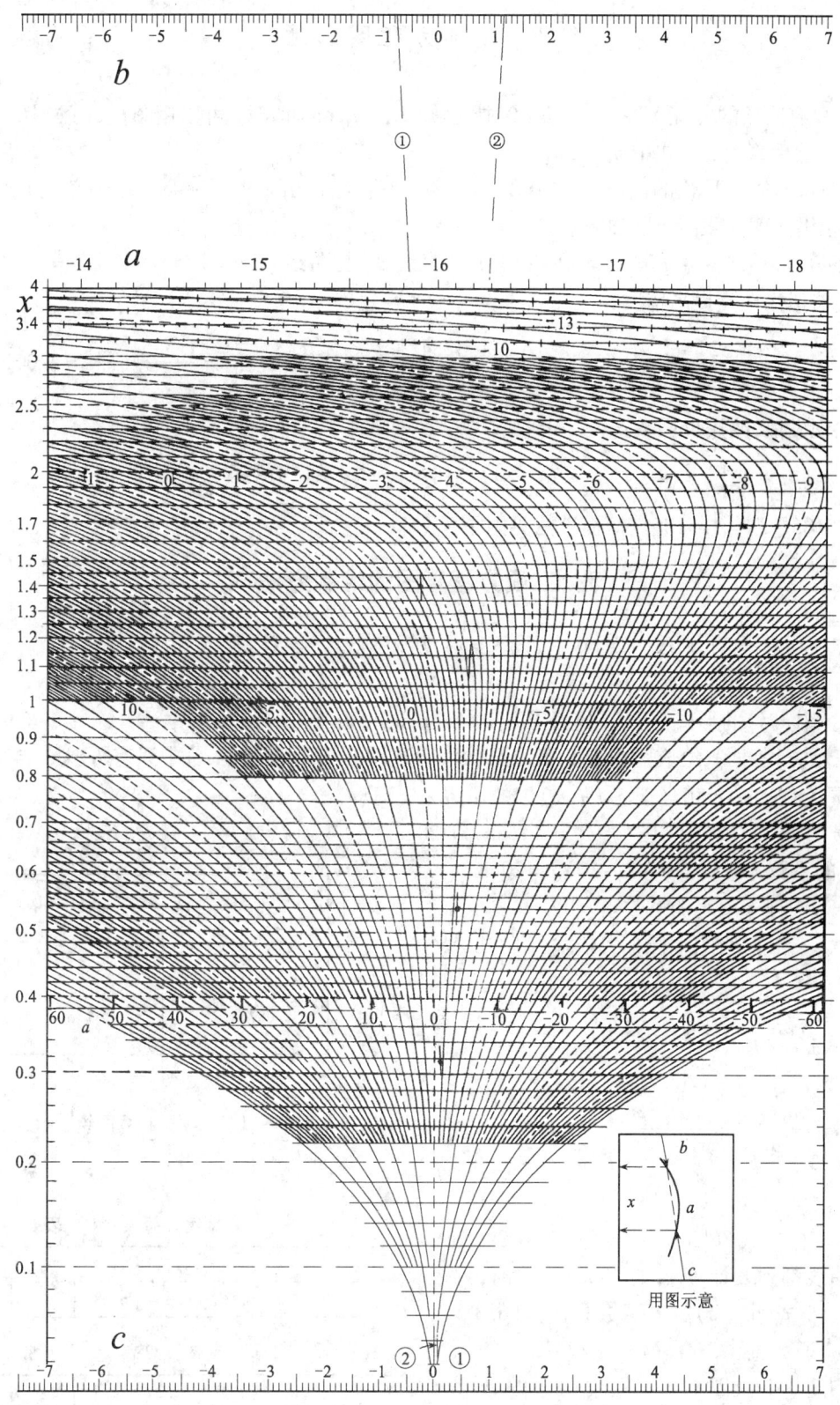

图 6.2 四次方程算图

6.3 三项方程图算法

在只有三项的方程 $X^m + aX^n + b = 0$ 中,已知 m, n, a 和 b 值时,可以用图 6.3.1 或图 6.3.2 求出 X^n,然后算出 X。式中 $m > n$。

【例 6.3-1】 群论的创立者、法国数学家伽罗华曾经指出方程 $x^5 - 4x - 2 = 0$ 没有代数解。在此试用图算法求出近似实根。

【解】 以 $a = -4, b = -2$ 在图 6.3.1 画直线③,交曲线 $m/n = 1/5 = 5$,得 $x^n = x = 1.52$。用计算器迭代计算提高精度:

$$x_1 = \frac{x^5 - 2}{4} = \frac{1.52^5 - 2}{4} = 1.5284, \quad x_2 = \frac{1.5284^5 - 2}{4} = 1.5851, \quad x_3 = \frac{1.5851^5 - 2}{4} = 2.0016,$$

迭代出现发散,改用反函数迭代一定收敛[10]:

$$x_1 = (4x + 2)^{1/5} = (4 \times 1.52 + 2)^{1/5} = 1.5187, x_2 = (4 \times 1.5187 + 2)^{1/5} = 1.5185,$$

$x_3 = 1.5185, \therefore x = 1.5185$。简捷算法见附录4。

附:三项方程算图的绘制方法

在三项方程 $X^m + aX^n + b = 0$ 中,设 $K = x^n$,则 $x^m = x^{n \cdot \frac{m}{n}} = K^{\frac{m}{n}}$,代入方程得

$$\underset{F(t)}{b} = \underset{F(v)}{a} \cdot \underset{F_1(u,w)}{(-K)} - \underset{F_2(u,w)}{K^{m/n}}$$

符合式(附1-5)的形式: $F(t) = F(v)F_1(u,w) + F_2(u,w)$ (6.3-1)

所以三项方程可图,绘成图 6.3.1,其上部放大绘成图 6.3.2。$F_1(u,w)$ 中只有 K 这个自变量,故 x^n 是直线。m/n 相当于 $F_2(u,w)$ 中的 w, K 相当于 u。

绘图 6.3.1 时,取图宽 $a_1 = 14\text{cm}$,高 20cm。b 图尺的系数为 $b_1, b_1[0-(-10)] = 20\text{cm}$,$\therefore b_1 = 2$,同理 a 图尺的系数 $c_1 = 2$。

$x^n - m/n$ 网线图坐标公式依式(附1-6)为

$$x = \frac{a_1}{1 - \frac{b_1}{c_1}F_1} = \frac{14}{1 + K} \quad (6.3\text{-}2)$$

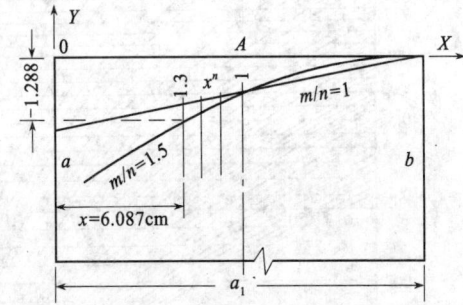

$$y = \frac{b_1 F_2}{1 - \frac{b_1}{c_1}F_1} = \frac{-2K^{m/n}}{1 + K} \quad (6.3\text{-}3)$$

图 6.3-1 三项方程算图绘法示意

x 坐标用式(6.3-2)计算,列表 6.3-1。绘 m/n 曲线都列表计算 y,如 $m/n = 1.5$ 时,列表 6.3-2。将式(6.3-2)的 K 函数式代入(6.3-3),$m/n = 1$ 时为直线,方程为 $y = x/7 - 2$。

图 6.3.1 及图 6.3.2 上下两边的 A 和 B 尺,可以扩大 a 和 b 尺使用范围,见例 6.4-1。

x 值计算表　　表 6.3-1

K	1	1.1	1.2	1.3	…	25
x	7	6.667	6.364	6.087	…	0.538

y 值计算表　　表 6.3-2

K	1	1.1	1.2	1.3	…	25
y	-1	-1.099	-1.195	-1.288	…	-9.615

6 高次方程图算法

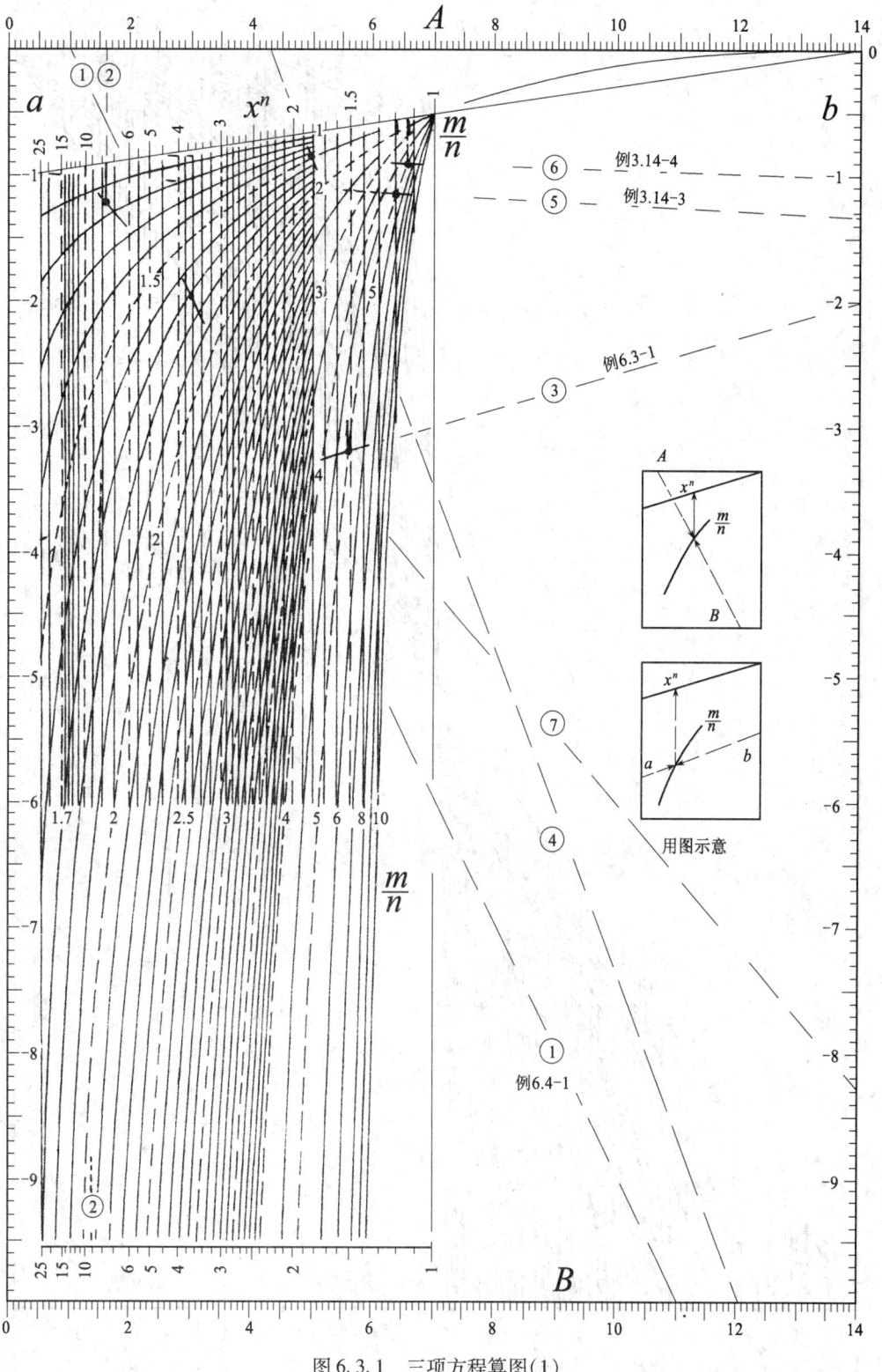

图 6.3.1 三项方程算图(1)

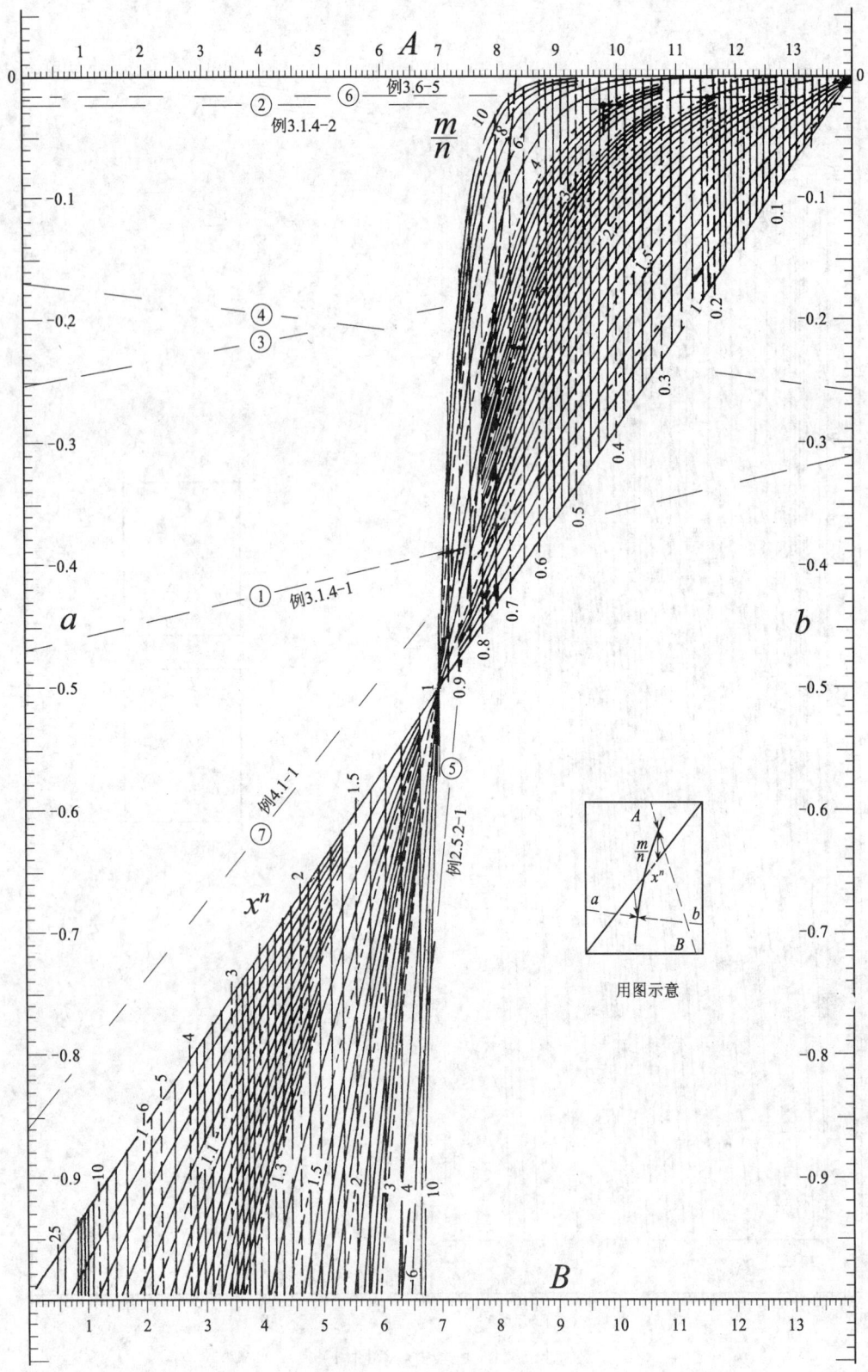

图 6.3.2 三项方程算图(2)

6.4 扩大图尺使用范围的一个方法

图算中经常出现已知数超出图尺范围,一时无法使用算图的情况。解决的方法是在算图上下两边添横向图尺,如图 6.4-1 的 A 和 B 尺,就能把 a 和 b 尺的取值范围扩大无穷。

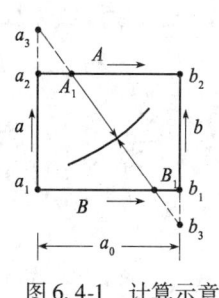

图 6.4-1 计算示意

当 a_3 大于 a 尺的上界 a_2,b_3 小于 b 尺的下界 b_1 时,在图上不能作出 a_3 和 b_3 点,但能算出直线 $a_3 b_3$ 与图尺 A 和 B 的交点值,从而绘出线段 $A_1 B_1$。

图 6.4-1 的 a 和 b 尺为相同的均等分度,$a_1 = b_1$,$a_2 = b_2 = 0$;A 和 B 尺为相同的均等分度,两尺左端起点为 0。四尺皆按箭头方向递增。

由

$$\frac{A_1}{a_3 - a_2} = \frac{a_0 - A_1}{b_2 - b_3}$$

得

$$A_1 = \frac{a_0(a_3 - a_2)}{a_3 - b_3} \qquad (6.4\text{-}1)$$

由

$$\frac{B_1}{a_3 - a_1} = \frac{a_0 - B_1}{b_1 - b_3}$$

得

$$B_1 = \frac{a_0(a_3 - a_1)}{a_3 - b_3} \qquad (6.4\text{-}2)$$

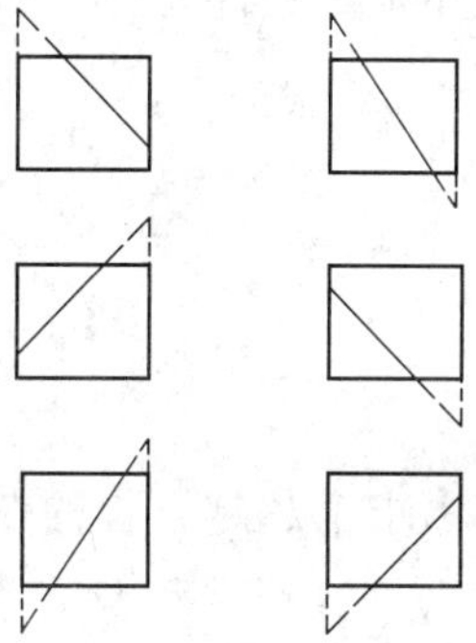

a_3 和 b_3 中有一个或两个超出图尺范围的 6 种类型,如图 6.4-2 所示,都可以用式(6.4-1)和式(6.4-2)计算交点 A_1 和 B_1 值。

图 6.4-2 6 种超图尺类型

【例 6.4-1】 用图 6.3.1 解三项方程

$$X^{9.26} + X^{5.41} - 12.96 = 0$$

【解】 图 6.3.1 的图宽 $a_0 = 14\text{cm}$,$a_1 = -10$,$a_2 = 0$,该图可解 $X^m + a_3 X^n + b_3 = 0$ 型三项方程。本例 $a_3 = 1$,$b_3 = -12.96$,代入式(6.4-1)及式(6.4-2)计算

$$A_1 = \frac{14(1-0)}{1-(-12.96)} = 1.003, \quad B_1 = \frac{14[1-(-10)]}{1-(-12.96)} = 11.032$$

用 A_1 和 B_1 值在图 6.3.1 画直线①,交曲线 $m/n = 9.26/5.41 = 1.71$,得 $X^n = x^{5.41} = 3.65$,则 $X = 3.65^{1/5.41} \approx 1.27$。用计算器迭代计算,提高根的精度:

$$X_1 = (12.96 - 1.27^{5.41})^{1/9.26} = 1.2726, X_2 = (12.96 - 1.2726^{5.41})^{0.108} = 1.2720$$

$$X_3 = (12.96 - 1.2720^{5.41})^{0.108} = 1.2721, X_4 = (12.96 - 1.2721^{5.41})^{0.108} = 1.2721$$

$\therefore \quad X = 1.2721$

验算 $1.2721^{9.26} + 1.2721^{5.41} - 12.96 = 0.0035 \approx 0$。简捷算法见附录 4。

附　录

附录1　算图的基本知识

(1) 三点共线的条件

如附图1-1所示,在直角坐标中有三条曲线v、u和t,三线上分别有任意三点,坐标是(x_1,y_1)、(x_2,y_2)和(x_3,y_3)。三点构成的三角形面积为

$$A = \frac{1}{2}[(y_1+y_2)(x_2-x_1)+(y_2+y_3)(x_3-x_2)-(y_3+y_1)(x_3-x_1)]$$

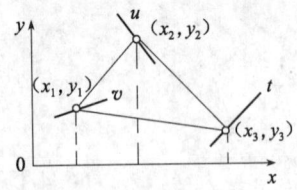

附图1-1　三点共线示意图

上式也可以用行列式表示:

$$A = \frac{1}{2}\begin{vmatrix} x_1 & y_1 & 1 \\ x_2 & y_2 & 1 \\ x_3 & y_3 & 1 \end{vmatrix}$$

若三角形的三个顶点在一直线上,则三角形的面积$A=0$,即三点共线的必要条件为

$$\begin{vmatrix} x_1 & y_1 & 1 \\ x_2 & y_2 & 1 \\ x_3 & y_3 & 1 \end{vmatrix} = 0 \tag{附1-1}$$

(2) 由两平行图尺和一曲线图尺构成的算图

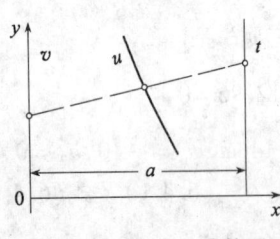

附图1-2　两直一曲算图

算图有许多种,先介绍常用以求解超越方程的一种,即由两平行图尺和一曲线图尺构成的算图。

如附图1-2所示,v图尺与y轴重合;t图尺与v图尺平行,间距为a;u图尺为曲线。

依附图1-2及式(附1-1)得关系式:

$$\begin{vmatrix} 0 & f(v) & 1 \\ f_1(u) & f_2(u) & 1 \\ a & f(t) & 1 \end{vmatrix} = 0$$

上式经展开后改写为

$$f(t) = \left[1-\frac{a}{f_1(u)}\right]f(v) + \frac{af_2(u)}{f_1(u)} \tag{附1-2}$$

式(附1-2)可以下式概括,成为判别可图的公式形式

$$F(t) = F_1(u)F(v) + F_2(u) \tag{附1-3}$$

作图时,应乘以 $F(t)$ 的图尺系数 b 和 $F(v)$ 的图尺系数 c,即将式(附 1-3)写为

$$bF(t) = \frac{b}{c}F_1(u) \cdot cF(v) + bF_2(u)$$

上式与式(附 1-2)相比较

$$f(t) = bF(t), \qquad f(v) = cF(v)$$

$$1 - \frac{a}{f_1(u)} = \frac{b}{c}F_1(u), \qquad \frac{af_2(u)}{f_1(u)} = bF_2(u)$$

解得

$$f_1(u) = \frac{ac}{c - bF_1(u)}, \qquad f_2(u) = \frac{bcF_2(u)}{c - bF_1(u)}$$

则各图尺方程为

$$\left.\begin{array}{l} x_v = 0, \qquad\qquad\qquad\qquad y_v = cF(v) \\ x_u = \dfrac{ac}{c - bF_1(u)} = \dfrac{a}{1 - \dfrac{b}{c}F_1}(简式), y_u = \dfrac{bcF_2(u)}{c - bF_1(u)} = \dfrac{bF_2}{1 - \dfrac{b}{c}F_1}(简式) \\ x_t = a, \qquad\qquad\qquad\qquad y_t = bF(t) \end{array}\right\} \quad (附 1\text{-}4)$$

(3)由两平行图尺和两组曲线图尺构成的算图

附图 1-3 表示四变量 v、t、u 和 w 构成的算图,v 图尺与 y 轴重合,t 图尺与 y 轴平行,u_1、u_2……u_n 及 w_1、w_2……w_n 为 $u-w$ 网线图。其图尺方程推导过程类似于推导式(附 1-4),只是将 $F_1(u)$ 及 $F_2(u)$ 换成 $F_1(u,w)$ 及 $F_2(u,w)$。

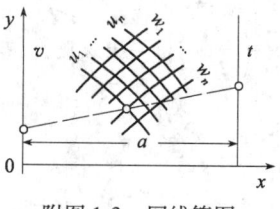

附图 1-3 网线算图

依式(附 1-3),可图公式形式为

$$F(t) = F_1(u,w)F(v) + F_2(u,w)d \qquad (附 1\text{-}5)$$

图尺方程为

$$\left.\begin{array}{l} x_v = 0, \qquad\qquad\qquad\qquad y_v = cF(v) \\ x_{u,w} = \dfrac{ac}{c - bF_1(u,w)} = \dfrac{a}{1 - \dfrac{b}{c}F_1}(简式), y_{u,w} = \dfrac{bcF_2(u,w)}{c - bF_1(u,w)} = \dfrac{bF_2}{1 - \dfrac{b}{c}F_1}(简式) \\ x_t = a, \qquad\qquad\qquad\qquad y_t = bF(t) \end{array}\right\} \quad (附 1\text{-}6)$$

附录 2 提高图算精度的方法——弦位法

(1)设有方程 $f(x) = 0$,$f(x_1)$ 与 $f(x_2)$ 异号,在区间 $[x_1、x_2]$ 上,$f(x)$ 连续,则方程在此区间有一个实根。当 x 取值范围很窄时,函数相应的曲线几乎可以看作是直线段,即可由弦代替曲线计算,此法称为弦位法。

由附图 2-1,$(x_2 - x_3)/(x_3 - x_1) = f(x_2)/f(x_1)$,

得

$$x_3 = x_1 + \frac{x_2 - x_1}{1 + \dfrac{f(x_2)}{f(x_1)}} \qquad (附 2\text{-}1)$$

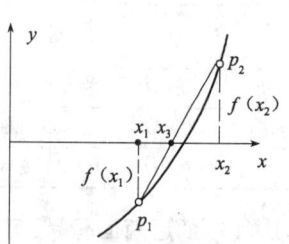

附图 2-1 弦位法示意

按几何意义,$f(x_1)$ 与 $f(x_2)$ 皆以绝对值代入公式。弦位法常用于不便迭代计算的式子,例题见附录3。

(2)若直线 P_1P_2 与水平线 $y=b$ 相交(如例5.2-2),由附图2-2

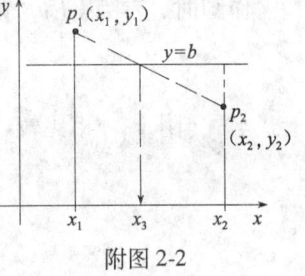

附图 2-2

$$K = \frac{y_1 - b}{b - y_2} = \frac{x_3 - x_1}{x_2 - x_3} \left.\right\} \quad \text{(附 2-2)}$$

得 $\quad x_3 = (Kx_2 + x_1)/(1 + K)$

当 $b=0$ 时,式(附2-2)就成了式(附2-1):$K = y_1/y_2$,

则
$$x_3 = \frac{\left(\frac{y_1}{y_2}x_2 + x_1\right)\frac{y_2}{y_1} + x_1 - x_1}{\left(1 + \frac{y_1}{y_2}\right)\frac{y_2}{y_1}} = \frac{x_2 + x_1\left(1 + \frac{y_2}{y_1}\right) - x_1}{1 + \frac{y_2}{y_1}} = x_1 + \frac{x_2 - x_1}{1 + \frac{y_2}{y_1}}$$

附录3 圆形明渠最大流量和流速问题

文献[14]、[37]中论述圆形明渠时指出,不计粗糙系数 n 随充满度 h/D 变化的影响时,最大流量产生于 $h/D = 0.95$ 处。这一结论应更改为0.938,详述如下。由附图3-1,水流面积 $A = \frac{1}{2}\left(\frac{D}{2}\right)^2(\varphi - \sin\varphi)$,润周 $S = \frac{D}{2}\varphi$

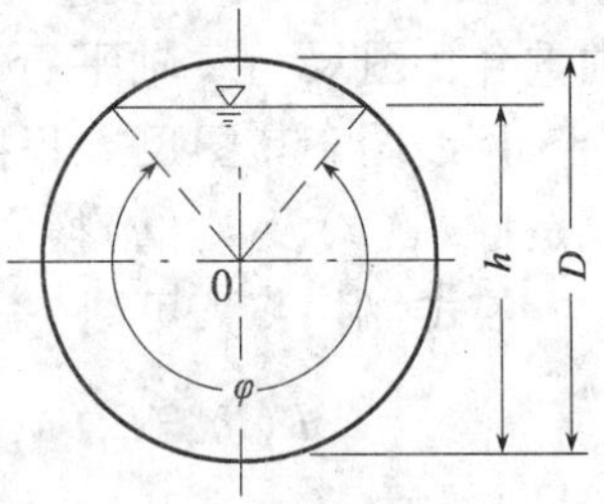

水深 $\quad h = \frac{D}{2}\left(1 - \cos\frac{\varphi}{2}\right) \quad$ (附3-1)

水力半径 $\quad R = \frac{A}{S} = \frac{D(\varphi - \sin\varphi)}{4\varphi} \quad$ (附3-2)

将式(附3-2)代入满宁公式:

$$V = \frac{1}{n}R^{2/3}i^{1/2} = \frac{1}{n}\left(\frac{D}{2}\frac{\varphi - \sin\varphi}{2\varphi}\right)^{2/3}i^{1/2}$$

$$Q = VA = \frac{i^{1/2}}{2n}\left(\frac{D}{2}\right)^2\left(\frac{D}{4}\right)^{2/3}\frac{(\varphi - \sin\varphi)^{5/3}}{\varphi^{2/3}}$$

附图3-1 圆形明渠断面

令 $\frac{dQ}{d\varphi} = 0$,即 $\frac{5}{3}(\varphi - \sin\varphi)^{2/3}(1 - \cos\varphi)\varphi^{-2/3} - \frac{2}{3}\varphi^{-5/3}(\varphi - \sin\varphi)^{5/3} = 0$

得 $\quad \varphi = \frac{5}{3}\varphi\cos\varphi - \frac{2}{3}\sin\varphi \quad$ (附3-3)

列下表试算时,φ 以弧度计,正余弦中的 φ 以度计,1 弧度 = 57.2958°

①	② = 由式(附3-1)计算的 φ	③ = 前项 φ 代入式(附3-3)右端算出 φ	④ = ③ - ②
$h = 0.95D$	308.3161° = 5.3811 弧度	6.0836 弧度	0.7025
$h = 0.94D$	303.2847° = 5.2933 弧度	5.3989 弧度	0.1056
$h = 0.93D$	298.6332° = 5.2121 弧度	4.7478 弧度	-0.4643

表中④项的后两值异号,可见所求 h/D 值在0.93与0.94之间。代入式(附2-1)计算:$h/D = 0.93 + (0.94 - 0.93) \div (1 + 0.1056 \div 0.4643) = 0.938$,相应的水力最优充满角 $\varphi = 302.3°$。

用类似算法求出 h/D 等于0.813时,圆形明渠有最大流速。

附录4 计算逼近根值的一个公式

计算逼近根值的一些方法早由牛顿等人解决,罗河教授在文献[9]提出一个在理论上更简单并在逼近速度上更快的求根新公式。这属于文献[54]论述的埃特金(Aitken)迭代加速法。笔者在此作简要介绍。

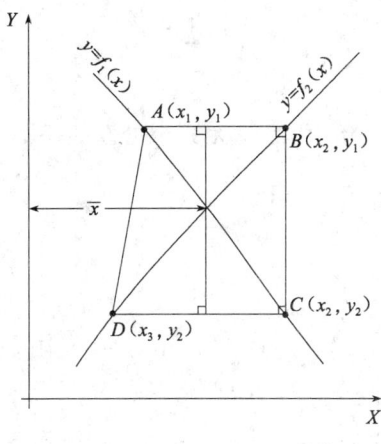

附图 4-1

把方程 $f(x)=0$ 写成 $f_1(x)=f_2(x)$ 的形式,将初始根 x_1 代入 $f_2(x_1)$ 中,第一次迭代计算出根 x_2,再将 x_2 代入 $f_2(x_2)$ 中,第二次迭代计算出根 x_3。根值发散小或收敛时,都可用式(附4-1)计算出近似根 $\bar{x}$。

推导式(附4-1):

在附图4-1,由于两根之间的增量 Δx 微小,可把 $y=f_1(x)$ 和 $y=f_2(x)$ 的微小线段看成直线,即为直角梯形 $ABCD$ 的对角线,其交点的横标就是近似根 $\bar{x}$。

由相似关系得到

$$\frac{x_2-x_1}{x_2-x_3}=\frac{\bar{x}-x_1}{x_2-\bar{x}}$$

∴
$$\bar{x}=\frac{x_2^2-x_1 x_3}{2x_2-x_1-x_3}=x_1+\frac{(x_2-x_1)^2}{2x_2-x_1-x_3} \tag{附4-1}$$

【例6.3-1】新解 解 $x^5-4x-2=0$,已知初始实根 $x_1=1.52$

$x_2=\dfrac{1.52^5-2}{4}=1.5284, x_3=\dfrac{1.5284^5-2}{4}=1.5851$,代入式(附4-1)计算

$$\bar{x}=1.52+\frac{(1.5284-1.52)^2}{2\times 1.5284-1.52-1.5851}=1.52-0.00146=1.5185$$

【例6.4-1】新解 已知 $x_1=1.27, x_2=1.2726, x_3=1.2720$,代入式(附4-1)计算

$$\bar{x}=1.27+\frac{(1.2726-1.27)^2}{2\times 1.2726-1.27-1.2720}=1.27+\frac{0.00000676}{0.0032}=1.2721$$

【例5.10-1】新解 已知 $x_1=W_1=35, x_2=W_2=35.497, x_3=W_3=35.692$,用式(附4-1)计算

$$W=35+\frac{(35.497-35)^2}{2\times 35.497-35-35.692}=35+0.818=35.82$$

若用式(附5-1)计算,$x_1=35$,两次求导数才计算出 $W=35.82$;如果取 $x_1=35.497$,一次求导数就计算出 $W=35.82$。可见式(附5-1)所需初始值的精度较高。

附录5　计算近似根的又一公式

式(附4-1)的应用效果比较好,但在迭代计算求 x_2 和 x_3 时可能出现发散。文献[65]论述的算法避免迭代发散,效果好,介绍如下。

若方程 $F(x,y,z)=0$,已知 $y=b,z=c$ 时求得初始根 x_1。如果 x 的正的近似值为 $x=x_1+h$,那么有

$$F(x,b,c) = F(x_1,b,c) + h \cdot F'(x_1,b,c) + \frac{h^2}{2}F''(x_1+\theta h,b,c) + \cdots\cdots$$

式中 $F'(x)=\frac{\partial F}{\partial x}, F''(x)=\frac{\partial'' F}{\partial x^2}\cdots\cdots, 0<\theta<1, h$ 为无穷小,h^2 为高阶无穷小可以忽略不计,则

$$F(x,b,c) \approx F(x_1,b,c) + h \cdot F'(x_1,b,c) = 0$$

∴

$$h = \frac{-F(x_1,b,c)}{F'(x_1,b,c)}$$

x 的第二个近似值为 x_1+h,即

$$x_2 = x_1 - F(x_1,b,c)/F'(x_1,b,c) \tag{附5-1}$$

上式即文献[74]的 Newton 迭代公式

$$x_{k+1} = x_k - f(x_k)/f'(x_k), k=0,1,\cdots \tag{附5-2}$$

【例附 5-1】 解 $x^5-4x-2=0$。(见附录4)

【解】 已知 $x_1=1.52, F(1.52)=1.52^5-4\times1.52-2=0.0337$

$$F'(1.52) = 5\times1.52^4 - 4 = 22.6897$$

由式(附5-1)得

$$x = 1.52 - \frac{0.0337}{22.6897} = 1.5185$$

【例附 5-2】 解 $w_0^3 - 1.6419w_0^2 + 26.1249w_0 - 5.7854 = 0$。(见例4.4-1)

【解】 已知 $w_1=0.222, F(w_1)=0.222^3 - 1.6419\times0.222^2 + 26.1249\times0.222 - 5.7851 = -0.0554$

$$F'(w_1) = 3\times0.222^2 - 1.6419\times2\times0.222 + 26.1249 = 27.7554$$

由式(附5-1)得

$$w_0 = 0.222 - \frac{-0.0554}{27.7554} = 0.222 + 0.002 = 0.224$$

【例附 5-3】 解《路桥施工计算手册》[63]第557页的四次方程

$$6x^4 - 2\times11.5\times6x^3 + (6\times11.5^2 - 2\times372.3)x^2 + 2\times372.3\times11.5x + 62.1(6\times62.1 - 2\times372.3) = 0$$

【解】 方程除以6,得 $x^4 - 23x^3 + 8.15x^2 + 1427.15x - 3850.2 = 0$

文献[63]式(15-217)设近似根 $x_0 = 0.26l_1 = 0.26\times11.5 = 2.99\text{m}$

则 $F(x_0) = 2.99^4 - 23\times2.99^3 + 8.15\times2.99^2 + 1427.15\times2.99 - 3850.2 = -45.045$

$F'(x_0) = 4\times2.99^3 - 23\times3\times2.99^2 + 8.15\times2\times2.99 + 1427.15 = 965.9437$

∴

$$h = -\frac{F(x_0)}{F'(x_0)} = \frac{-(-45.045)}{965.9437} = 0.047 \approx 0.05\text{m}$$

由式(附5-1)得 $x = x_0 + h = 2.99 + 0.05 = 3.04\text{m}$

验算 $3.04^4 - 23\times3.04^3 + 8.15\times3.04^2 + 1427.15\times3.04 - 3850.2 = 2.8895$

附录6 体重指数(BMI)图算法

卫生部在2009年首次发布的《保持健康体重知识要点》指出,健康体重是用体重指数来衡量的。18岁以上的成年人,体重指数在18.5至24之间属于正常;低于18.5属体重不足;在24至28之间属超重;大于28为肥胖。体重指数是世界常用的评定肥胖程度的分级方法,计算公式为: 体重指数 = 体重(千克)/身高(米)^2

在此提供一种简便求得体重指数的方法,即已知体重和身高时,在附图6-1画一直线,或用纸边代替直尺,就可求出体重指数和肥胖程度。例如,某人身高1.8米,体重74千克,在附图6-1画一直线,就得知体重指数为22.8,属正常。

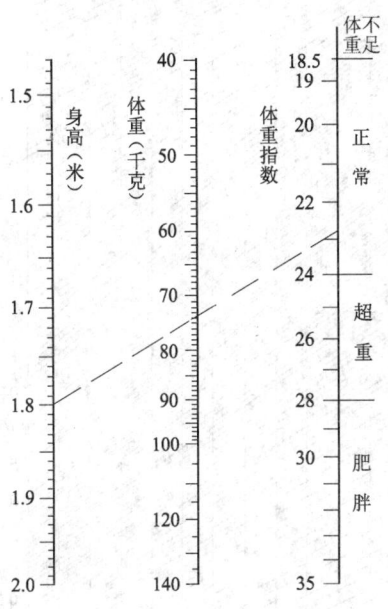

附图6-1 体重指数算图

附图6-1 的绘制方法

在附图6-2,设体重指数为B,体重为W,身高为h。取上下限: $B = 18.5 \sim 35$, $W = 40 \sim 140$, $h = 1.47 \sim 2$。

$$B = W/h^2, \quad \lg B = -2\lg h + \lg W$$

符合式(附1-3), $F(t) = F(v) \cdot F_1(u) + F_2(u)$

式中$F_1(u) = 1$, W图尺为直线,是曲线的特例。

求三图尺方程:

B图尺, $b\lg(18.5/35) = 7$, $b = -25.2802$, 故B图尺方程为 $y_1 = -25.2802\lg(B/35)$

h图尺, $-2c\lg(1.47/2) = 7$, $c = 26.1755$, 故h图尺方程为 $y_2 = -2 \times 26.1755\lg(h/2)$
$= -52.351\lg(h/2)$

W图尺,参照式(附1-4)有

$$x_3 = \frac{ca}{c-b} = \frac{26.1755 \times 4}{26.1755 - (-25.2802)} = 2.0348 \text{cm}$$

$$y_3 = \frac{bcF_2}{c-b} = \frac{-25.2802 \times 26.1755}{26.1755 + 25.2802}\lg(W/140)$$
$= -12.8600\lg(W/140)$

y_1、y_2、y_3图尺方程的负号表示标值向下递增。

y_1的因数$\lg(B/35) = \lg B - \lg 35$,同样$y_2$和$y_3$也是两纵标之差。算出下表绘附图6-1。

B	y_1(cm)	h	y_2(cm)	W	y_3(cm)
18.5	7	1.47	7	40	7
19	6.7072	1.50	6.5407	45	6.3389
⋮	⋮	⋮	⋮	⋮	⋮
35	0	2	0	140	0

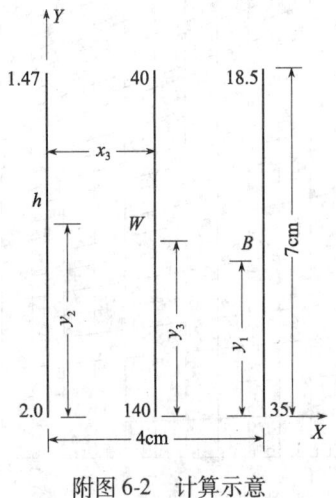

附图6-2 计算示意

附图 1 对数分度图尺

附 录

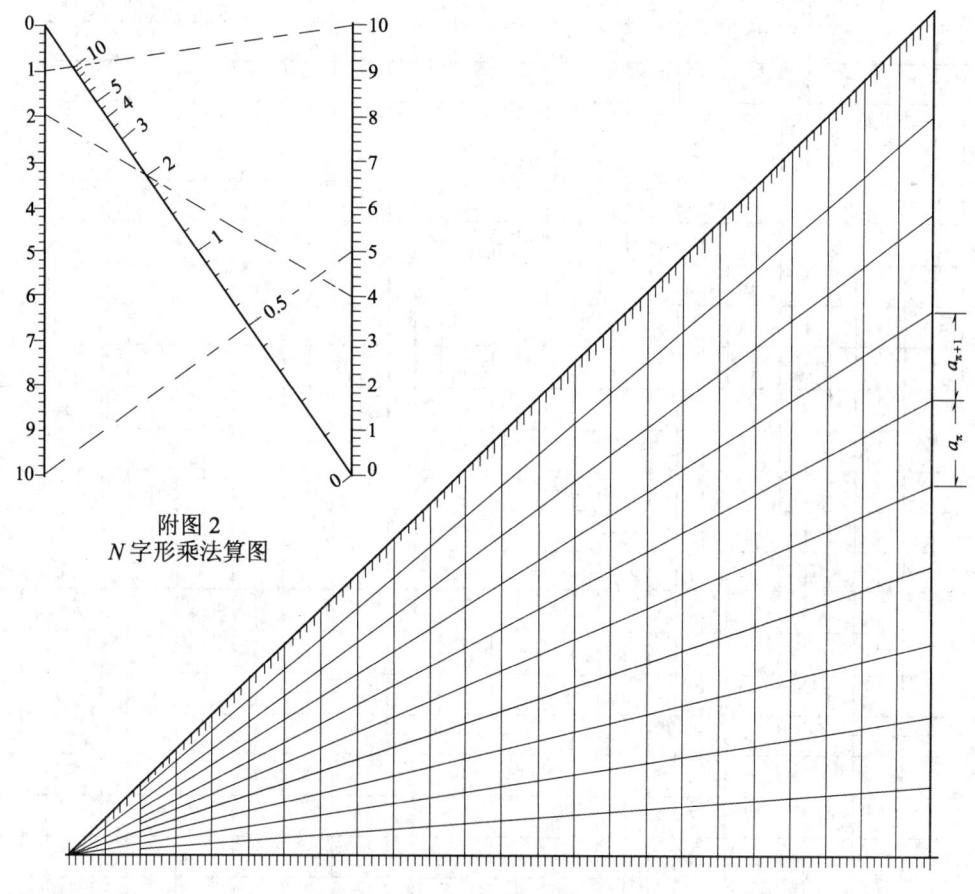

附图 2 N 字形乘法算图

附图 3 等比级数分度图尺
($a_{n+1}/a_n = 1.08$)

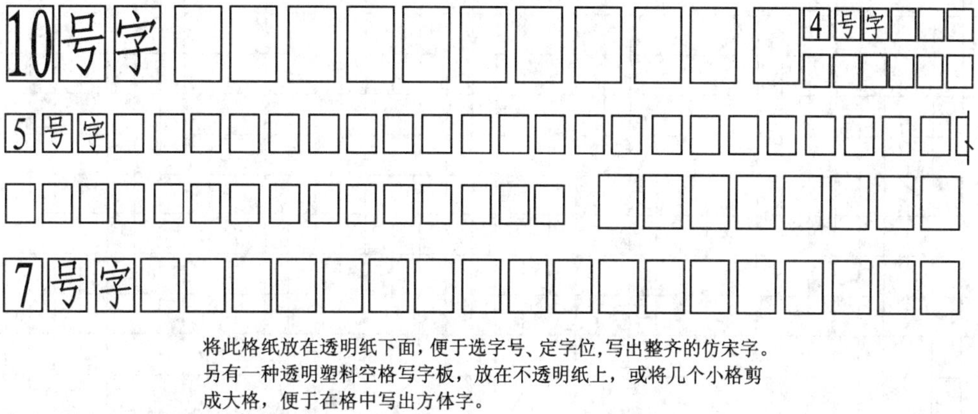

将此格纸放在透明纸下面，便于选字号、定字位，写出整齐的仿宋字。另有一种透明塑料空格写字板，放在不透明纸上，或将几个小格剪成大格，便于在格中写出方体字。

附图 4 仿宋字空格

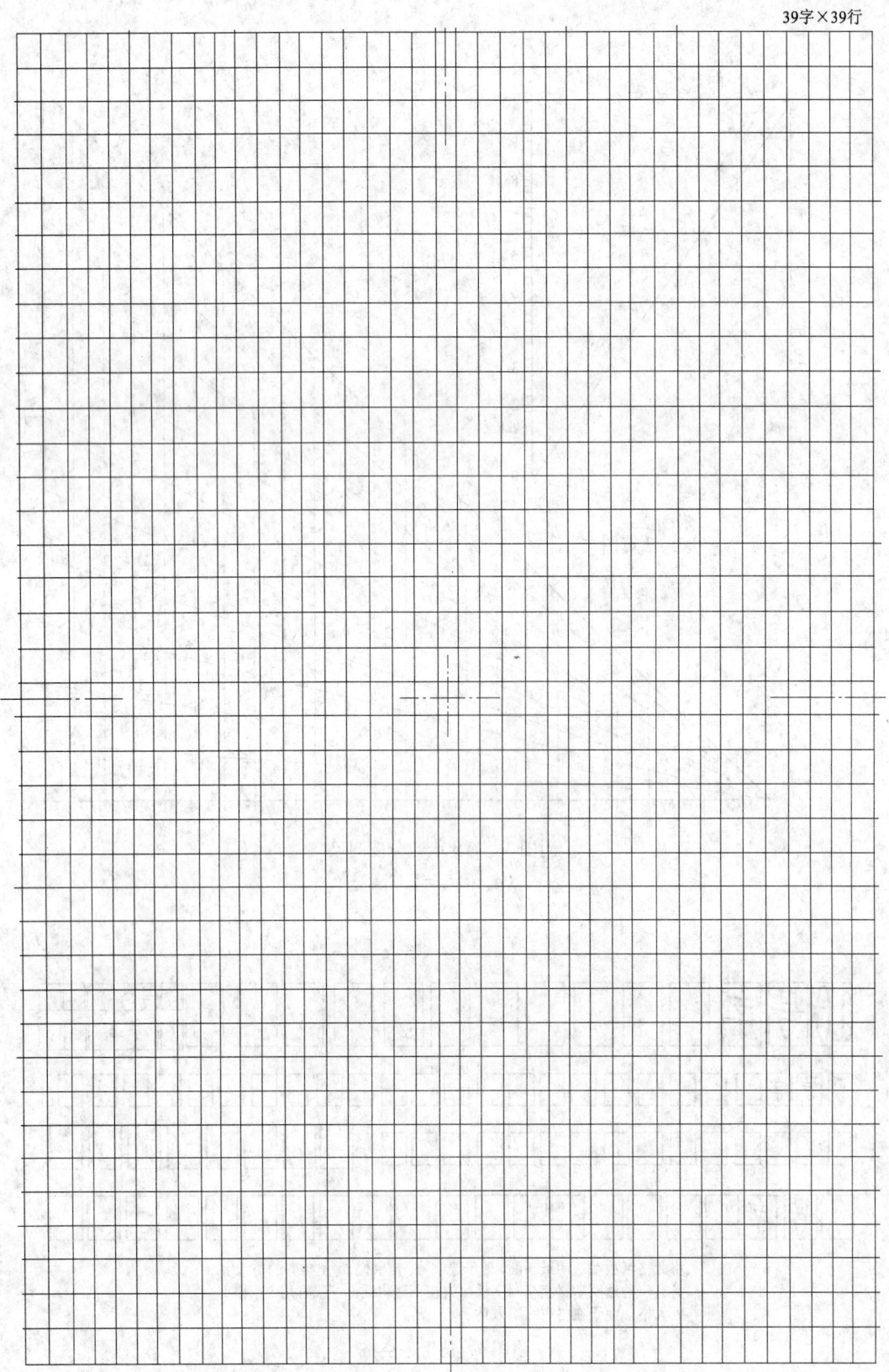

附图5 编写稿用格纸

参 考 文 献

[1] 给水排水设计手册(第二版)第 1 册[M]. 北京:中国建筑工业出版社,2000.
[2] 给水排水设计手册(第二版)第 2 册[M]. 北京:中国建筑工业出版社,2001.
[3] 给水排水设计手册(第二版)第 3 册[M]. 北京:中国建筑工业出版社,2004.
[4] 给水排水设计手册(第二版)第 4 册[M]. 北京:中国建筑工业出版社,2002.
[5] 给水排水设计手册(第二版)第 5 册[M]. 北京:中国建筑工业出版社,2004.
[6] 给水排水设计手册(第二版)第 6 册[M]. 北京:中国建筑工业出版社,2002.
[7] 给水排水设计手册(第二版)第 7 册[M]. 北京:中国建筑工业出版社,2000.
[8] 汪光焘主编. 城市供水行业 2000 年技术进步发展规划[M]. 北京:中国建筑工业出版社,1993.
[9] 罗河. 图算原理[M]. 上海中国图书仪器公司. 1953.
[10] H.J. 巴茨著. 数学公式手册[M],陆启韶等译校. 北京:科学出版社,1987.
[11] 给水排水设计手册(第一版)第 1 册[M]. 北京:中国建筑工业出版社,1986.
[12] 给水排水设计手册(第一版)第 3 册[M]. 北京:中国建筑工业出版社,1986.
[13] 清华大学水力学教研组编. 水力学(下册)[M]. 北京:高等教育出版社,1981.
[14] 周善生主编. 水力学[M]. 北京:人民教育出版社,1980.
[15] 中国科学技术大学数学系编. 经验配线方法[M]. 合肥印刷,1973.
[16] 大连工学院水力学教研室编,水力学解题指导及习题集(第二版)[M]. 北京:高等教育出版社,1984.
[17] 给水排水设计手册(第一版)第 7 册[M]. 北京:中国建筑工业出版社,1986.
[18] 滕智明、朱金铨编著. 混凝土结构及砌体结构(上册)[M]. 北京:中国建筑工业出版社,1995.
[19] 郭继武、龚伟. 建筑结构(上册)[M]. 北京:中国建筑工业出版社,1991.
[20] 北京钢铁设计研究总院主编. 混凝土结构计算手册[M]. 北京:中国建筑工业出版社,1991.
[21] 柴金义主编. 钢筋混凝土结构[M]. 北京:人民交通出版社,2002.
[22] 杨崇永等编著. 混凝土结构工程[M]. 北京:中国建筑工业出版社,1993.
[23] M.B. 彭特柯夫士基著. 算图[M]. 符伍儒译. 北京:商务印书馆,1957.
[24] 李家星,赵振兴主编. 水力学(上册)[M]. 南京:河海大学出版社,2001.
[25] 李家星,赵振兴主编. 水力学(下册)[M]. 南京:河海大学出版社,2001.
[26] 柯葵主编. 水力学[M]. 上海:同济大学出版社,2000.
[27] 莫乃榕,槐文信编著. 流体力学水力学题解[M]. 武汉:华中科技大学出版社,2002.
[28] 机械工程手册编委会编. 机械工程手册. 第 1 卷·基础理论(一)[M]. 北京:机械工业出版社,1982.
[29] 机械工程手册编委会编. 机械工程手册. 第 2 卷·基础理论(二)[M]. 北京:机械工业出版社,1982.
[30] 顾慰慈编著. 渗流计算原理及应用[M]. 北京:中国建材工业出版社,2000.
[31] 潘文涛编著. 实用图算法[M]. 北京:冶金工业出版社,1985.
[32] 徐衍忠. 舍维列夫公式简化初探[M]. 华东给水排水. 1994 年第 3 期.
[33] 甘佑文编著. 列线图[M]. 成都:四川人民出版社,1982.
[34] 戴慎志主编. 城市基础设施工程规划手册[M]. 北京:中国建筑工业出版社,2002.
[35] 邓寿昌等. 吴震东公式几个理论问题的研究[J]. 施工技术. 1996 年第 10 期.
[36] 华东水利学院主编. 水工设计手册(第一卷)[M]. 北京:水利电力出版社,1983.
[37] 西南交通大学水力学教研室编. 水力学(第三版)[M]. 北京:高等教育出版社,1984.
[38] [日]椿东一郎、荒木正夫合著. 水力学解题指导(上册)[M]. 杨景芳主译. 北京:高等教育出版社,1984.
[39] H.B. Fine 著. 范氏大代数[M]. 骆师曾等译校. 世界书局出版,1946.
[40] 华东水利学院. 水力学(上册)[M]. 北京:科学出版社,1984.

[41] 金建华,王烽主编. 水力学[M]. 长沙:湖南大学出版社,2004.
[42] 吴持恭主编. 水力学(第3版上册)[M]. 北京:高等教育出版社,2003.
[43] 陈岱林等编著. 钢筋混凝土构件设计原理及算例[M]. 北京:中国建筑工业出版社,2005.
[44] 吴德安主编. 混凝土结构计算手册(第三版)[M]. 北京:中国建筑工业出版社,2002.
[45] 国振喜主编. 简明钢筋混凝土结构计算手册[M]. 北京:机械工业出版社,2006.
[46] 建筑施工手册(第二版下册)[M]. 北京:中国建筑工业出版社,1988.
[47] 江正荣等编著. 建筑施工简易计算(第二版)[M]. 北京:机械工业出版社,2008.
[48] 张学魁,张烨编著. 建筑气体灭火系统[M]. 北京:化学工业出版社,2006.
[49] 龚延凤,陈卫主编. 建筑消防技术[M]. 北京:科学出版社,2002.
[50] 张凤娥主编. 消防应用技术[M]. 北京:中国石化出版社,2006.
[51] 单辉祖编. 材料力学教程[M]. 北京:高等教育出版社,2004.
[52] [美]杨志达著. 泥沙输送理论与实践[M]. 李文学等译. 北京:中国水利电力出版社,2000.
[53] 姚祖康主编. 公路设计手册·路面(第三版)[M]. 北京:人民交通出版社,2006.
[54] 同济大学计算数学教研室编著. 现代数值数学和计算[M]. 同济大学出版社,2004.
[55] 江正荣等编. 简明施工计算手册(第一版)[M]. 北京:中国建筑工业出版社,1989.
[56] 太原铁路局基建处勘测设计队. 排架式及弹性高桩墩台计算[M]. 北京:人民铁道出版社,1978.
[57] 易建国主编. 混凝土简支梁(板)桥(第二版)[M]. 北京:人民交通出版社,2001.
[58] 黄侨、王永平编著. 桥梁混凝土结构设计原理计算示例[M]. 北京:人民交通出版社,2006.
[59] 沈世钊等著. 悬索结构设计(第二版)[M]. 北京:中国建筑工业出版社,2006.
[60] 张相庭编著. 结构风工程[M]. 北京:中国建筑工业出版社,2006.
[61] 张自杰主编.《排水工程》下册(第四版)[M]. 北京:中国建筑工业出版社,2000.
[62] 资建民等编著. 道路工程[M]. 北京:人民交通出版社,2008.
[63] 周永兴等编著. 路桥施工计算手册[M]. 北京:人民交通出版社,2001.
[64] 曹启坤、张虹主编. 高层建筑结构简易计算[M]. 北京:机械工业出版社,2008.
[65] 孟宪铎编著. 计算图原理和绘制方法[M]. 北京:机械工业出版社,1981.
[66] [美]陈惠发、段炼主编. 桥梁工程下部结构设计[M]. 北京:机械工业出版社,2008.
[67] 刘大海、杨翠如编著. 型钢、钢管混凝土高楼计算和构造[M]. 北京:中国建筑工业出版社,2003.
[68] 同济大学基础力学教研部编. 材料力学[M]. 上海:同济大学出版社,2005.
[69] 曹宇平等编. 材料力学[M]. 北京:中国建筑工业出版社,1978.
[70] 天津大学苏翼林主编. 材料力学(第二版)下册[M]. 北京:高等教育出版社,1993.
[71] 于景杰等编著. 建筑地基基础设计计算实例[M]. 北京:中国水利电力出版社及知识产权出版社,2008.
[72] 袁伦一,鲍卫刚编著.《公路钢筋混凝土及预应力混凝土桥涵设计规范》条文应用算例[M]. 北京:人民交通出版社,2005.
[73] 完海鹰,黄炳生主编. 大跨空间结构(第二版)[M]. 北京:中国建筑工业出版社,2008.
[74] 徐长发,王邦主编. 实用计算方法[M]. 武汉:华中科技大学出版社,2005.
[75] 席永慧,徐伟主编. 地基与基础工程施工计算[M]. 北京:中国建筑工业出版社,2008.
[76] 耿鸿江主编. 工程水文基础[M]. 北京:中国水利水电出版社,2003.
[77] 刘洪波. 水文水利计算[M]. 郑州:黄河水利出版社,2006.